装配式居住建筑
标准化系列化设计

Standardized Series Design of
Prefabricated Residential Buildings

广州市建工设计院有限公司　编著

付国良　主编

中国建筑工业出版社

图书在版编目（CIP）数据

装配式居住建筑标准化系列化设计＝Standardized
Series Design of Prefabricated Residential
Buildings／广州市建工设计院有限公司编著；付国良
主编. —北京：中国建筑工业出版社，2021.6
　ISBN 978-7-112-26102-4

　Ⅰ.①装… Ⅱ.①广… ②付… Ⅲ.①居住建筑—装
配式构件—建筑设计 Ⅳ.① TU3

中国版本图书馆CIP数据核字（2021）第076697号

责任编辑：刘　静　徐　冉
责任校对：赵　菲
版式设计：锋尚设计

装配式居住建筑标准化系列化设计
Standardized Series Design of Prefabricated Residential Buildings
广州市建工设计院有限公司　编著
付国良　主编

*

中国建筑工业出版社出版、发行（北京海淀三里河路9号）
各地新华书店、建筑书店经销
北京锋尚制版有限公司制版
北京市密东印刷有限公司印刷

*

开本：787毫米×1092毫米　1/16　印张：17　字数：343千字
2021年6月第一版　　2021年6月第一次印刷
定价：**72.00**元
ISBN 978-7-112-26102-4
（37261）

编 委 会

主　　编：付国良

副 主 编：曹京源　王　健

参编人员：陈永强　韩子英　马　琳　龚　晨　吴剑聪
　　　　　刘水华　黄文奎　梁雄伟　李兰吉　欧阳伟
　　　　　范启航　王景新　陈思泉

顾　　问：窦祖融　王晓光　郭家印

商务策划：张玉萍

编写分工：

第 1 章　龚　晨	第 8 章　王　健
第 2 章　付国良	第 9 章　吴剑聪
第 3 章　韩子英	第 10 章　黄文奎
龚　晨	第 11 章　王　健
第 4 章　曹京源	第 12 章　马　琳
第 5 章　李兰吉	第 13 章　付国良
第 6 章　刘水华	第 14 章　梁雄伟
第 7 章　陈永强	第 15 章　陈永强

一、装配式建筑发展综述

1. 新起点

早在20世纪60年代，我国就已经开展装配式建筑的实践。但是由于种种原因，装配式建筑的发展受到制约，并没有真正发展成为建筑业一种新的模式。

2016年2月，国务院发布《关于进一步加强城市规划建设管理工作的若干意见》，明确提出：大力推广装配式建筑，建设国家级装配式建筑生产基地。加大政策支持力度，力争用10年左右时间，使装配式建筑占新建建筑的比例达到30%。

关于装配式建筑发展规模，《建筑产业化发展纲要》中指出，2020年，装配式建筑占新建建筑的比例达到20%；到2025年，比例达到50%以上。

2016年9月，国务院办公厅印发《关于大力发展装配式建筑的指导意见》，明确了大力发展装配式建筑的目标及八项任务。

（1）健全标准规范体系。加快编制装配式建筑国家标准、行业标准和地方标准。逐步建立、完善覆盖设计、生产、施工和使用维护全过程的装配式建筑标准规范体系。

（2）创新装配式建筑设计。统筹建筑结构、机电设备、部品部件、装配施工、装饰装修，推行装配式建筑一体化集成设计。积极应用建筑信息模型技术，提高建筑领域各专业协同设计能力。

（3）优化部品部件生产。引导建筑行业部品部件生产企业合理布局，提高产业聚集度，培育一批技术先进、专业配套、管理规范的骨干企业和生产基地。

（4）提升装配施工水平。引导企业研发应用与装配式施工相适应的技术、设备和机具，提高部品部件的装配施工连接质量和建筑安全性能。

（5）推进建筑全装修。实行装配式建筑装饰装修与主体结构、机电设备协同施工。积极推广标准化、集成化、模块化的装修模式，提高装配化装修水平。

（6）推广绿色建材。提高绿色建材在装配式建筑中的应用比例，推广应用高性能节能门窗，强制淘汰不符合节能环保要求、质量性能差的建筑材料。

（7）推行工程总承包。装配式建筑原则上应采用工程总承包模式，支持大型设计、施工和部品部件生产企业向工程总承包企业转型。

（8）确保工程质量安全。完善装配式建筑工程质量安全管理制度，健全质量安全责任体系，落实各方主体质量安全责任。

至此，新时代的装配式建筑开始蓬勃发展。

2. 为什么必须发展装配式建筑

（1）人口形势的原因

随着我国经济的快速发展，人民生活水平的提高，人口老龄化的出现，体力劳动已经逐渐开始变成一种昂贵的资源，劳动力成本不断上升。建筑行业也必将由劳动密集型向技术密集型转变。从事建筑行业的劳动人口数量锐减是国家下决心推广装配式建筑的关键因素。

（2）绿色、节能、环保的要求

传统建筑施工会产生大量建筑粉尘、施工噪声、建筑垃圾、废水废气等环境污染物。而工厂生产、现场拼装的模式将会大大减少污染物排放，更加合理地配置资源，达到节能环保的效果。

（3）省时省力，加快工期

采用装配式建筑结构，有利于房屋建筑标准化、构配件生产工厂化和施工作业机械化，能减少现场湿作业，从而加快施工进度，大大缩短工程施工周期，节省劳动力，节约模板，降低工程成本。

（4）对建筑质量与可靠度的需求提升

装配式建筑结构具有承重大、自保温、隔冷热、防噪声、抗渗漏等特点，能保证建筑工程优质、高效、安全、低耗。

从2020年国家对《建筑结构可靠性设计统一标准》GB 50068—2018的修订也可以看出，我们对建筑工程建设的要求只会越来越高。从提高质量、合理加快工期、环保节能等方向出发，工业化模式下的装配式建筑有着得天独厚的优势。

3. 装配式建筑的基本类型及应用范围

（1）预制装配式混凝土结构

预制装配式混凝土结构，即以预制混凝土构件（PC构件）作为主要建筑构件，在工厂提前预制，并运输到现场进行装配连接，在构件结合部分现浇混凝土或采用其他方式连接而成的结构。这种结构有剪力墙体系和大板结构体系等。

其主要原理就是将建筑物的组成构件分为结构受力构件和非受力填充构件两部分。

其中，大板结构式建筑由预制的大型内外墙板、楼板和屋面板等板材装配而成，是工业化体系建筑中全装配式建筑的主要类型。墙板分为承重式墙板和分隔、装饰性墙板，承重式墙板多为钢筋混凝土板，分隔、装饰性墙板如外墙板多为带有保温层的钢筋混凝土复合板，以及特制的钢木保温复合板等带有外饰面的墙板。

（2）砌块建筑

砌块建筑分为大、中、小型三种类型。小型砌块适于人工搬运和砌筑，工业化程度较低，具有灵活方便的特点，使用较广；中型砌块可用小型机械吊装，可节省砌筑劳动力；大型砌块已演变为预制大型板材。

砌块建筑适应性强，生产工艺简单，施工简便，造价较低，还可充分利用地方材料和工业废料。尤其是小型砌块，可以代替传统的砂浆砌法，减少湿作业。其适用于建造3~5层建筑。

（3）装配式钢结构

钢结构是天然的装配式建筑，其特点是韧性与塑性好，材质均匀，强度高，质量小，密封性能好；但是钢结构耐火性及耐腐蚀性差。

钢结构用于装配式住宅，可以满足大开间灵活分割的要求，使用面积增加，节能效果好，具有很高的抗震抗风性能；施工速度快，比传统建筑缩短三分之二的工期，环保效果也比较理想。但是它对施工工艺要求非常高，如焊接质量会影响建筑寿命；钢材的可变性也对质量提出很高要求，施工管理方面也比一般建筑要求高。

（4）盒子结构

盒子结构是一种在板材建筑的基础上发展起来的装配式建筑，以类似于集装箱式的盒子结构作为基本单元，在工厂流水线生产完成各模块，同时完成内部装修，之后运输到施工现场，快速组装成多种风格的建筑。

盒子结构的优点是工厂化程度高，现场安装速度快，不但能在工厂完成盒子的结构部分，而且内部装修和设备也都能做好，甚至连家具、地毯等也能一并完成，现场吊装、接好管线即可使用。但其在应用上有较大的局限性。

（5）骨架板材建筑

骨架板材建筑由预制的骨架和板材组成，其承重结构一般有两种形式，一种由柱、梁组成承重框架，再搁置楼板和非承重内外墙板的框架结构体系；另一种是柱和楼板组成承重的板柱结构体系，内外墙板则是非承重构件。钢筋混凝土框架结构体系的骨架板材建筑有全装配式、预制和现浇相结合的装配整体式两种，保证这类建筑的结构具有足够刚度的关键是构件连接，适用于多层和高层建筑。

除上述之外，滑模建筑、升板建筑、铝模板建筑也都是工业化建筑的不同类型，各自具有一定的优缺点。

4. 世界其他国家装配式建筑的发展现状

从全球装配式建筑发展阶段来看，欧美、日本、新加坡等国家和地区已经进入成熟阶段，中国目前处于快速发展阶段。而在一些经济发展较为落后的地区，装配式建筑产业尚未起步。可见，全球装配式建筑发展受经济发展程度的影响较大。

西欧是预制装配式建筑的发源地，早在20世纪50年代，为解决第二次世界大战后住房紧张问题，欧洲的许多国家特别是德、法等一些国家大力推广装配式建筑，掀起了建筑工业化高潮。60年代，住宅工业化扩展到美国、加拿大及日本等国。目前，西欧5~6层以下的住宅普遍采用装配式建筑，在混凝土结构中占比达35%~40%。

美国的装配式住宅占住宅总量的7%，住宅构件和部品标准化、系列化、专业化、商品化、社会化程度高，几乎达到100%。用户可通过产品目录购买所需产品。德国装配式住宅已经摆脱了固定模数尺寸限制，主要采用叠合板、混凝土剪力墙体系，耐久性好。

日本在20世纪90年代推出部件化、工业化生产方式，在住宅内部可变的中高层住宅生产体系中，建立了统一的模数标准，为标准化、大批量生产构件和住宅多样化奠定了基础。其他西方国家也大多采用尺寸模数化、构件标准化的方法，将结构、门窗、厨卫等进行系列化生产。新加坡的住宅建筑，装配化率更是达到了70%以上。

国外装配式建筑的技术发展趋势如下。

（1）从专用体系向通用体系转变。原来的专用体系强调标准设计、快速施工，但在结构性方面有局限性，没有推广模数化。

（2）从湿体系向干体系转变。装配模块运到工地后，接口必须要现场浇筑混凝土。采用湿体系的典型国家是法国，瑞典推行的是干体系。干体系就是用螺栓、螺母结合，其缺点是抗震性能较湿体系差。

（3）从只强调结构的装配式，向结构装配式和内装系统化、集成化发展。

（4）信息化的应用越来越广泛和深入。

（5）结构设计是多模式的，一是填充式，二是结构式，三是模块式。目前模块式发展相对较快。

发达国家的实践证明，利用工业化的生产手段是实现住宅建设低能耗、低污染，达到资源节约、提高品质和效率的根本途径。

二、我国装配式建筑PC存在的问题

目前，我国装配式建筑PC还存在诸多问题。如装配式建筑全产业链关键技术缺乏且系统集成度低；装配式建筑一体化、标准化设计的关键技术和方法发展滞后；设计和加工生产、施工装配等产业环节脱节的问题普遍存在；设计技术创新能力不足，还没有形成高效加工、高效装配、性能优越的全新结构体系，建筑围护、建筑设备、内装系统的协同配套不力；BIM技术对全产业链的协同发展还没有形成有效的平台支撑。

目前装配式建筑技术和标准化程度存在不全、不高的问题，装配式建筑的现状是通常由现浇钢筋混凝土结构拆分，导致专用体系泛滥，模具及成品的应用范围太小，重复利用率低，各自为政，导致存在如下问题。

（1）造成构件生产中模具浪费严重，通用构件使用较少，从而造成装配式建筑建造效率低、成本高，难以发挥工业化的优势；效率低下，经济效益不高，工人工作量不足，难以为继。

（2）运输及堆放效率低，浪费严重。

（3）施工中，吊装规格过多，机械使用率不高，安装工序不一，连接节点多样，质量难以保证。由于大部分工厂管理人员素质和工人的专业技能一时难以跟上，造成目前市场上预制构件质量参差不齐，给装配式建筑的质量带来隐患；低价中标也影响着行业的技术进步和产品品质；标准化程度低，模具摊销成本高、人工成本高，造成构件生产成本居高不下，长期维持微利经营，长此下去，不利于加快行业转型。

（4）工程造价增加，经济效益不合理。

（5）管线与构件的结合不完善。

（6）未能发挥新技术如BIM软件的应用水准。

深入思考目前我国装配式建筑存在的问题可以看出，其根本原因在源头上，即设计的标准化、系列化程度太低。基本上等同于把现浇的建筑搬到工厂里进行拆分，没有标准，没有系列，随意性太强，生产的构件种类繁多；然后再运输到施工现场吊装连接，几乎是等于建设了两次。这样一来效率如何不低下，造价怎能不高？

所以，关键是必须加快推进设计的标准化、系列化工作，同时抓紧制订新规范、新标准，不能用现浇的标准来套用装配式，徒增很多不必要的麻烦。例如，非承重围护墙、隔墙内的配筋应酌情取消，一些非必要的连接钢筋也不应该作为硬性规定予以保留等。

装配式建筑应提高建筑质量，降低建筑成本，缩短工期。而中国目前的装配式建筑不仅没有上述各项好处，还增加了造价，给开发商带来经济压力，最终还是由消费者来承担。

三、装配式建筑标准化、系列化的优缺点

1. 优点

标准化设计是一种设计方法，即采用标准化的构件，形成标准化的模块，进而

组合成标准化的成品，在构件、模块、成品等各层面上进行不同组合，形成多样化的产品。

标准化是工业化的基础，没有标准化就无法实现规模化的高效生产。同理，设计的标准化也是实现装配式建筑目标的起点。标准化设计是实现装配式建筑的有效手段，能够有效提高生产速度和劳动效率，从而降低造价，对标准化进行系统分析以便指导后续设计。标准化、系列化使装配式PC建筑可以减少构件种类与数量，提高效率。

通过对构件的标准化、系列化设计和生产，设计人员在选择构件时会更加简便，易于统一构造节点，在工厂内进行规模化生产。节点统一也有利于施工单位在施工中不断优化施工工艺。

此外，标准化、系列化设计也便于结构整体设计。

2. 缺点

由于采用标准化的构件，造型易刻板，较机械化。

如果一味追求装配式，将会限制新技术的发展。

标准化、系列化主要运用在大批量生产的建筑类型上。并不是所有的建筑都适合于采取装配式建造方式，要根据综合因素加以判断，从建筑功能，相同空间重复率，同样建筑的栋数，当地工业情况，运输路径以及材料造价、经济效益等各方面进行权衡。

国内外一些标志性的建筑物都采用异形结构，运用了各种各样的建筑材料，充分发挥了设计师们丰富的想象力，这类建筑不适用于装配式建筑。

四、选择居住建筑进行装配式研究的原因

2020年5月22日在第十三届全国人民代表大会第三次会议上国务院总理李克强所做的《政府工作报告》指出，我国常住人口城镇化率首次超过60%，重大区域战略深入实施。

城镇化是伴随工业化发展，非农产业在城镇集聚、农村人口向城镇集中的自然历史过程，是人类社会发展的客观趋势，是国家现代化的重要标志。

在城镇高速发展的近30年间，中国的房地产业可谓与其一路同行，为解决城乡居民的住房问题作出了不可磨灭的贡献。根据最新统计数据，全国城镇人均住房建筑面积已超过40m²，住房条件不断得到改善。2019年全年，我国房地产开发投资完成1321.94亿元，累计增长9.9%；全国新房开工面积为227154m²，同比增长8.5%；

竣工面积95942万m²，同比增长2.6%。在"房住不炒、因城施策"的背景下，2019年，全国商品房销售面积为171558万m²，同比略有下降，但全国商品房销售金额却达到159725亿元，同比增长6.5%，全年销售均价9310元/m²，同比增长6.6%。

居住建筑如此大的体量，宜工业化、宜标准化，构件种类、规格宜统一，相同的房间多，层高基本固定，技术相对简单，因此将居住建筑做成装配式建筑具有极大的优势。

住宅产业化更为节能、环保，符合时代发展的需求。住宅产业化可以减少建筑垃圾的产生、建筑污水的排放、建筑噪声的干扰、有害气体及粉尘的排放，从而实现节能、节水、节地、节材，建造过程也更加环保。

住宅产业化可以缩短建造工期、提升工程质量。其建筑设计标准化，构件生产工厂化，住宅部品系列化，现场施工装配化，土建装修一体化，生产经营社会化，形成有序的工厂流水作业，从而提高质量，提升效率，延长寿命，降低成本，减少能耗。通俗来说，就是建筑工地搬到工厂流水线上，像造汽车一样来造房子，最后把零部件拿到工地进行组装，这样的方式已经突破了传统的建筑工艺和施工理念。

除此之外，由大量相同单一空间组成的建筑，也非常适合于采用装配式建筑形式。例如，宿舍、教室、医院病房、某些办公用房等。

五、华南地区的装配式建筑设计

华南地区位于我国最南部，大部分区域属于建筑热工设计分区中的夏热冬暖地区，属于亚热带湿润季风气候，表现为夏季炎热漫长、冬季温和短促；长年高温高湿，气温的年较差和日较差都小：太阳辐射强烈，雨量充沛。建筑的能耗主要是夏季用于降温制冷的能耗，因而建筑节能设计必须充分满足夏季防热要求，一般可不考虑冬季保温。因此，对比其他冬冷、寒冷及严寒地区，华南地区具有地区气候环境优势，也使其对材料的热工性能要求比其他地区要低，外围护墙板的构造要求相对简单。

华南地区靠近中国香港及东南亚地区，一旦行业建立完善，对于出口贸易、发展海外市场来说具有特殊的地理位置优势。

经过改革开放40余年的发展，华南地区建筑工业基础先进，技术发达。全国主要的建材、设备、家具、装修材料市场大多位于华南地区。

装配式建筑实践尽管起步稍晚，但有后发优势。

华南地区在过去40多年建筑行业的发展中，处于全国领先地位，积累了大量建造经验。

上述因素从另一方面来看，同时也是制约因素，即由于气候的特点，华南地区的装配式建筑经验在某些方面不具有普适性，尤其是建筑构造方面。如与保温要求高的北方地区相比，其材料构造的组成和节点连接的方式都有所不同。

但是，作为装配式建筑标准化、系列化的研究，仅从构件的角度进行系列化设计，使之具有通用体系的特征，可以启发和引导进一步的深入研究，作为引玉之砖还是非常有现实意义的。

六、装配式建筑发展的未来

在大数据的概念下，利用BIM建立数据模型，从设计方案、建设需求、工程运营等方面进行管理和优化，可以使装配式建筑的标准化、系列化与数据化更便于管理与操作。BIM技术与大数据人工智能的结合，在装配式建筑项目中可以解决一些生产安装工序、节点上的难点。

装配式建筑发展需要材料的发展，应大量研发新的建筑材料在装配式建筑中的应用。研发新的复合结构，把钢、木、PC混合结构组合在一起。

装配式混凝土建筑需要采用符合产业化要求的建造方式，避免先设计后拆分。要彻底改变传统的建设方式，强调设计规范化、标准化、系列化，形成集设计、生产、施工、装修、部品、运维于一体化的建设和管理模式，实现性能良好、质量稳定、成本可控、效益增长的可持续发展目标，体现装配式建筑的优势，促进装配式建筑稳步有序发展。

装配式钢筋混凝土建筑是人类在工业化道路上"蹒跚学步"的开始，真正的未来建筑应该像电影《星球大战》中的宇宙飞船那样，完全采用未来的材料制造，具有可操控的动力系统，可以飞上天空，可以深入大海，不再受土地的束缚，获得了真正的自由。这，才是人类建筑的终极目标。

付国良

2020年8月

第 4 章

装配式混凝土结构体系

第 5 章

墙柱设计原则

第 6 章

梁板设计原则

第 7 章

楼梯

第 8 章

阳台

第 9 章

内隔墙

第 10 章

装配式建筑
外墙

第 11 章

装配式整体卫生间与厨房

第 12 章

管线综合

第 13 章

装配式建筑的标准化与多样化

第 14 章

地下建筑装配式技术应用

第 15 章

建筑模板

第 1 章

建筑模数制

　　建筑工业化是现阶段我国重要的产业技术政策和发展目标，装配式建筑是实现建筑工业化的主要手段之一，其基本特点为"标准化设计、工厂化生产、装配化施工、一体化装修、信息化管理"[①]。标准化设计是实现装配式建筑的先决条件，它的主要内容之一就是制定统一、合理的建筑模数，以降低工程造价、提高施工效率、解决模数标准化与多样化之间的关系问题。

　　"模数"（module）一词来源于拉丁文"modulus"，是一种度量单位。中国古代《说文解字注》[②]中"以木曰模。以金曰镕……以竹曰笵。皆法也"和《周礼·考工记》中"室中度以几，堂上度以筵，宫中度以寻"也蕴含了"模数"的思想。如今，"建筑模数"概念一般是指在建筑物设计和构配件批量生产时所选定的尺寸单位，也是尺寸协调中的增值单位。本章将对建筑模数制意义和使用价值、建筑模数制发展历程、我国模数制的制定与应用、选用的科学依据等方面内容进行介绍。

1.1　建筑模数制意义与使用价值

　　装配式建筑标准化设计前提条件就是模数制，装配式建筑如果缺失建筑模数，就无法实现建筑部品部件的标准化和大规模生产。建筑模数可以协调预制构件与构件之间、建筑部品与部品之间以及预制构件与建筑部品之间的尺寸关系，通过优化部品或组合件尺寸，大大减少同一预制构件与建筑部品类型的数量，使设计、生产和施工等环节的配合精确、简便，实现土建、机电设备和装修的"集成设计"与大部分建筑部品的"工厂化生产"。同时，还可以在预制构件内部组成部分（如钢筋网、预埋管线、点位等）之间形成合理的空间关系，避免碰撞和交叉[③]。

---

① 梁思成. 从拖泥带水到干净利索［N］. 人民日报，1962.

② 许慎. 说文解字注［M］. 上海：上海古籍出版社，1988.

③ 樊则森. 从设计到建成［M］. 北京：机械工业出版社，2018.

建筑模数协调可以实现预制构件和建筑部品的通用与互换，使规格化、通用化的部品部件适用于各类常规建筑。同时，大批量规格化、定型化部品部件的生产有利于质量稳定和成本降低。通用化建筑部品部件所具有的互换功能可促进市场的竞争和生产水平的提高，有助于形成良性的市场竞争氛围。

1.2　建筑模数制发展历程

1.2.1　古代建筑模数制

西方古典建筑，其建筑模数制度通常基于人体美学制定。维特鲁威（Marcus Vitruvius Pollio）编著的《建筑十书》[①]中以人体比例形成的柱径作为柱式（order）的基本模数尺寸，如古希腊建筑中的多立克柱式（Doric Order）的柱高为按男性身体比例设计柱径的6倍，爱奥尼克柱式（Ionic Order）的柱高为按女性身体比例设计柱径的8倍。柱式体系的模数来自于每种柱子类属柱身下部的半径尺寸，从而得出类属内部其他部分的相对比例，如柱上楣构和底座，并将这一尺寸细分成若干分度，用以控制构件的细部和整个建筑尺度（图1-1）。

其他西方建筑师或建筑理论家如阿尔伯蒂（Leon Battista Alberti）、菲拉雷特（Antonio di Pietro Averlino）、维尼奥拉（Giacomo Barozzi da Vignola）及勒·柯布西耶（Le Corbusier）等在提出有关建筑模数观点时均涉及人体、几何、数字之间的关系解读，充分体现出西方建筑模数单位是以人体美学、数理哲学、建造技术、建

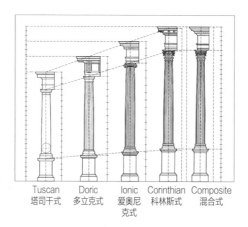

图1-1　西方各类型柱式示意图

---

① 维特鲁威. 建筑十书［M］. 高履泰，译. 北京：知识产权出版社，2001.

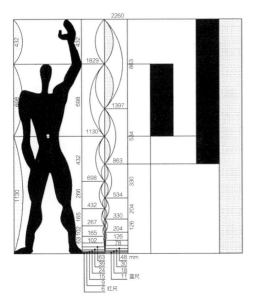

图1-2 "红蓝尺"建筑模数

造材料之间相互协调为主要考量依据，如图1-2所示为勒·柯布西耶根据人体尺寸建立的建筑模数制"红蓝尺"。

在我国古代，北宋元符三年（公元1100年），时任将作监的李诫完成《营造法式》的编修，并于崇宁二年（公元1103年）刊行。依据《营造法式》卷四《大木作制度》记载："凡构屋之制，皆以材为祖；材有八等，度屋大小因而用之。……各以其材为广，分为十五分，以十分为其厚。凡屋宇之高深，名物之短长，曲直举折之势，规矩绳墨之宜，皆以所用材之分，以为制度焉"[①]。《营造法式》界定了"材"的规格和建筑规模的关系，即"材分制"：规定了八个级别（或规格）的材，用于建造不同等级（或规模）的建筑，如表1-1所示。

不同材等对应的规格尺寸   表1-1

用材等级	广（寸）	厚（寸）	适用范围（间）
一等材	9	6	9～11
二等材	8.25	5.5	5～7
三等材	7.5	5	3～7
四等材	7.2	4.8	3～5
五等材	6.6	4.4	3
六等材	6	4	亭榭
七等材	5.25	3.5	小殿
八等材	4.5	3	内藻井等铺作

注：1寸约合3.33cm。

单体建筑的规模通过"间"来界定，"间"数越多，规模越大、等级越高，建筑所用的材就越大。表1-1中一等材断面为9寸×6寸，恰好是八等材4.5寸×3寸的两倍。中间的六种不同的"材等"按尺的渐变数列选择，体现了建筑标准化中非常重要的模数及模数协调原则。《营造法式》中所规定的各类固定比例的构件，就像今天装配式建筑的标准构件，仅需按图索骥，即可用于制造。基于标准化的材等，我国古代发展出了特有的结构构件——斗栱，如图1-3所示。

① 李诫. 营造法式［M］. 北京：商务印书馆，1933.

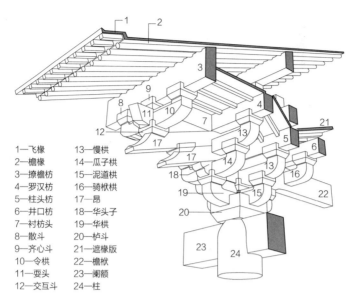

1—飞椽　　13—慢栱
2—檐椽　　14—瓜子栱
3—撩檐枋　15—泥道栱
4—罗汉枋　16—骑栿栱
5—柱头枋　17—昂
6—井口枋　18—华头子
7—衬枋头　19—华栱
8—散斗　　20—栌斗
9—齐心斗　21—遮椽版
10—令栱　 22—檐栿
11—耍头　 23—阑额
12—交互斗　24—柱

图1-3　斗栱示意图

1.2.2 现代建筑模数制度

第二次世界大战前，为实现建筑部品部件的大量生产，以确保低收入者家庭也能获得质量优良的住房，贝米斯（Albert F. Bemis）在美国提出以4in（1in约合25.4mm）为基本模数，作为建筑工业协调部品部件的尺寸，使用其整倍数作为扩大模数。贝米斯提出，"如果部品规格统一，在不同建造方式的建筑间具有互换性，那么不但在规划上、设计上可获得很大自由度，而且还可以实现部品的大量生产"[①]，这是贝米斯理论的基础，也是西方现代建筑模数制理论的前提。西欧以住宅工业化为中心发展建筑模数制度，其中法国是混凝土预制工艺最先进的国家之一，但其建筑模数制的运用只针对单一的结构形式，且大多数企业还是采用封闭式体系，所以法国的建筑模数协调只能在专用体系中使用。与欧美各国相比，苏联与东欧各国由于社会制度的特点，在建筑模数协调方面，尤其是在大型装配式混凝土结构体系中，取得了非常丰富的经验，而且不只限于住宅建筑，还大量应用在工业建筑中。

日本在20世纪50～60年代出台了适应日本自身建筑业建造习惯的建筑模数数值表，编制了建筑模数及模数协调等标准。在70～80年代，随着公团、公营住宅的大量建设，活动隔墙、整体卫生间、整体厨房得到了广泛应用，上述部品部件的分项模数与模数协调标准也陆续颁布，形成了具有日本特点的系列模数标准体系。90

---

① 周晓红，林琳，仲继寿，等. 现代模数理论的发展与应用［J］. 建筑学报，2012（4）：27-30.

年代后，随着日本建筑工业水平的提高，住宅装配化、部品化程度日益增强，但并没有为日本带来住宅部品的全面流通，而是由于房地产市场的充分竞争、分化，形成了由几家大型专业住房供应厂商把持的局面。为了同行竞争和技术保护，部品供应不但各成体系，而且还要特意强调规格尺寸的差异性，人为形成"封闭式"部品系统。

目前，全球大部分国家和组织采用的基本模数为1M=10cm=100mm。同时，ISO模数标准采用的是基本模数（M=100mm）、扩大模数（6M、12M）等差数列的形式。同时，为了方便不同规模部品的选择，不同种类部品的模数尺寸有上下限的推荐。

我国于20世纪50年代参照苏联有关规范，编制了《建筑统一模数制》标准-104—55和《厂房结构统一化基本规则》标准-105—56。两部标准提出了"模数数列"和单轴"定位线"的概念，并以1M=100mm和2～12M为基本模数，加上分模数和扩大模数构成模数数列。之后通过近20年的工程建设实践，为使标准更契合我国工程建设的实际，于70年代对标准进行了修编工作，纳入中国传统的240mm×115mm×53mm的标准烧结黏土砖，形成修编后的《建筑统一模数制》GBJ 2—73和《厂房建筑统一化基本规则》TJ 6—74。80年代为了尽快解决人民的住房问题，我国形成了史上空前的住宅建设高潮，单靠当时的砖混结构、砖木结构和手工作业施工的方法无法满足大量、高速度建设任务的需求。为此建设中吸取了欧洲和日本第二次世界大战后恢复重建的经验，开始走建筑工业化的道路。同时，从国外引进了一批住宅工业化结构体系，如大模板、预制装配大板、框架轻板和砌块建筑。原有的砖混结构也得以改造，形成了新的砖混结构体系。但是，由于各种结构体系独立存在，其构（配）件无法通用互换，即使是同一种结构体系，其构（配）件也是五花八门，轴线定位各行其是，给设计、施工单位造成了不必要的麻烦和经济上的损失。为适应这种形势需要，并随着科学技术的进步和建筑新材料的涌现，促成了80年代标准的编制：《建筑统一模数制》GBJ 2—73修订为《建筑模数协调统一标准》GBJ 2—86，《厂房建筑统一化基本规则》TJ 6—74修订为《厂房建筑模数协调标准》GBJ 6—86，编制《住宅建筑模数协调标准》GBJ 100—87、《建筑楼梯模数协调标准》GBJ 101—87、《建筑门窗洞口尺寸系列》GBJ 5824—86、《住宅厨房及相关设备基本参数》GB 11228—89、《住宅卫生间功能和尺寸系列》GB 11977—89等标准，初步形成了我国的建筑模数协调标准体系。90年代由于现浇混凝土技术发展迅速、人工及材料成本低廉、装配式建筑实践经验不成熟，同时普遍认为现浇结构的抗震性能要优于装配式结构，导致装配式建筑发展陷入停滞，建筑模数制问题淡出公众视野。但是，经过近20年的住房建设大跃进，进入21世纪后，要求改变既有建造方式的呼声越来越高，建筑工业化生产重新走上舞台，《住宅建筑模数协调标准》等系列标准开始修编，并新增了相关部品部件标准的编制如《建筑门窗洞口尺寸系列》GB/T 5824—2008、《住宅卫生间模数协调标准》JG/T 263—2012和

（b）预制梁墙一体　　　　　　　（c）预制梁

（a）预制柱　　　　（d）叠合板　　　　（e）预制楼梯

图1-4　主要的混凝土预制构件

《住宅厨房模数协调标准》JG/T 262—2012等。同时，符合"两提两减"精神的装配式建筑也得到了大力发展，各种类型的预制构件在工厂生产后运输到现场安装，预制构件的质量和精度比现浇构件更好。图1-4所示为目前常用的几种混凝土预制构件。

1.3　我国建筑模数制应用

我国建筑模数制度应用主要包括基本模数、模数数列、模数网格和部件定位等内容。

1.3.1　基本模数

《建筑设计资料集》（第三版）中提到，人体的基本动作尺度、坐姿空间和通行宽度等人体尺度基本上是100mm的级数（图1-5）。同时，为兼顾使用的灵活性，我国和全球大部分国家相同，采用100mm为基本模数，其符号为M，即1M为100mm。

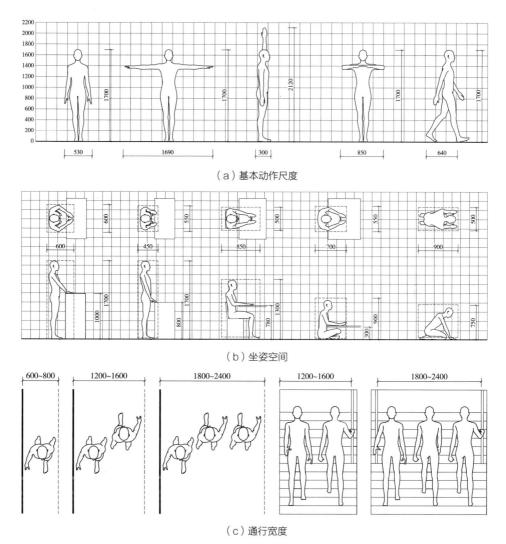

（a）基本动作尺度

（b）坐姿空间

（c）通行宽度

图1-5　我国人体尺度

1.3.2　模数数列

　　模数数列是以基本模数、扩大模数、分模数为基础扩展成的一系列尺寸，起到尺寸统一与协调作用，但又应使尺寸的叠加和分割具有较大灵活性。表1-2所示为常用的模数数列[①]。

---

① 王媛媛，郎亮．"模数"亦或"模式化"？——西方古典建筑与中国古代建筑模数制度建造意思之思考［J］．南方建筑，2017（6）：100-105.

常用模数数列　　　　表1-2

模数	基本模数	扩大模数						分模数		
模数基数	1M	3M	6M	12M	15M	30M	60M	M/10	M/5	M/2
基数数值（mm）	100	300	600	1200	1500	3000	6000	10	20	50
模数数列（mm）	100	300	—	—	—	—	—	10	—	—
	200	600	600	—	—	—	—	20	20	—
	300	900	—	—	—	—	—	30	—	—
	400	1200	1200	1200	—	—	—	40	40	—
	500	1500	—	—	1500	—	—	50	—	50
	600	1800	1800	—	—	—	—	60	60	—
	700	2100	—	—	—	—	—	70	—	—
	800	2400	2400	2400	—	—	—	80	80	—
	900	2700	—	—	—	—	—	90	—	—
	1000	3000	3000	—	3000	3000	—	100	100	100
	1100	3300	—	—	—	—	—	110	—	—
	1200	3600	3600	3600	—	—	—	120	120	—
	1300	3900	—	—	—	—	—	130	—	—
	1400	4200	4200	—	—	—	—	140	140	—
	1500	4500	—	—	4500	—	—	150	—	150
	1600	4800	4800	4800	—	—	—	160	160	—
	1700	5100	—	—	—	—	—	170	—	—
	1800	5400	5400	—	—	—	—	180	180	—
	1900	5700	—	—	—	—	—	190	—	—
	2000	6000	6000	6000	6000	6000	6000	200	200	200
	2100	6300	—	—	—	—	—	—	—	—
	2200	6600	6600	—	—	—	—	—	220	—
	2400	7200	7200	7200	—	—	—	—	240	—
	2500	7500	—	—	7500	—	—	—	—	250
	2600	—	7800	—	—	—	—	—	260	—
	2800	—	8400	8400	—	—	—	—	280	—
	3000	—	9000	—	9000	9000	—	—	300	300
	3200	—	9600	9600	—	—	—	—	320	—
	3400	—	—	—	—	—	—	—	340	—
	3500	—	—	—	10500	—	—	—	—	350
	3600	—	—	10800	—	—	—	—	360	—
	—	—	—	—	—	—	—	—	380	—
	4000	—	—	12000	12000	12000	12000	—	400	400
应用范围	主要用于建筑物层高、门窗洞口和部件截面	1. 主要用于建筑物的开间或柱距、进深或跨度、层高、部件截面尺寸和门窗洞口等； 2. 扩大模数30M数列按3000mm进级，其幅度可增至360M；60M数列按6000mm进级，其幅度增至360M						1. 主要用于空隙、构造节点和部件，以及分部件截面等； 2. 分模数M/2数列按50mm进级，其幅度可增至10M		

1.3.3 模数网格

模数网格用于部件定位和减少构件类型，同时使建筑装修材料避免不必要的切割。模数网格应用时可把房屋看作三维坐标空间中三个方向均为模数尺寸的模数化空间网格，在不同方向上可采用等距或非等距的模数网格，如图1-6所示。

模数网格也可以由正交或斜交的网格基准线（面）构成，基准线（面）之间距离符合模数要求，不同方向连续基准线（面）之间的距离可采用非等距的模数数列，模数网格可以采用单线，也可以采用双线，如图1-7所示。

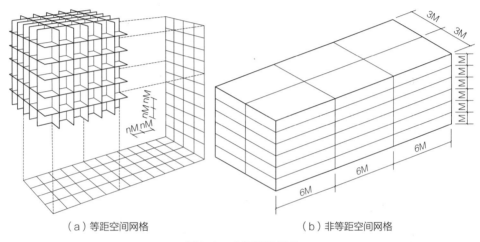

（a）等距空间网格　　　　　　（b）非等距空间网格

图1-6　空间模数网格

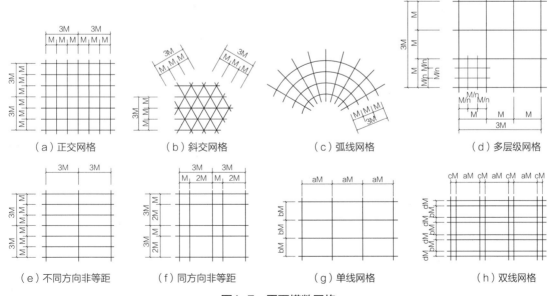

（a）正交网格　　（b）斜交网格　　（c）弧线网格　　（d）多层级网格

（e）不同方向非等距　　（f）同方向非等距　　（g）单线网格　　（h）双线网格

图1-7　平面模数网格

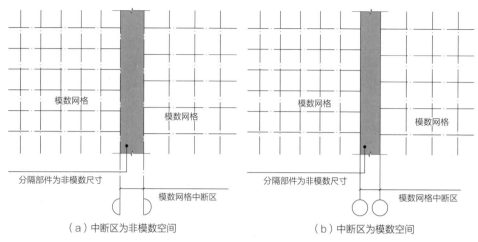

（a）中断区为非模数空间   （b）中断区为模数空间

图1-8 网格中断区

当有分隔部件将模数网格加以间隔时，间隔的区域为网格中断区。当同一建筑采用多个、多种模数网格时，不同模数网格间可采用设置网格中断区的方式来过渡。网格中断区可以是模数空间，也可以是非模数空间，如图1-8所示。

1.3.4 部件定位

部件定位指确定建筑部件在模数网格中的位置和所占的领域。部件定位方法主要有中心线定位法、界面定位法、混合定位法（中心线定位法与界面定位法混合使用）。中心线定位法是指基准面（线）设于部件上（多为部件物理中心线），且与模数网格线重叠的部件定位方法，外墙部件厚度与内墙部件不同时，可偏心定位，以保证内部空间尺寸符合模数；界面定位法是指基准面（线）设于部件边界，且与模数网格线重叠的部件定位方法，如图1-9所示。

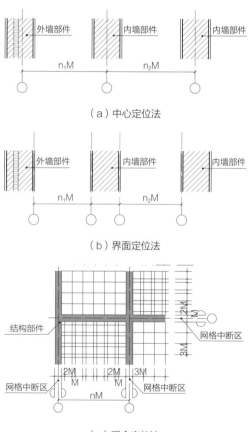

（a）中心定位法

（b）界面定位法

（c）混合定位法

图1-9 部件定位方法

第 2 章

装配式建筑 PC 构件的系列化

2.1 构件系列化的目的、意义和存在的问题

任何一栋建筑都是由不同的构造部分组成，包括基础、勒脚、外墙、内墙、门窗、楼梯、阳台、卫生间、厨房、屋顶、女儿墙等。这些部分又通过不同的构造节点相互连接。同样，对于装配式建筑来说，工厂预制的基本构件都是由这些基本组成部分拆分而成的，但组成部分并不是构件本身，如外墙，统称只有一种，构件却可能有几十种，这就是系列化设计的基础。

谈到建筑构件的系列化，首先要明确专用体系和通用体系的区别。

专用体系，一般来说是指以某一定型建筑为基础进行构件设计，它所有的构件只能用于该型建筑的施工；而通用体系是从构件设计出发，按类型、尺寸、材料、结构、构造以及部位来设计，可以广泛地应用于不同建筑。

就如同在生产汽车时，A品牌系列的造型和B品牌系列的造型都属于专用体系，但轮胎、轴承、钢珠、玻璃便可以采用通用的产品（图2-1）。

图2-1　汽车及零部件

任何一个工业化产品基本上都是系列化的产物。标准化、系列化是工业化的前提，没有标准化、系列化的设计、生产、施工，就谈不上建筑的工业化，更谈不上装配式建筑的发展。

所谓系列化，是某一类产品系统的结构组成优化，功能最佳的标准化形式。它通常是通过对同一产品发展规律的分析研究，经过全面的技术经济比较，按主要参数、形式、尺寸、基本结构等做出合理安排，以协调同类产品和配套产品之间的关系。

系列化是标准化的高级形式，是标准化高度发展的产物和走向成熟的标志。装配式建筑构件的系列化是工业化产品设计的一种类型。表2-1为部分地区砌块的常用规格。

部分地区砌块常用规格（单位：mm）　　　　　　表2-1

	小型砌块	中型砌块		大型砌块
分类				
用料及配合比	C15细石混凝土配合比经计算与试验确定	C20细石混凝土配合比经计算与试验确定	粉煤灰5300～5800N/m³ 石灰1500～1600N/m³ 石膏350N/m³ 煤渣9600N/m³	粉煤灰68%～75% 石灰21%～23% 石膏4% 泡沫剂1%～2%
强度	MU3.5～MU5	MU5～MU7	MU15	MU10或MU7.5
规格 厚×高×长	90×190×190 190×190×190 190×190×390	180×845×630 180×845×830 180×845×1030 180×845×1230 180×845×1430 180×845×1630 180×845×1830 180×845×2130	190×380×280 190×380×430 190×380×580 190×380×880	厚：200 高：600、700、800、900 长：2700、3000、3300、3600
最大块重	130N	2950N	1020N	6500N
使用情况	广东、陕西等地区，用于住宅建筑和单层厂房等	浙江用于6层以下住宅和单层厂房	上海用于6层以下的宿舍和住宅	天津用于4层宿舍、3层学校和单层厂房

建筑构件系列化的目的是简化构件的品种和规格，尽可能满足多方面需求。可以用较少的品种规格满足市场大范围要求。减少品种规格意味着提高每个构件的生产批量，有助于降低成本，提高构件生产质量和稳定性。

工业化系列产品都是经过严格的性能试验和生产检验的基本型产品演变与派生出来的，从另一个方面来说，它可以大大减少设计工作量，设计人员可以从系列产品中加以选择，减少构件拆分、研究、开发的风险，缩短构件的设计周期。

系列化产品的通用性好，但也可以根据市场动向、政府要求和开发商的特殊需要而采用变形设计的方法，使构件生产具有灵活性的同时，又相对经济合理，保持构件生产企业的生产组织稳定性。

建筑构件系列化具有重要的经济意义。

首先，由于构（配）件已经形成了标准化、系列化的产品目录，可以在此基础上进行新产品的研发，缩短新产品的研发时间，减少费用。其次，可以简化品种，扩大适用范围，增加生产批量，有利于提高专业化程度。再次，简化模具规格和种类，增加使用次数，减少生产模具的使用成本，提高模具使用率。

目前，绝大多数构件厂的模具浪费严重，使用效率极其低下，究其原因，就是构件产品没有按标准化、系列化设计，随意拆分或按现浇体系进行拆分，导致构件数量庞大。

与此同时，由于大大小小的构件规格杂乱、尺寸不同，给构件的堆放和运输带来极大不便，造成构件堆放场地利用率不高。运输也存在着同样的问题，构件参差不齐，给运输车的装载带来麻烦，一次运输的性价比较低。

在施工现场，构件数量庞杂，吊装不便，安装时也不能做到科学合理地组织施工安排。

综上所述，装配式建筑构件的标准化、系列化设计迫在眉睫，图2-2为预制构件生产现场。

图2-2　预制构件生产现场

尽管标准化、系列化建筑构件有着巨大优势，但同时也要认识到它的局限性和矛盾性。即由于系列化产品不可能过多（否则就没有存在的意义），这就会导致构件产品的种类不能满足所有需求，在一定范围内，还是要和现浇体系进行配合。另外，由于不同地区的工业化能力存在差异，运输条件受到限制，不是所有的产品都有使用价值，要进行取舍。与此同时，由于气候环境等方面的制约，构件材料需要具体情况具体分析，这就会给系列产品带来诸多变化，需要个案解决。

2.2 如何进行构件的系列化设计

装配式建筑的构件系列化设计分为三个步骤，即确定基本参数和参数系列、编制构件的系列型谱及在系列型谱的基础上进行扩大设计。

2.2.1 确定基本参数和参数系列

首先，确定基本参数。在建筑设计领域，我国早在20世纪60年代就已经解决了这个问题。即以100mm作为建筑的基本模数，以此为基础，在房屋的开间和进深上采用扩大模数，在构造配件部品上采用分模数。扩大模数以300mm为倍数增加，如2700、3000、3300、3600、3900、4200等；在分模数上，以10mm和50mm作为基本参数，大多用于构造节点大样上。在建筑层高上，采用基本模数，即以100mm为基准。

其次，确定模数系列的上下限。因为模数过多则意味着产品的型号过多，型号过多则失去了标准化、系列化的意义。同时，建筑的空间设计也不是无限扩大的，尤其是大量民用建筑，如住宅、宿舍、公寓、酒店、学校、医院、办公等建筑的空间是有一定规律和空间规模限定的。所以，一般而言，确定模数系列的上限就可以控制构件的种类和规格型号。

再次，在模数系列上下限确定之后，进行模数分类、分级。

分类是指在构件和部品上进行区别，为下一步分型做好准备。分级则是将模数系列进行划分，可采用等差数列的形式，分为若干级别，以便构件的系列形成。例如，在住宅层高上，华南地区常用尺寸是2800mm和3000mm，其他层高如3100mm、3200mm等都不常见。这主要是考虑到南方地区住宅的通风要求相对于北方而言普遍较高的原因。

而在住宅的开间和进深方面，对于单元式住宅，各户型中，开间和进深基本上不会超过9000mm或者更少，这可以通过大量数据分析得出结论。只要采用常用尺寸，就可以满足基本的构件需求（参见表1-2）。

2.2.2　编制构件的系列型谱

由于装配式建筑对构件的要求多样，仅有参数分级确定的构件是不足以满足不同形式、不同功能需要的，还要在参数限定的基础上，把基本型和变型构件设计出来，明确各型号之间的关系，并对构件发展趋势做出反应，以便在使用该系列构件时可以灵活变通。

例如，楼梯系列即可分为两跑楼梯、三跑楼梯、一跑楼梯（即剪刀梯）。其中，两跑楼梯和三跑楼梯基本上是由一个梯段作为基本构件，只要层高确定，楼梯宽度确定，那么楼梯的基本构件便得以确定，系列也随之而确定。

至于旋转楼梯、折转楼梯就属于特殊构件，可以根据楼梯构件的基本型加以变化。

再如，叠合楼板在参数系列确定的前提下，可将其拆分为一块整板或者两块、三块楼板，基本型越小其适应能力越强，适用范围越大，越发灵活多变。当然，灵活性也有代价，如连接构造措施、湿法施工量增多等。

编制系列型谱是一件十分复杂且细致的工作，工作量大，需要在严谨的调查分析、科学判断、逻辑推理的基础上确定（图2-3）。

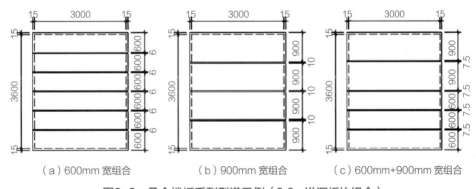

（a）600mm 宽组合　　　（b）900mm 宽组合　　　（c）600mm+900mm 宽组合

图2-3　叠合楼板系列型谱示例（3.6m进深板块组合）

2.2.3　在系列型谱的基础上进行扩大设计

首先是在模数系列上进行品种增加，前面所说的模数系列上下限的确定，仅仅是在数据上把握，只有数与型结合起来才能使构件成为最终的定型产品。应按选定的数列进行基本型的确定和编制，使之成为可以立刻运用的产品目录。

其次是在上述基础上进行型的变化。变化的依据是使用功能的要求，如采光、隔热、通风、防水、隔声、结构配筋等要求的材料变化、尺寸变化、开洞变化和连接构造节点的变化（图2-4）。

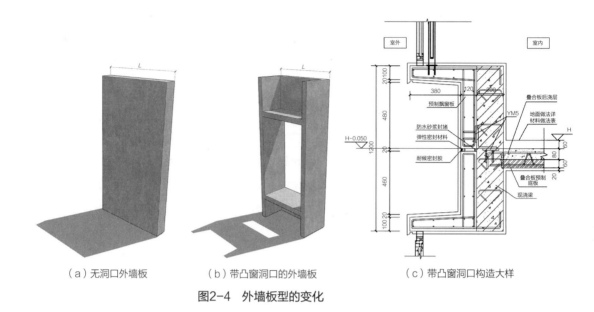

（a）无洞口外墙板　　（b）带凸窗洞口的外墙板　　（c）带凸窗洞口构造大样

图2-4　外墙板型的变化

　　装配式建筑的构件产品标准化、系列化设计是建筑工业化的根本所在，必须在这方面加大研究力度，并深入挖掘各种可行性，使之适应当代建筑业的发展。

2.3　经济效益分析

2.3.1　现阶段装配式建筑的经济效益分析

　　任何先进的技术都是以实现更强大的功能、更快捷的效率和更低廉的成本为目的的。目前装配式建筑体系的平均成本普遍高于传统现浇体系，在一定程度上影响了建筑工业化的推进和发展，究其原因，主要有以下几方面。

1. 设计阶段的成本

　　设计思维固化。目前，绝大部分装配式项目都是施工图完成后再进行预制构件的设计和拆分，导致设计工作重复，极大地增加了设计工作量，使得设计效率极其低下。

　　模数化、标准化、通用化等设计理念在装配式建筑中被抛诸脑后，因现浇方式建造的混凝土结构在设计时没有模数化、标准化的考虑，导致所有的预制构件都是非标准和专用的，构件尺寸和种类繁多，由此造成预制构件在生产、运输及安装各阶段成本的大幅增加。

2. 生产阶段的成本

目前，装配式建筑生产阶段的成本主要由于预制构件的非标准化所产生。

由于预制构件的非标准化，每个项目的构件尺寸和种类繁多，导致模具种类众多，且项目间构件模具的重复利用率较低，每一个新项目都需要重新制作模具，模具浪费严重，因此成本大幅上升且很难控制。专用模具的重复利用率低是装配式建筑成本摊销的一大项。例如，将构件模板周转次数由100~150次提高到200次，则模具的费用能降低100~120元/m³。

预制构件非标准化的其他影响主要体现在构件厂的实际产能低和未能最大限度地利用堆放场地。由于预制构件的非标准化，构件厂的实际产能只有设计产能的30%~50%，工人开工率明显不足，工厂未实现均衡排产，预制构件未能提前批量生产。由于构件尺寸和种类繁多导致堆放场地需求大，土地成本较高。

3. 运输阶段的成本

预制构件体积和质量较大，不宜长距离运输，合理的运输半径在150~200km，运费宜控制在300元/m³以内，运费约占预制构件售价的10%。由于预制构件的非标准化，构件规格及质量的不同影响运输车辆的选择，频繁调度和增加车辆都会导致运输成本增加。

4. 施工阶段的成本

预制构件的安装速度对施工阶段的成本有很大影响，必须要发挥机械（起重机）使用效率，减少构件存储和二次搬运，提高安装效率，缩短工期，降低成本，但往往因预制构件及关键节点的非标准化，构件现场吊装时未能充分发挥起重机的使用效率，使得安装效率低下，增加人工及机械成本，使其成为装配式建筑成本摊销的一大项。

因此，装配式建筑应实行标准化、系列化设计，遵循预制构件"少规格、多组合"的设计原则，保证预制构件模具的重复利用率，降低模具的制作成本及预制构件的运输成本，提高预制构件的生产效率及施工效率。

2.3.2 装配式建筑采用标准化设计的经济效益

装配式建筑具有"标准化设计、工厂化生产、装配化施工、一体化装修、信息化管理"五大特点，其中标准化设计是最基本和最重要的一环，也是建筑工业化的核心。标准化设计可以实现规模化生产，提高构件生产效率，缩短构件加工、安装、建造的时间，从而缩短项目建造周期，降低工程造价，具体表现在以下方面。

1. 构件加工

（1）确保了构件在各项目及不同部位的通用性，便于工厂均衡排产。

（2）保证了构件模具的重复利用率，减少了模具费用投入，显著提高了构件生产效率。

（3）构件及部品部件提前批量生产，缩短现场等待构件安装的时间。

2. 现场施工

（1）部品部件采用标准化设计，减少了施工的出错率。

（2）构件及关键节点均采用标准化设计，安装简便，可以确保建筑品质。

（3）提高了施工效率，减少了现场用工数量，减轻了劳动强度。

3. 工程造价

借助建筑工业化，构件通过构造组合形成了建筑结构体系，使其受力合理，满足使用功能，在生产制作、施工效率、工程质量、人工成本等方面体现了装配式建筑的优势，表现出装配式建筑更强的经济适用性。

第3章

组合设计原则及基本户型选用

3.1 组合设计的原则

"像造汽车一样盖房子"不仅是一句口号，里面还蕴含了深刻的组合设计思想。装配式建筑的组合设计原则是装配式建筑实现正向设计所需要遵循的基本思路与要求。本节将对装配式建筑设计现状、正向设计的组合设计原则及标准库建立进行详细介绍。

3.1.1 装配式建筑设计现状

当前，绝大部分装配式建筑实际工程项目开展设计工作时，设计人员往往先按照传统现浇建筑的设计思路进行设计，即在完成传统施工图的基础上，再交由构件深化单位进行预制构件的拆分与深化工作，是一种"逆向"的设计过程，严重违背了装配式建筑提倡的"正向"设计与"两提两减"精神，具体问题表现在以下方面。

（1）缺乏标准化思维

因为现浇建筑对建筑个性的兼容性较强，所以采用传统现浇建筑的思路进行设计时，设计人员往往会忽略使用建筑模数制工具，且设计时缺乏标准化思维，使建筑的标准化程度低，造成建筑的组合平面、功能区间、外立面、构件的种类和尺寸数量较多，不仅增加了预制构件的图纸数量，还大大增加了工厂的制作成本：一套生产预制构件的钢模一般可循环使用200~300次，但因设计标准化程度低，导致一套钢模仅能循环使用几次，这样无疑大幅增加了预制构件的生产成本，这也是当前装配式建筑成本居高不下的主要原因之一。

（2）设计效率低下

设计人员采用现浇建筑的思路进行设计时，通常按照建筑→结构→设备管线→……的单线性流程进行设计，各专业之间未形成完整的协同工作机制，导致后期深化设计时只能碰到问题再去解决，没有在前期的设计工作中做到有效规避。另外，先完成传统施工图纸再进行拆分和深化设计，同时可能还兼有BIM模型的翻模工作，极大地增加了设计工作量，使得设计效率极其低下。

装配式建筑具有"标准化设计、工厂化生产、装配化施工、一体化装修、信息化管理"的特点，设计是五个特点的龙头，如果从最开始的设计源头就没有把控好，便谈不上实现品质优良的装配式建筑，更不用说如何发挥装配式建筑的特点与优点，实现建筑工业化。因此，装配式建筑设计需要有统一的正向组合设计原则，指导实际工程设计、生产和安装，真正做到"像造汽车一样盖房子"。

3.1.2 组合设计原则

装配式建筑的组合设计，即将不同的标准化建筑部品和构件按照统一的模数标准和规则进行组装，从而实现符合设计功能要求的装配式建筑的过程，其包含以下主要内容和特点。

（1）安全性

装配式建筑组合设计需要遵循安全性原则，即组合设计得到的装配式建筑其结构和连接节点的抗震、抗风、防火、耐腐蚀等性能必须满足现行国家规范及行业标准的要求，确保整个建筑安全可靠。

（2）实用性

装配式建筑组合设计需要遵循实用性原则，即组合设计得到的装配式建筑要达到相应类型建筑的容积率，采光，开间、进深、过道尺寸，功能区间面积等指标，均要满足使用者对建筑实用性和舒适性的要求。

（3）美观性

装配式建筑组合设计需要遵循美观性原则，即组合设计得到的装配式建筑要契合、突出建筑类型的特点，绝大部分情况下应符合社会大众的主流审美观，切不可为了组合而组合，从而使建筑失去美感。

（4）普适性

装配式建筑组合设计需要遵循普适性原则，即组合设计采用的构件和建筑部品部件的"型"（构造）与"数"（尺寸）能适应多种建筑类型的需求，使同一类型构件和建筑部品部件具有较好的互换性和流通性，能在装配式建筑中普遍使用，以提升设计和构件生产制作效率，降低预制构件成本。当然，普适性的要求使得确定同一类标准化构件的"型"与"数"时需要更具智慧。

（5）多样性

装配式建筑组合设计需要遵循多样性原则，即组合设计采用的构件和建筑部品部件可以组合出多种类型和多种数量的装配式建筑，使建筑的组合平面、立面、结构类型等不拘泥于某种特定的形式。

（6）实操性

装配式建筑组合设计需要遵循实操性原则，即组合设计的思路与做法要便于设计技术人员理解和操作。同时，组合设计采用的组合方式、构件和部品部件的类型与尺寸等需符合设计、生产、运输和施工的客观实际条件，具有较好的可操作性，如预制构件质量要适宜，尺寸、质量不可超过运输和施工起吊所允许的条件，否则会给实际的生产工作造成诸多不必要的困难。

3.1.3　标准库建立

根据组合设计的内容与特点可知，实现装配式建筑正向组合设计的关键点在于形成构件或建筑部品部件产品标准库。为达到以上目的，本书将采用"数"和"型"兼顾的做法：首先，梳理建筑设计中各类型建筑层高、开间、进深的要求，并加以总结；然后，归纳不同构件和建筑部品部件的构造形式，并进行分类（标准化设计，"型"的确定）；接着，基于确定的构造形式和建筑设计要求，再结合人体工程学数据和统一的建筑模数制（统一模数制，"数"的确定），最终构建出包含每种构件或建筑部品部件的产品标准库。

1. 标准化设计

预制构件标准化是进行标准化配筋设计的基础，也是预制构件设计的重要设计理念。预制构件和建筑部品的重复使用率是项目标准化程度的重要指标，根据项目特征，同一项目中同一类型的构件一般控制在三个规格左右并占总数量的较大比重，可控制并体现标准化程度。预制构件的配筋设计应便于工厂化生产和现场连接，宜统一钢筋规格，采用直径和间距较大的钢筋。以户型设计的标准化、模块化为前提，标准化设计主要考虑以下三个方面。

（1）减少构件种类

预制构件的种类应尽可能地少，既可以降低构件制造的难度，又易于实现大批量的生产及控制成本的目标。在标准层的户型中，应基于系列化理念进行设计，减少同一种功能类型构件的种类数，提高预制构件的通用性，设计完成后，通过预制构件的组合与置换满足多种户型的需求。

（2）优化模具数量

模具的数量应尽可能减少，提升使用周转率，确保预制构件生产过程中的高效性，降低模具成本。每增加一种类型的模具，将会增加模具和安装的成本，还会增加构件生产所需的人工成本。同时，模具类型增多会降低预制构件的生产效率。

（3）标准结构单元及预制构件连接节点标准化设计

标准结构单元的设计包括组成预制剪力墙构件的承重及非承重部分，标准结构单元的设计是在进行构件选用的过程中确保预制构件标准化的重要手段，通过标准节点与非标准部分的组合来实现预制构件的通用性与多样性。

2. 统一模数制

为了使建筑制品、建筑构（配）件和组合件实现工业化大规模生产，使不同材料、不同形式和不同制造方法的建筑构（配）件、组合件符合模数并具有较大的通用性和互换性，将《建筑模数协调标准》GB/T 50002—2013作为竖向构件标准库的尺寸依据。

（1）几何尺寸模数化

竖向结构构件采用扩大模数，可优化和减少预制构件种类，形成通用性强、具有系列化尺寸的住宅功能空间开间和层高等主体构件或建筑结构体尺寸。

预制柱、预制剪力墙板的高度尺寸应协调建筑层高、预制主梁高确定。居住建筑中住宅常见层高主要有2.8m、2.9m、3.0m，宿舍常见层高主要有2.8m（设置单层床）、3.6m（设置双层床），公寓住宅建筑常见层高主要有4.0m、4.2m、4.5m。

表3-1和表3-2以预制剪力墙和预制柱为例，给出优选尺寸。

预制剪力墙优选尺寸（单位：mm）　　　　　　　　　表3-1

内容		优选尺寸范围	优选尺寸
厚度	多层建筑	140～250	140、160、180、200、250
	高层建筑	200～400	200、250、300、350、400
一形、L形、T形、U形墙板长边长度	无门窗洞口	1200～4500	1200、1800、2400、2700、3000、3600、4200、4500
	有门窗洞口	1800～7200	1800、2400、2700、3000、3600、4200、5400、6000、6600、7200
L形、T形、U形墙板短边长度		200～600	200、300、400、600
门窗洞口宽度		600～3000	600、800、900、1000、1200、1500、1800、2100、2400、2700、3000
有洞口墙板单侧尺寸		400～1000	400、450、600、750、900、1000

预制柱优选尺寸（单位：mm）　　　　表3-2

内容	优选尺寸范围	优选尺寸
层高	3000～5000	3000、3600、3900、4200、5000
柱截面长度	400～1200	400、500、600、700、800、900、1000、1200
柱截面宽度	400～1200	400、500、600、700、800、900、1000、1200
柱纵向钢筋	16～32	16、18、20、22、25、28、32
柱箍筋	8～12	8、10、12
与柱连接框架梁高度	600～900	600、700、800、900

（2）配筋模数化

宜对标准化预制构件进行"模数化配筋"。预制构件的结构配筋设计应便于构件标准化和系列化，确保配筋规则能适应构件尺寸按一定的数列关系逐级变化，并应与构件内的机电设备管线、点位及内装预埋等实现协调。

3.2　基本户型的选择

3.2.1　装配式户型组成要素

居住建筑需提供不同的功能空间，满足住户的各种使用要求，主要包括睡眠、起居、工作、学习、进餐、炊事、便溺、洗浴、储藏及户外活动等功能空间，这些功能空间可归纳划分为居住、厨卫、交通及其他四大部分（图3-1）。

1. 居住空间

居住空间是住宅的主体空间，包括睡眠、起居、工作、学习、进餐等功能空间，根据住宅套型面积标准的不同包

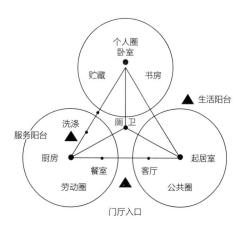

图3-1　居住建筑功能空间

含不同内容。在套型设计中，需按户型使用功能要求划分具体的居住空间，确定空间的大小和形状，并考虑家具的布置，合理组织交通，安排门窗位置，同时处理房间朝向、通风、采光及其他空间环境问题。

（1）客厅、餐厅布局原则

空间应方正好用，避免缺角的异形空间。住宅宜避免户门与主客厅直接的视觉干扰。客厅视平线范围内不宜设置水平窗框。客厅、餐厅宜采用无梁一体化设计。客厅应至少有一面墙保证电视墙的完整性且不宜小于3m（图3-2）。

（2）卧室、书房布局原则

空间应方正好用，避免缺角的异形空间。相对布置的两户住宅的窗户，当两者间距小于6m时应错位布置（左右或上下），避免对视。140㎡以上四室户型宜保证至少两个卧室可布置1.8m双人床，同时可布置衣柜。凸窗窗台高宜为500mm，进深轴线尺寸宜为600mm（图3-3）。

2. 厨卫空间

厨卫空间既是住宅功能空间的辅助部分又是核心部分，对住宅的功能与质量起着关键作用。厨卫内设备及管线多，其平面布置涉及操作流程、人体工效学及通风换气等多种因素。

（1）厨房空间

厨房主要功能是完成炊事活动，其设备主要有洗涤池、案桌、炉灶、储物柜，乃至排气设备、冰箱、烤箱、洗碗机、微波炉等，是设备密集和使用频繁的空间，厨房排烟、排气问题十分重要，除有良好的自然通风外，还应考虑机械排烟、排气措施。因此，在住宅套型设计中，其位置和内部设备布置尤为重要，厨房内所有管线布置应进行详细考虑，宜设置水平和垂直的管线分区，既方便管理与维修，又使室内整洁美观。

厨房布局原则如下。

厨房布置应遵循洗、切、炒的流线，以间距600mm布置为宜。各种管线布置不应影响其功能使用，如应

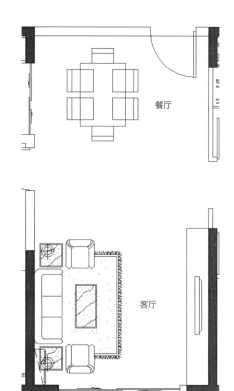

图3-2　客厅、餐厅布局示例

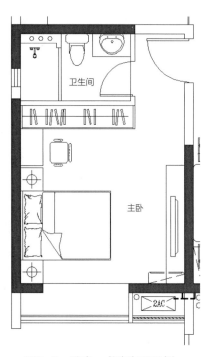

图3-3　卧室、书房布局示例

避免给水排水位置与热水器、排烟井相冲突，管线包封后与橱柜和设备、设施相冲突。灶台应与烟道、燃气管道布置在同一侧。灶台应避开窗口设置，其至对面墙间走道净距不宜小于1000mm。预留单开门冰箱宽度不小于700mm、进深不小于700mm，冰箱和煤气炉之间至少有800mm间距（图3-4）。

（2）卫生间空间

住宅卫生间是处理个人卫生的专用空间，应容纳便溺、洗浴、盥洗及洗衣四种功能，在较高级的住宅里还可包括化妆功能。卫生间基本设备有便器（蹲式、坐式）、淋浴器、浴盆、洗脸盆、洗衣机等，必须充分注意人体活动空间尺度的需要。卫生间内与设备连接的有给水管、排水管、热水管，需进行管网综合设计，使管线走向简捷合理，并应适当隐蔽，以免影响美观。给水排水立管位置、横管位置、地漏位置等均应进行综合设计，与设备工种统筹考虑。

卫生间布局原则如下。

上下水管线应邻近浴盆或便器处进行布置，双卫生间邻近布置尽量合用管井。应考虑坐便器、洗脸盆等洁具上下水噪声对卧室的影响，不宜沿卧室墙面布置。一字形淋浴间净宽不宜小于900mm，钻石形淋浴间直角长边净宽不宜小于950mm。洗手台不得设置于窗户前。主卫坐便器不宜对床。卫生间开门方向应错开进户门、餐桌、床（图3-5）。

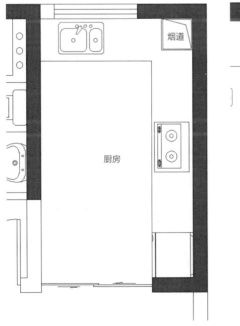

图3-4　厨房布局示例

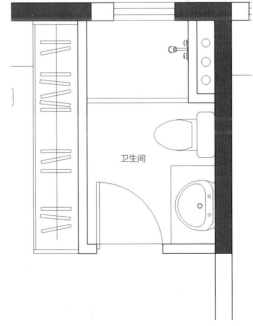

图3-5　卫生间布局示例

3. 交通及其他辅助空间

（1）交通联系空间

交通联系空间包括核心筒、门斗或前室、过道、过厅及户内楼梯等。核心筒作为垂直交通体系，起着稳定结构及串联楼层的作用，在住宅户型工业化过程中，该部分空间越方正规整越有利于装配式户型的选型组装；过道或过厅是户内房间联系的枢纽，其目的是避免房间穿套，并相对集中开门位置，减少起居室墙上的开门数量。

交通联系空间布局原则如下。

设备风井、强弱电井、暖井、水井等大小及位置方案阶段优化设计，严卡最小尺寸，位置不得影响电梯厅装修布置。公共走道土建尺寸应控制在1300mm，完成净尺寸不小于1200mm。户内配电箱应避免与对讲机、开关及门铃邻近设置，以免冲突。户内配电箱嵌入墙面应适当加宽120mm，与门边的距离宜大于100mm。户内配电箱、弱电箱采取墙体暗装，宜结合储藏室或玄关衣柜布置。玄关内应考虑玄关柜的设置空间（净宽宜≥600mm，土建净深宜≥350mm）（图3-6）。

（2）阳台及空调机位

阳台及空调机位布局原则如下。

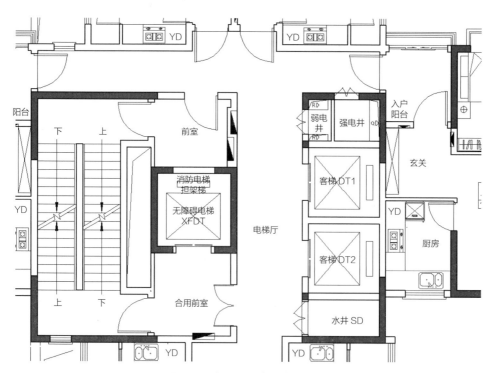

图3-6　交通联系空间布局示例

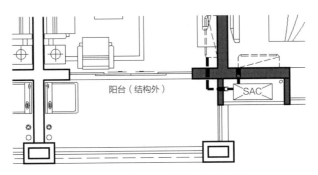

图3-7 阳台及空调机位布局示例

　　洗衣机位置的设计顺序依次为：生活阳台＞景观阳台＞入户花园＞卫生间。洗衣机不应设置在厨房。非封闭阳台落水管位置需考虑墙体外保温及饰面材料厚度。不应遗漏空调室外机设计，尤其关注首层、地下室及其他容易被忽略空间的空调位置。应避免布置在相邻的门窗洞口的正前方、坡屋面、线脚等位置。当不同住户的空调室外机设在凹槽内时，应错位布置（图3-7）。

　　基于上述功能需求，可通过大量的比对选择和经验总结，提取出通用率较高的代表性户型，以之为母体进行模块分组标准化，再对标准模块拆分形成构件工业化生产，再结合住户需求进行组装，以满足不同住户对户型居住空间的需求，此过程即为装配式户型的基本选择思路。

3.2.2 装配式户型设计的组合思路

1. 传统装配式设计思路

　　（1）根据退缩及规划条件进行强排，确定建筑外轮廓线。

　　（2）根据建筑外轮廓线及户型配比要求确定核心筒位置及户型配比。

　　（3）确定单个单元的内部功能组合，并根据户型配比组成平面。

　　（4）对平面进行装配式拆分（图3-8、图3-9）。

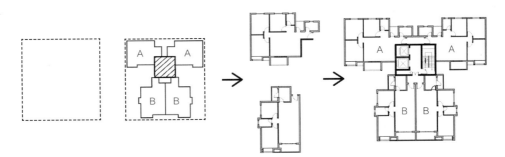

图3-8 传统装配式设计思路示意图一

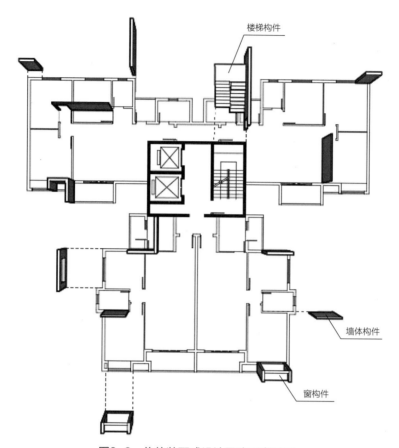

图3-9　传统装配式设计思路示意图二

　　传统装配式住宅大部分从任务书开始设计项目，设计以功能为导向，追求基本功能的满足和空间环境的宜居性，先有户型，再拆分构件进行装配式构件设计。而现有的装配式住宅项目不仅需要着眼功能和宜居，也需要关注设计对工厂化生产和装配式施工的影响。装配式住宅设计关注轴线尺寸统一化与户型标准化，其目的为减少外墙构件及楼板构件种类，提高建造效率，实现住宅功能性与经济性的统一。另外，装配式住宅的工业化为不同小区之间采用相同的构件模块提供了平台，也为构件产品及标准化楼栋的多次利用提供了可能，从而实现了经济价值。

2. 装配式户型设计正向思路

　　（1）通过积累的构件库根据设计模数和各项参数组成基本功能房间，再根据不同需求组合成不同的标准居住模块。

　　（2）模块之间通过平移、镜像、旋转等方式复制组合，结合交通运输模块组合成标准层模块，进而组合成一栋完整的建筑。

3.2.3 户型组合多样性

为了满足社会对居住产品的大量需求，工业化生产要求产品种类、规格及数量在一定时期内保持稳定，标准化是工业化大规模生产的前提。随着社会生产、生活内容的不断发展和提高，又要求产品不断更新，品种多样。所以标准化和多样化的设计内容既是对立的又是统一的。标准化就是确定规格、品种中的不变因素，多样化就是在标准化基础上，通过选择最优的设计模数和各项参数，做到构（配）件的标准化、定型化设计，再根据不同的需求组合成不同的套型和平面，达到户型平面组合多样化，进而形成空间环境多样化、立面及细部处理多样化等。

1. 平直组合

（1）住宅类

单元套型平直组合得到的体形简洁，施工方便，核心筒的选取较为简单。常见户型有工字形、一字形、回形、L形等，也是较为常用的组合方式。在确定好多层、高层，选取合适的核心筒模块后，根据规划对住宅平面面宽、进深的要求，选取不同的单元模块，然后拼装组成不同的户型平面（图3-10、图3-11）。

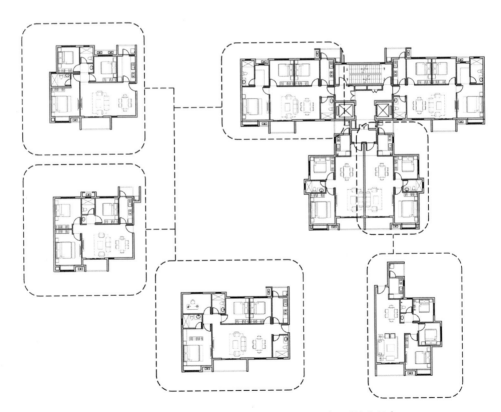

图3-10　核心筒住宅建筑组合示意图一（T形核心筒）

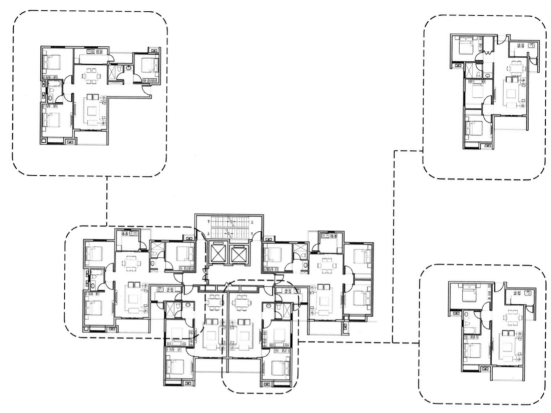

图3-11　核心筒住宅建筑组合示意图二（夹板式核心筒）

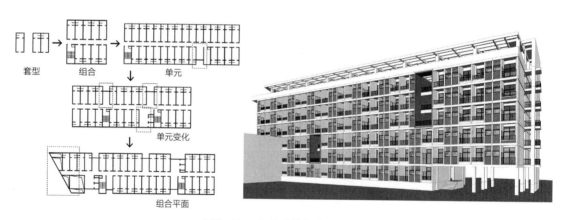

图3-12　宿舍建筑组合示意图

（2）宿舍类

宿舍的套型较为单一、统一，可以将基础套型通过简单复制，用走廊连接起来，再加上竖向交通模块，形成标准的宿舍平面。然后再通过抽空个别套型，形成活动空间，使得平面布置多样化，同时对平面进行变形，达到平面形状的多样化。再通过不同标准层的组合，形成立面多样化（图3-12）。

2. 旋转组合

常见的户型除了平直组合外，还有一些户型通过旋转单元得到异形组合平面，如风车形、Y形、蝶形等，根据项目特征条件进行总体规划，结合场地因素、建筑退缩及立面造型等因素设计，需要选取异形平面布置时，首先选取好需要组合的基本套型模块，再根据需要旋转的角度选取不同的核心筒，如两梯四户15°拼接核心筒、两梯三户 30°核心筒等（图3-13）。

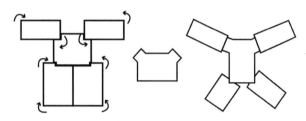

图3-13 住宅建筑组合示意图（旋转组合）

3.2.4 模块的可变性——百年住宅的设计思路

住宅是持续使用数十年的产品，户型应尽可能地符合可持续发展原则，以适应未来家庭习惯及家庭人口需求的变化，这也是近年来绿色建筑、公共建筑中的可变换功能的室内空间要求（图3-14）。

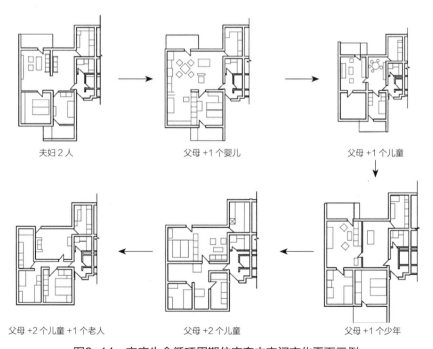

夫妇2人　　　　　　　　父母+1个婴儿　　　　　　　父母+1个儿童

父母+2个儿童+1个老人　　父母+2个儿童　　　　　父母+1个少年

图3-14 家庭生命循环周期住宅套内空间变化平面示例

　　在有限的空间中容纳日益增长的多样需求，打破墙的限制，使不同空间的过渡产生流动，提升住宅内部空间调整的灵活性，使住宅在全生命周期内能够与家庭发展互动，赋予居住建筑户型可持续的生命力，是住宅户型的发展趋势图（图3-15）。

图3-15　百年住宅示意图

第4章

装配式混凝土结构体系

4.1 装配式混凝土结构概述

装配式混凝土结构是指建筑的结构系统由预制混凝土部件或构件通过可靠连接方式连接建造的混凝土结构（又简称PC结构），装配式混凝土结构由于连接方式不同可分为装配整体式混凝土结构和全装配式混凝土结构。

装配整体式混凝土结构是由预制混凝土构件通过可靠的方式进行连接并与现场后浇混凝土、水泥基灌浆料形成整体的装配式混凝土结构。装配整体式混凝土结构的连接以"湿式连接"为主要连接方式，其结构设计的基本原理等同现浇结构原理具有较好的整体性和抗震性。目前我国的装配式混凝土建筑基本都是采用装配整体式混凝土结构形式。

全装配式混凝土结构是指预制混凝土构件以干法连接（如螺栓连接、焊接、钢索连接等）形成的混凝土结构。目前我国采用全装配式混凝土结构形式较少，国外一些低层建筑或非抗震地区的多层建筑常采用全装配式混凝土结构。

4.2 装配式混凝土结构体系的选择

目前我国装配式混凝土结构建筑用的比较多的结构体系有框架结构体系、框架—剪力墙结构体系、剪力墙结构体系等。在公寓、宿舍、学校、商业建筑项目中多采用框架结构体系，在高层办公楼项目中多采用框架—剪力墙结构体系，在住宅、保障房、安置房项目中多采用剪力墙结构体系。

4.2.1 框架结构体系

框架结构体系是由柱、梁、板为主要构件组成的承受竖向和水平作用的结构体系。框架结构是空间刚性连接的杆系结构（图4-1）。

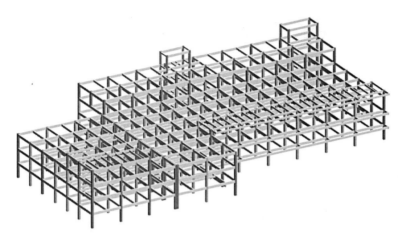

图4-1　框架结构体系

目前框架结构的柱网尺寸可做到12m，可形成较大的无柱空间，平面布置灵活。在我国国内，框架结构主要用于办公楼和商业建筑，住宅用得比较少。日本多层和高层住宅多采用框架结构或框架—剪力墙结构。

4.2.2　框架—剪力墙结构体系

框架—剪力墙结构体系是由柱、梁、板和剪力墙为主要受力构件共同承受竖向和水平作用的结构体系。由于在框架结构中增加了剪力墙构件，弥补了框架结构侧向刚度不足的缺点；又由于只在局部设置了剪力墙构件，不失框架结构空间布置灵活的优点（图4-2）。框架—剪力墙结构的建筑适用高度比框架结构大大提高，因

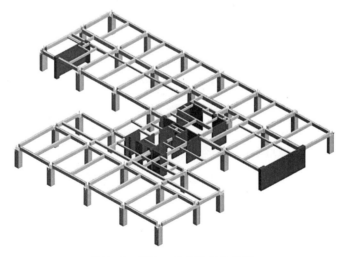

图4-2　框架—剪力墙结构体系

此，框架—剪力墙结构适用于高层和超高层建筑。装配整体式框架—剪力墙结构体系中一般要求剪力墙部分现浇，框架部分采用装配整体式做法。

4.2.3 剪力墙结构体系

剪力墙结构体系是由梁、板和剪力墙组成的承受竖向和水平作用的结构体系。剪力墙结构没有框架柱凸入室内空间的问题，但墙体的分布使空间受到限制，无法做成大空间，适宜住宅等隔墙较多的建筑（图4-3）。我国商品住宅、保障房、安置房多采用高层剪力墙结构体系。剪力墙结构体系在国外应用比较少，高层建筑几乎没有应用。装配整体式剪力墙结构是指结构主要受力构件即剪力墙、梁、板等由预制混凝土构件（预制墙板、叠合梁、叠合板、预制楼梯）组成的装配式结构。装配整体式剪力墙结构是我国目前应用最多和最广的装配式结构形式。

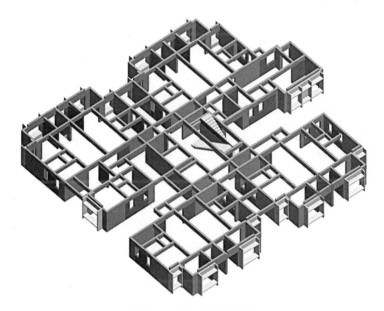

图4-3 剪力墙结构体系

4.3 装配式框架结构体系

装配式框架结构体系采用的预制构件有预制柱、预制梁、预制叠合楼板、预制楼梯、预制阳台、预制空调板等（图4-4）。重要或关键部位的框架柱（如首层柱）、梁柱节点区及预制叠合构件面层采用现浇，结构角部的框架柱和抗震计算分析有受拉的柱建议现浇。

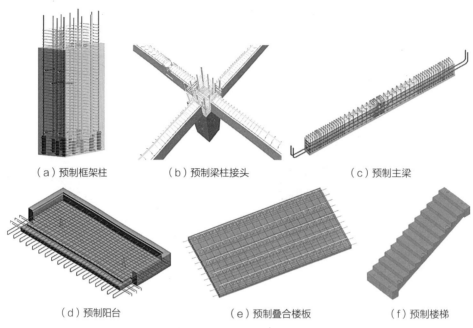

（a）预制框架柱　　　　　（b）预制梁柱接头　　　　　　　（c）预制主梁

（d）预制阳台　　　　　　（e）预制叠合楼板　　　　　　（f）预制楼梯

图4-4　装配式框架结构体系的预制构件

4.3.1　预制框架柱

　　预制混凝土框架柱底水平接缝受剪承载力验算及构造设计详见现行行业标准《装配式混凝土结构技术规程》JGJ 1中的有关规定。上下层预制柱连接位置的柱底接缝宜设置在楼面标高处（图4-5、图4-6）。框架柱抗震性能比较重要，且框架柱的纵向钢筋直径较大，故宜采用灌浆套筒连接（图4-7）。对灌浆套筒灌浆饱满度的监测应采取可靠措施，如套筒灌浆饱满度观察器（图4-8）。

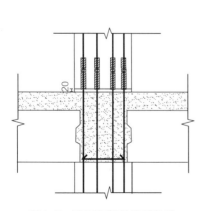

图4-5　预制框架柱连接构造

图4-6　预制框架柱连接施工现场

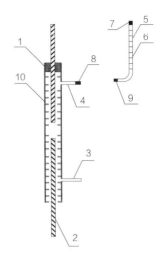

图4-7　预制框架柱套筒灌浆连接　　　　图4-8　套筒灌浆饱满度观察器

1—钢筋套筒；2—钢筋；3—灌浆口；4—出浆口；
5—L 形透明塑料管；6—塑料管刻度；7—管口盖；
8—内螺纹；9—外螺纹；10—套筒内螺纹

4.3.2　预制叠合梁

　　预制混凝土叠合梁端竖向接缝受剪承载力验算及构造设计详见现行行业标准《装配式混凝土结构技术规程》JGJ 1中的有关规定；叠合梁预制部分可采用矩形截面或凹口截面的形式（图4-9）。

　　叠合梁的箍筋形式可采用整体封闭箍筋或组合封闭箍筋的形式（图4-10）。抗震等级为一、二级的叠合框架梁的梁端箍筋加密区宜采用整体封闭箍筋。全部采用整体封闭箍筋的叠合梁吊装前需预留钢筋，且梁的上部纵向钢筋需待叠合板吊装就位后绑扎，以免叠合板出筋同上部纵向钢筋碰撞。采用组合封闭箍筋的叠合梁不用在吊装前预留钢筋，但组合封闭箍的箍筋帽后弯折给施工现场带来难度，这是由于箍筋帽较多而施工空间不够，所以效率不高。

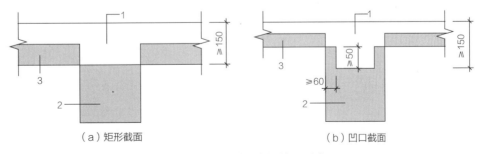

（a）矩形截面　　　　　　　（b）凹口截面

图4-9　预制叠合梁截面形式

1—后浇混凝土；2—预制叠合梁；3—预制叠合板

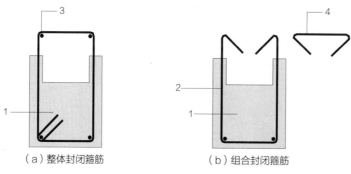

（a）整体封闭箍筋　　　　　（b）组合封闭箍筋

图4-10　预制叠合梁箍筋形式

1—预制叠合梁；2—开口箍筋；3—上部纵向钢筋；4—箍筋帽

图4-11　预制叠合次梁

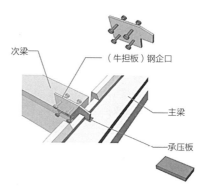

图4-12　主、次梁钢企口连接

预制叠合次梁与主梁宜采用铰接，也可以采用刚接（图4-11）。当采用刚接并采用后浇段连接的形式时，应符合现行行业标准《装配式混凝土结构技术规程》JGJ 1中的有关规定；当采用铰接时，可采用企口连接或钢企口连接的形式。当次梁不直接承受动力荷载且跨度不大于9m时，可采用钢企口连接，钢企口连接应符合现行国家标准《装配式混凝土建筑技术标准》GB/T 51231中的有关规定（图4-12）。

4.3.3　预制叠合楼板

预制混凝土叠合楼板设计应符合现行行业标准《装配式混凝土结构技术规程》JGJ 1和国家标准《装配式混凝土建筑技术标准》GB/T 51231中的有关规定；装配式预制叠合楼板主要采用桁架钢筋混凝土叠合板；在预制板内设置桁架钢筋，可增加预制板的整体刚度和水平界面抗剪性能。钢筋桁架的下弦与上弦可作为楼板的下部和上部受力钢筋使用（图4-13、图4-14）。在施工阶段验算预制板的承载力及变形时，可考虑桁架钢筋的作用，减少预制板下的临时支撑。

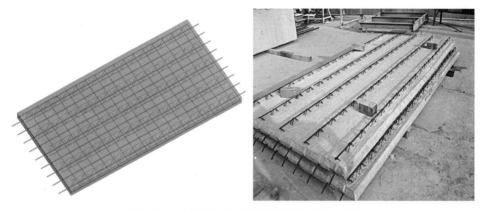

图4-13 桁架钢筋混凝土叠合楼板（单向板）

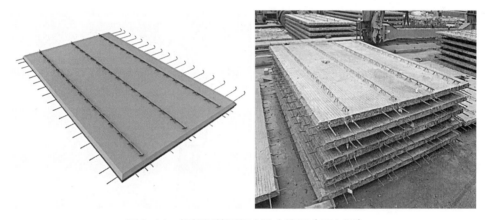

图4-14 桁架钢筋混凝土叠合楼板（双向板）

桁架钢筋混凝土叠合楼板与梁的连接构造：叠合梁由预制和现浇两部分组成，在预制梁上部留出箍筋，预制板安放在梁侧，沿梁纵向放入钢筋后浇筑混凝土，将梁和楼板连成整体。优点是整体性强，并可减少梁所占据的室内空间；缺点是叠合梁出筋不利于预制构件厂生产效率的提高，也不利于施工现场的安装。所以现在不少科研机构和院校、企业都在研究各种不出筋叠合楼板的研发，也取得了很多科研成果。

4.4 装配式框架—剪力墙结构体系

装配整体式框架—剪力墙结构体系中一般要求剪力墙部分现浇，框架部分采用装配整体式做法，预制框架部分内容详见第4.3节内容。

4.5 装配式剪力墙结构体系

装配式剪力墙结构体系是基于"等同现浇"剪力墙结构理论，水平构件通过现浇节点连接、竖向预制构件通过灌浆套筒连接或直接现浇形成受力机理等同现浇钢筋混凝土的剪力墙结构。可采用与现浇混凝土结构相同的方法进行结构分析。目前装配式剪力墙结构体系中应用较多的是预制剪力墙体系、现浇剪力墙体系、叠合剪力墙体系和纵肋叠合剪力墙体系等。

4.5.1 预制剪力墙体系

预制剪力墙体系的核心筒剪力墙、剪力墙边缘构件及预制构件叠合面层采用现浇，采用的预制混凝土构件有预制剪力墙、预制叠合梁、预制叠合楼板、预制楼梯、预制阳台、预制空调板、预制凸窗和非承重内、外墙等（图4-15～图4-17）。

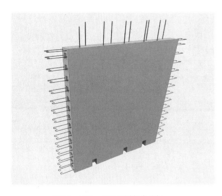

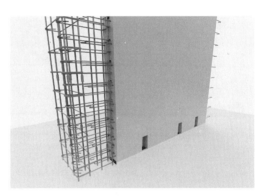

图4-15　预制剪力墙　　　　　　　　　图4-16　预制剪力墙及现浇边缘构件

图4-17　预制剪力墙构件

预制剪力墙体系的特点是，由于竖向剪力墙预制或部分预制，所以装配率高，装配率可达60%以上，房间空间完整，几乎无梁柱外露，可选择局部或全部预制。其适用于高层住宅等房间划分多、每个空间面积不大的高层建筑。

1.　预制剪力墙体系的计算

预制剪力墙设计应符合现行行业标准《装配式混凝土结构技术规程》JGJ 1和国家标准《装配式混凝土建筑技术标准》GB/T 51231中的有关规定；基于等同现浇原理，装配式剪力墙结构可采用与现浇混凝土剪力墙结构相同的方法进行结构分析。在抗震设计时，对于同一层内既有现浇墙肢又有预制墙肢的装配整体式剪力墙结构，现浇墙肢水平地震作用弯矩、剪力宜乘以不小于1.1的增大系数。

装配整体式结构承载力极限状态及正常使用极限状态的作用效应分析可采用弹性方法。按弹性方法计算的风荷载或多遇地震标准值作用下的楼层层间最大位移Δ_u与层高h之比的限值宜取1/1000。在进行结构内力与位移计算时，对于现浇楼盖和叠合楼盖，均可假定楼盖在其自身平面内为无限刚性；楼面梁的刚度可计入翼缘作用予以增大；梁刚度增大系数可根据翼缘情况近似为1.3 ~ 2.0。

2.　预制剪力墙体系的连接节点设计

预制剪力墙连接节点设计应符合现行行业标准《装配式混凝土结构技术规程》JGJ 1和国家标准《装配式混凝土建筑技术标准》GB/T 51231中的有关规定；装配式混凝土剪力墙结构中，接缝的正截面承载力验算与现浇混凝土结构相同，应符合现行《混凝土结构设计规范》GB 50010的规定。

结构布置中，预制墙板的水平、竖向接缝的连接节点设计与施工是其重点和难点，由于此类预制剪力墙参与抗震验算，连接节点的性能是保证装配式结构性能的关键。

装配式混凝土剪力墙结构的关键技术在于预制剪力墙之间的拼缝连接。预制构件水平出筋及现浇节点水平出筋方式应考虑对预制构件吊装及现场钢筋绑扎的影响，预制剪力墙宜采用一字形。剪力墙底部接缝宜设置在楼面标高处，剪力墙边缘构件抗震性能比较重要，且竖向钢筋直径较大，故宜采用现浇连接。一字形剪力墙通过剪力墙边缘构件的现浇连接形成整体剪力墙抗侧力构件，剪力墙其他部位的竖向钢筋连接可采用套筒灌浆连接，也可采用浆锚搭接连接。

相邻预制剪力墙之间竖向接缝位置的确定：一方面应避免接缝对结构整体性能产生不良影响，另一方面也要便于预制剪力墙构件的标准化生产、吊装、运输和就位（图4-18）。

预制构件水平接缝中的竖向钢筋连接宜采用灌浆套筒连接（图4-19）。预制墙板底部应根据施工技术方案要求分仓或逐一进行灌浆。逐一进行灌浆更容易确保灌

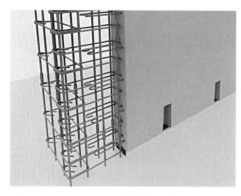

图4-18　预制剪力墙连接

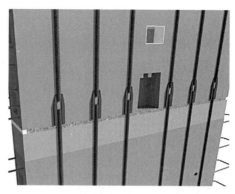

图4-19　预制剪力墙竖向钢筋连接

浆质量，当灌浆施工出现无法出浆的情况时，应及时查明原因并采取措施处理；对灌浆饱满度的监测应采取可靠措施，如套筒灌浆饱满度观察器。

　　由于预制外墙水平、竖向拼缝部位节点后浇，存在漏水风险，因此在外墙设计过程中需特别谨慎，宜在外墙预制构件连接节点内、外部位设置多道防水层。

4.5.2　现浇剪力墙体系

　　现浇剪力墙体系中核心筒、竖向剪力墙及预制叠合构件面层采用现浇，采用的预制混凝土构件有预制梁、预制叠合楼板、预制楼梯、预制阳台、预制空调板、预制凸窗和非承重内、外墙等，该体系可以达到基本级装配式建筑，装配率在50%～60%。

　　现浇剪力墙体系多配合铝合金模板现浇剪力墙，该体系属于低装配率装配式结构体系，受力模型单一，传力路径清晰，主体受力结构采用标准模板进行现浇，建筑外墙（包括飘窗、挂板）、阳台板、空调板、女儿墙、楼梯等外围护构件和公共楼梯部分可作为预制构件，主要有"内浇外挂"和"内浇外嵌"两种形式。

　　"内浇外挂"式装配式剪力墙结构体系是指主体结构采用现浇方式，起外围护作用的外墙板则采用预制混凝土构件的形式安装。此体系内部纵、横墙和剪力墙均为现浇，在保证结构整体性的同时，还能最大限度地节省外围墙体的模板和脚手架，施工效率高，经济效益好，在国内使用广泛（图4-20）。"内浇外嵌"式装配式剪力墙体系与"内浇外挂"式类似，但预制外围护构件与主体结构的相对位置关系及连接方式有所不同，"内浇外挂"式预制构件通过主体现浇结构预留钢筋或锚固件"挂"在主体结构上，而"内浇外嵌"式预制构件则是"嵌"入主体结构（图4-21）。

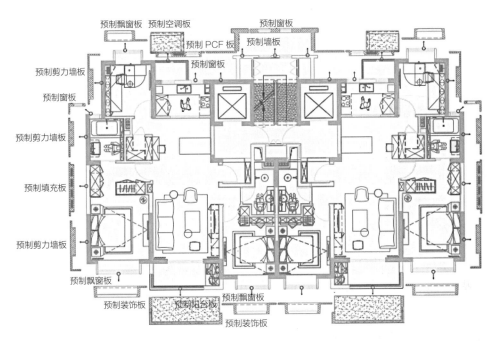

图4-20　"内浇外挂"式装配式剪力墙结构体系

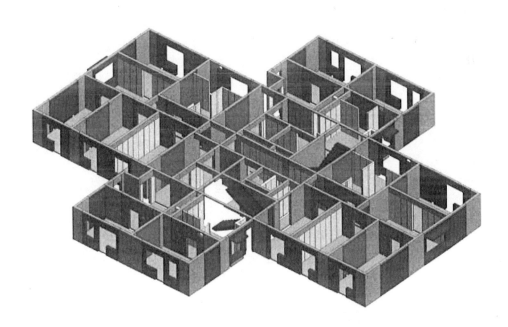

图4-21　"内浇外嵌"式装配式剪力墙结构体系

现浇剪力墙装配式剪力墙体系结构受力关系明确，连接安全可靠，连接节点不需要特殊连接件，节约成本，装配和现浇施工同步进行，交叉作业多，目前在香港和深圳地区推广较多。

4.5.3 叠合剪力墙体系

预制剪力墙的另一种形式是双面叠合板剪力墙结构体系，该体系采用半预制装配式技术。其厚度方向分为三层，外层预制，中间层现浇，通过桁架钢筋连接。但预制混凝土板及其内的钢筋网与上、下层不相连接（图4-22）。

该技术解决了剪力墙模板问题，避免了外围脚手架及模板的支设，节约模板并提高施工安全性。其主体结构即剪力墙几乎为全现浇，楼板为叠合楼板，因此，现浇量仍然较大。建筑混凝土和钢筋含量较大，材料成本高，墙板内混凝土浇筑密实度要严格控制，有一定的施工难度。

图4-22 双面叠合板剪力墙构件

4.5.4 纵肋叠合剪力墙体系

纵肋叠合剪力墙结构体系是由内、外两层钢筋混凝土板通过起支撑连接作用的钢筋混凝土纵肋可靠连接形成的带空腔墙板体系。带空腔墙板现场安装后，空腔内底部钢筋搭接，浇筑混凝土后形成装配整体式剪力墙结构（图4-23~图4-25）。

　　纵肋叠合剪力墙结构体系采用了免套筒钢筋搭接连接技术（图4-26）。通过墙板空腔内搭接钢筋和后浇混凝土形成整体结构，钢筋配置方式与国内现行规范要求基本一致；同时，可以选用结构、保温、装饰一体化生产技术。可利用现有平模流水线，实现结构、保温、装饰一体化空心墙板的自动化生产；可通过瓷砖或石材反打技术，清水混凝土或者艺术混凝土造型技术，实现外墙结构、保温、装饰的一体化，施工快速高效，可降低成本。

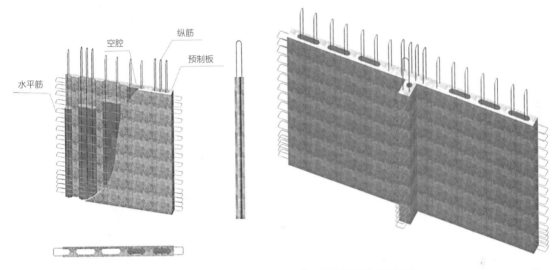

图4-23　纵肋叠合剪力墙板（不带保温层）示意图

图4-24　纵肋叠合剪力墙板（不带保温层）

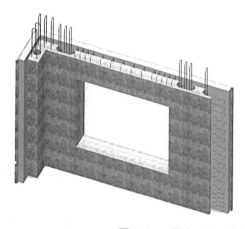
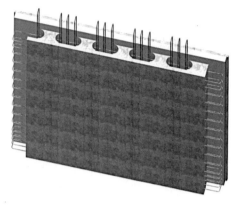

图4-25 纵肋叠合剪力墙板（带保温层）示意图

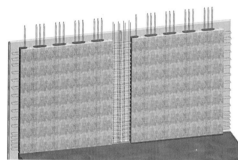
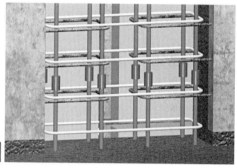

图4-26 纵肋叠合剪力墙间连接示意

第5章 墙柱设计原则

5.1 柱、剪力墙的定义

柱、剪力墙为结构最重要且常见的受力构件,参与竖向荷载、水平荷载传递,贡献结构刚度,影响结构动力特性,是结构设计的重点(图5-1)。

当墙肢的截面高度与厚度之比不大于4时一般按框架柱进行设计,墙肢截面高度与厚度之比为4~8时为短肢剪力墙,墙肢截面高度与厚度之比大于8的剪力墙为一般剪力墙。

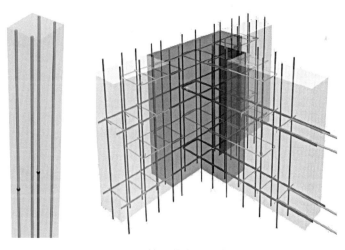

图5-1 柱、剪力墙示意图

5.2 预制柱、剪力墙设计

装配式结构设计一般遵循着"等同现浇"的设计理念,竖向承重预制构件受力钢筋的连接可采用钢筋套筒灌浆、浆锚搭接等连接技术,且须实现强接缝的设计要求,使装配整体式混凝土结构具有与现浇混凝土结构完全等同的受力性能。装配式结构的整体分析应符合下列要求。

（1）装配整体式框架结构、装配整体式剪力墙结构、装配整体式框架现浇剪力墙结构、装配整体式部分框支剪力墙结构的房屋最大适用高度应满足《装配式混凝土结构技术规程》JGJ 1—2014中第6.1.1条的规定。

（2）高层装配整体式结构的高宽比应满足《装配式混凝土结构技术规程》JGJ 1—2014中第6.1.2条的规定。

（3）装配式结构及其预制结构构件的连接可按现行国家标准《建筑抗震设计规范》GB 50011和行业标准《高层建筑混凝土结构技术规程》JGJ 3的有关规定进行结构抗震设计。

（4）抗震设计时，高层装配整体式剪力墙结构不应全部采用短肢剪力墙；抗震设防烈度为8度时，不宜采用具有较多短肢剪力墙的剪力墙结构。当采用具有较多短肢剪力墙的剪力墙结构时，应符合《装配式混凝土结构技术规程》JGJ 1—2014中第8.1.3条的规定。

（5）当同一层内既有预制又有现浇抗侧力构件时，需在模型中对竖向预制构件进行指定，并在设计参数设置阶段勾选装配式结构选项，分析计算时以1.1倍内力对现浇抗侧力构件进行配筋计算。

5.2.1 预制柱、剪力墙材料要求及使用部位选择

1. 材料要求

（1）预制竖向构件作为结构体最重要的组成单元，混凝土预制构件的耐久性应满足《混凝土结构设计规范》GB 50010及相关规范的要求。

（2）预埋件和连接件等外露金属件应按不同环境类别进行封闭或防腐、防锈、防火处理，并应符合耐久性要求。

（3）接缝材料要求：预制构件节点及接缝处后浇混凝土强度等级不应低于预制构件的混凝土强度等级，多层剪力墙结构中墙板水平接缝用坐浆材料的强度等级值应大于被连接构件的混凝土强度等级值。

2. 预制竖向构件使用范围的规定

（1）剪力墙结构底部加强部位的剪力墙宜采用现浇混凝土。
（2）剪力墙结构核心筒部位剪力墙宜采用现浇混凝土。
（3）有楼面梁搭接处的剪力墙墙身宜采用现浇混凝土。
（4）剪力墙边缘构件宜采用现浇混凝土，并要求为无收缩混凝土。
（5）框架结构首层柱宜采用现浇混凝土。
（6）角柱应采用现浇混凝土。

（7）设防地震（中震）反应谱工况下受拉的竖向结构构件宜采用现浇混凝土。

（8）当采用部分框支剪力墙结构时，底部框支层不宜超过2层，且框支层及相邻上一层应采用现浇结构。

（9）部分框支剪力墙以外的结构中，转换梁、转换柱宜现浇。

5.2.2　预制柱、剪力墙构件设计

目前，国内关于装配整体式结构体系形成整体性的主要思路是依靠现浇混凝土。装配整体式结构体系的结构计算分析方法和现浇结构相同，即使采用灌浆连接方式，上、下竖向构件之间也都设置水平现浇带，剪力墙的水平连接也是靠后浇混凝土。在预制构件之间及预制构件与现浇混凝土的接缝处，当受力钢筋采用安全可靠的连接方式，且接缝处新、旧混凝土之间采取粗糙面、键槽等构造措施时，结构的整体性与现浇结构类同，设计中可采用与现浇结构相同的方法进行结构分析，并根据相关规程对计算结构进行相应的调整。基于此，本节主要阐述对预制构件设计的特殊构造措施等注意事项。

1. 预制柱构件设计

（1）装配整体式框架结构中，预制柱的纵向钢筋连接应符合下列规定：当房屋高度大于12m或层数超过3层时，宜采用套筒灌浆连接；装配整体式框架结构中，预制柱水平接缝处不宜出现拉力。

（2）在地震设计状况下，预制柱底水平接缝的受剪承载力设计值应按下列公式计算。

当预制柱受压时：

$$V_{uE} = 0.8N + 1.65A_{sd}\sqrt{f_c f_y}$$

当预制柱受拉：

$$V_{uE} = 1.65A_{sd}\sqrt{f_c f_y \left[1 - \left(\frac{N}{A_{sd} f_y} \right)^2 \right]}$$

式中，f_c——预制构件混凝土轴心抗压强度设计值；

$\quad\quad f_y$——垂直穿过结合面钢筋抗拉强度设计值；

$\quad\quad N$——与剪力设计值V相应的垂直于结合面的轴向力设计值，取绝对值进行计算；

$\quad\quad A_{sd}$——垂直穿过结合面所有钢筋的面积；

$\quad\quad V_{uE}$——地震设计状况下接缝受剪承载力设计值。

（3）预制柱的设计应符合下列规定：柱纵向受力钢筋在柱底采用套筒灌浆连接

时，柱箍筋加密区长度不应小于纵向受力钢筋连接区域长度与500mm之和；套筒上端第一道箍筋距离套筒顶部不应大于50mm。

（4）采用预制柱及叠合梁的装配整体式框架中，柱底接缝宜设置在楼面标高处，并应符合下列规定：

①后浇节点区混凝土上表面应设置粗糙面；

②柱纵向受力钢筋应贯穿后浇节点区；

③柱底接缝厚度宜为20mm，并应采用灌浆料填实。

（5）采用预制柱及叠合梁的装配整体式框架节点，梁纵向受力钢筋应伸入后浇节点区内锚固或连接，并应符合下列规定：

①对于框架中间层中节点，节点两侧的梁下部纵向受力钢筋宜锚固在后浇节点区内，也可采用机械连接或焊接的方式直接连接；梁的上部纵向受力钢筋应贯穿后浇节点区。

②对于框架中间层端节点，当柱截面尺寸不满足梁纵向受力钢筋的直线锚固要求时，宜采用锚固板锚固，也可采用90°弯折锚固。

③对于框架顶层中节点，梁纵向受力钢筋的构造应符合本条第①款的规定。柱纵向受力钢筋宜采用直线锚固；当梁截面尺寸不满足直线锚固要求时，宜采用锚固板锚固。

④对于框架顶层端节点，梁下部纵向受力钢筋应锚固在后浇节点区内，且宜采用锚固板的锚固方式。

（6）柱其他纵向受力钢筋的锚固应符合下列规定：

①柱宜伸出屋面并将柱纵向受力钢筋锚固在伸出段内，伸出段长度不宜小于500mm，伸出段内箍筋间距不应大于5d（d为柱纵向受力钢筋直径），且不应大于100mm；柱纵向钢筋宜采用锚固板锚固，锚固长度不应小于40d；梁上部纵向受力钢筋宜采用锚固板锚固。

②柱外侧纵向受力钢筋也可与梁上部纵向受力钢筋在后浇节点区搭接，其构造要求应符合《混凝土结构设计规范》GB 50010—2010中的规定；柱内侧纵向受力钢筋宜采用锚固板锚固。

2. 预制剪力墙构件设计

（1）剪力墙结构中不宜采用转角窗。

（2）当采用套筒灌浆连接时，自套筒底部至套筒顶部并向上延伸300mm范围内，预制剪力墙的水平分布筋应加密（图5-2），加密区水平分布筋的最大间距及最小直径应符合表5-1的规定，套筒上端第一道水平分布钢筋距离套筒顶部不应大于50mm。

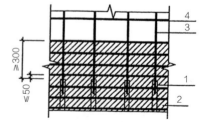

图5-2　水平分布钢筋的加密构造示意
（单位：mm）

1—灌浆套筒；
2—水平分布钢筋加密区域（阴影区域）；
3—竖向钢筋；4—水平分布钢筋

加密区水平分布钢筋的要求　　　　　　　　　　表5-1

抗震等级	最大间距（mm）	最小直径（mm）
一、二级	100	8
三、四级	150	8

（3）楼层内相邻预制剪力墙之间应采用整体式接缝连接，且应符合下列规定：

①当接缝位于纵、横墙交接处的约束边缘构件区域时，约束边缘构件的阴影区域宜全部采用后浇混凝土，并应在后浇段内设置封闭箍筋。

②当接缝位于纵、横墙交接处的构造边缘构件区域时，构造边缘构件宜全部采用后浇混凝土。

③在非边缘构件位置，相邻预制剪力墙之间应设置后浇段，后浇段的宽度不应小于墙厚且不宜小于200mm；后浇段内应设置不少于4根竖向钢筋，钢筋直径不应小于墙体竖向分布筋直径且不应小于8mm。

（4）屋面以及立面收进的楼层，应在预制剪力墙顶部设置封闭的后浇钢筋混凝土圈梁，并应符合下列规定：

圈梁截面宽度不应小于剪力墙的厚度，截面高度不宜小于楼板厚度及250mm的较大值；圈梁应与现浇或者叠合楼、屋盖浇筑成整体。

（5）在各层楼面位置，预制剪力墙顶部无后浇圈梁时，应设置连续的水平后浇带；水平后浇带应符合下列规定。

水平后浇带宽度应取剪力墙的厚度，高度不应小于楼板厚度；水平后浇带应与现浇或者叠合楼、屋盖浇筑成整体。

水平后浇带内应配置不少于2根连续纵向钢筋，其直径不宜小于12mm。

（6）预制剪力墙底部接缝宜设置在楼面标高处，并应符合下列规定：

①接缝高度宜为20mm。

②接缝宜采用灌浆料填实。

③接缝处后浇混凝土上表面应设置粗糙面。

（7）上、下层预制剪力墙的竖向钢筋，当采用套筒灌浆连接和浆锚搭接连接时，应符合下列规定：

①边缘构件竖向钢筋应逐根连接。

②预制剪力墙的竖向分布钢筋，当仅部分连接时，被连接的同侧钢筋间距不应大于600mm，且在剪力墙构件承载力设计和分布钢筋配筋率计算中不得计入不连接的分布钢筋；不连接的竖向分布钢筋直径不应小于6mm。

③一级抗震等级剪力墙以及二、三级抗震等级底部加强部位，剪力墙的边缘构件竖向钢筋宜采用套筒灌浆连接。

（8）当预制叠合连梁端部与预制剪力墙在平面内拼接时，接缝构造应符合下列规定：

①当墙端边缘构件采用后浇混凝土时，连梁纵向钢筋应在后浇段中可靠锚固或连接。

②当预制剪力墙端部上角预留局部后浇节点区时，连梁的纵向钢筋应在局部后浇节点区内可靠锚固或连接。

（9）在地震设计状况下，剪力墙水平接缝的受剪承载力设计值按下式：

$$V_{uE}=0.6f_y \cdot A_{sd}+0.6N$$

式中，f_y——垂直穿过结合面钢筋抗拉强度设计值；

A_{sd}——剪力墙水平施工缝处全部竖向钢筋截面面积；

N——考虑地震组合的水平施工缝处的轴向力设计值，压力时取正值，拉力时取负值。

（10）应按《装配式混凝土结构技术规程》JGJ 1—2014中第7.2.2条的规定进行叠合连梁端部接缝的受剪承载力计算。

（11）应保证预制墙预留空调管、线盒、开关、固定螺栓（钢筋）位置正确，建筑栏杆预埋件位置正确。

5.3 预制柱、剪力墙连接

装配式混凝土结构通过预制构件与预制构件、预制构件与后浇混凝土、构件与现浇混凝土等关键部位的连接保证结构的整体受力性能，连接技术的选择是设计中最为关键的环节。目前由于主要采用"等同现浇"的设计概念，高层建筑基本上采用装配整体式混凝土结构，即预制构件之间，通过可靠的连接方式，与现场后浇混凝土、水泥基灌浆料等形成整体的装配式混凝土结构。竖向受力钢筋的连接方式主要有钢筋套筒灌浆连接、浆锚搭接连接，现浇混凝土结构中的搭接、焊接、机械连接等钢筋连接技术在施工条件允许的情况下也可以使用。

1. 混凝土结合面连接

（1）预制剪力墙结合面连接

预制剪力墙的顶部和底部与后浇混凝土的结合面应设置粗糙面；侧面与后浇混凝土的结合面应设置粗糙面，也可设置键槽；键槽深度 t 不宜小于20mm，宽度 w 不宜小于深度的3倍且不宜大于深度的10倍，键槽间距宜等于键槽宽度，键槽端部斜面倾角不宜大于30°。

（2）预制柱结合面连接

预制柱的底部应设置键槽且宜设置粗糙面，键槽应均匀布置，键槽深度不宜小于30mm，键槽端部斜面倾角不宜大于30°，柱顶应设置粗糙面。

2. 钢筋连接

装配式结构中，竖向构件纵向钢筋连接主要有套筒灌浆连接、浆锚搭接等连接方式。选用连接方式时应符合国家现行有关标准的规定。

（1）套筒灌浆连接

灌浆套筒是预制竖向构件连接运用最广泛的连接方式，适用于大直径钢筋，连接质量好，应用面广，技术成熟；适宜钢筋的集中连接，可用直接连接和间接连接等形式；便于现场操作，可采用群灌技术注浆，施工效率较高。

钢筋套筒灌浆连接有金属套筒插入钢筋，并灌注高强、早强、可微膨胀的水泥基灌浆料，通过刚度很大的套筒对可微膨胀灌浆料的约束作用，在钢筋表面和套筒内侧间产生正向作用力，钢筋借助该正向力在其粗糙的、带肋的表面产生摩擦力，从而实现受力钢筋之间的应力传递。套筒灌浆连接接头包括全灌浆和半灌浆两种。一般柱竖向钢筋连接用全灌浆套筒灌浆连接接头（图5-3），剪力墙竖向钢筋连接用半灌浆套筒灌浆连接接头（图5-4）。

（2）浆锚搭接

钢筋浆锚连接是在预制构件中预留孔洞，受力钢筋分别在孔洞内外通过间接搭接实现钢筋间的应力传递。

此项技术的关键在于孔洞的成型方式、灌浆的质量及对搭接钢筋的约束等各方面。目前其主要包括约束浆锚搭接连接和金属波纹管浆锚搭接连接两种方式，主要用于剪力墙竖向分布钢筋（非主要受力钢筋）的连接（图5-5、图5-6）。

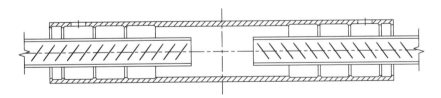

图5-3　全灌浆套筒灌浆连接接头

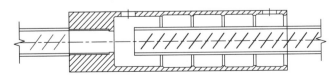

图5-4　半灌浆套筒灌浆连接接头

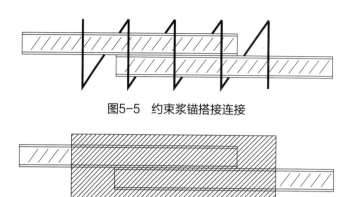

图5-5　约束浆锚搭接连接

图5-6　金属波纹管浆锚搭接连接

5.4 预制柱、剪力墙生产

PC构件的生产分现场预制和固定式工厂预制两种形式，其中现场预制分为露天预制、简易棚架预制，工厂预制也有露天预制与室内预制之分。

近些年，随着机械化程度的提高和标准化要求的提高，工厂化预制逐渐增多。目前，大部分PC构件为工厂化室内预制。

无论何种预制方式，均应根据预制工程量的多少、构件的尺寸及重量、运输距离、经济效益等因素理性进行选择，最终达到保证构件的预制质量和经济效益的目的。

1. 预制柱生产

预制柱多用平模生产（图5-7），底模采用钢制模台或混凝土底座，两边侧模和两头端模通过螺栓与底模相互固定，钢筋通过端部模板的预留孔出筋。

如果预制柱不是太高，可采用立模生产。与梁连接的钢筋，通过侧模的预留孔出筋。

2. 预制剪力墙生产

预制剪力墙可用两类模具生产，即平模和立模。

（1）平模生产也称为卧式生产，由四部分组成：侧模、端模、内模、工装与加固系统（图5-8）。

图5-7　预制柱平模生产

图5-8　预制剪力墙平模生产

在自动化流水线中，一般使用模台作为底模；在固定模位中，底模可采用钢模台、混凝土底座等多种形式。侧模与端模是墙的边框模板。

（2）立模生产是指生产过程中构件的一个侧面垂直于地面。墙板的另外两个侧面和两个板面与模板接触，最后一个墙板侧面外露。立模生产可以大大减少抹面的工作量，提高生产效率。

（3）预制构件生产，对于粗糙面的处理非常重要，是结合面连接的主要处理措施。构件与后浇混凝土、座底砂浆、灌浆料结合处都应进行粗糙面处理，可以采用人工凿毛法、机械凿毛法、化学缓凝水冲法达到需要的表面效果。

化学缓凝水冲法是指将高效缓凝剂涂抹在与混凝土面接触的模板内侧。浇筑构件混凝土后，与涂刷缓凝剂的模板面相接触的3~5mm厚范围的混凝土在缓凝剂的作用下尚未凝固；用高压水冲洗构件表层，使碎石外露而形成粗糙表面。

化学缓凝水冲法具有操作简单、效率高、粗糙面处理质量高的优点。但是缓凝剂会对环境造成污染，需要对冲洗后的废水进行集中处理后方可排放。

5.5 预制柱、剪力墙安装

1. 预制构件堆场

　　装配式建筑施工中，预制构件品类多、数量大，无论在生产还是施工现场均占用较大场地面积，合理有序地对构件进行分类堆放，对于减少构件堆场使用面积、加强成品保护，加快施工进度，构建文明施工环境均具有重要意义。预制构件的堆放应按规范要求进行，以确保预制构件在使用之前不受破坏，运输及吊装时能快速、便捷地找到对应构件为基本原则。

　　预制剪力墙堆放时，墙板尽量垂直立放，这样方便吊装，避免二次翻转。垂直立放时，宜采用专用A字架插放或对称靠放（图5-9）。

　　预制柱等细长构件宜水平堆放，避免吊装时二次翻转，预埋吊装孔表面朝上，高度不宜超过2层且不宜超过2.0m，实心柱须于两端0.2～0.25柱高处垫上枕木，底部支撑高度不小于100mm（图5-10）。

2. 预制构件安装

　　装配式混凝土结构的特点之一就是有大量的现场吊装工作，其施工精度要求

图5-9　预制剪力墙堆放

高，吊装过程中安全隐患较大。因此，在预制构件正式安装前必须做好完善的准备工作，如制定构件安装流程，预制构件、材料、预埋件、临时支撑等应按国家现行有关标准及设计规范验收合格，并按施工方案、工艺和操作规程的要求做好人、机、料的各项准备工作，方能确保优质高效安全地完成施工任务。

（1）预制墙板安装

墙板施工流程：基础清理及定位放线→垫片安装→预制墙板吊运→预留钢筋插入就位→墙板调整校正→墙板临时固定→砂浆塞缝→套筒灌浆→接缝防水施工。

套筒灌浆施工：剪力墙常采用全灌浆套筒或半灌浆套筒灌浆连接方式，所采取的工艺一般为坐浆灌浆法。灌浆流程为：构件接触面凿毛→分仓→安装钢垫片→吊装预制构件→填缝→灌浆作业。

①预制构件接触面现浇层应进行凿毛或拉毛处理，其粗糙面凹凸深度不应小于4mm，预制构件自身接触粗糙面凹凸深度应控制在6mm左右。

②预制剪力墙构件安装前宜采用分仓法灌浆，分仓应采用坐浆料进行分仓（图5-11），分仓长度宜为1.2～1.5m，分仓时应确保密闭空腔，不应漏浆。

③预制竖向构件与楼板之间通过钢垫片调节预制构件竖向标高，钢垫片一般选择50mm×50mm大小，厚度为2mm、3mm、5mm、10mm，用于调节构件标高。

图5-10　预制柱堆放

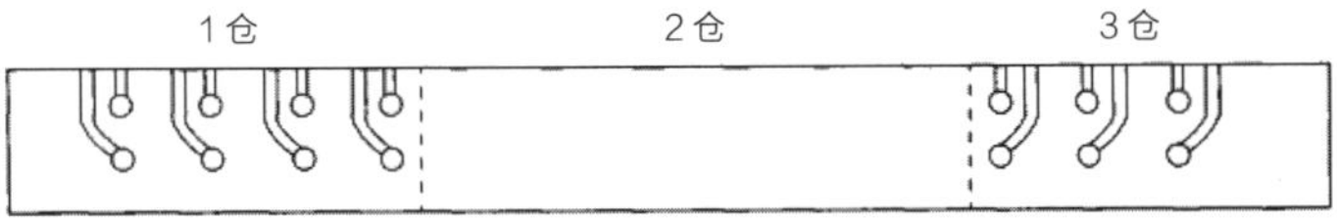

图5-11　用坐浆料进行分仓

④预制构件吊装：预制竖向构件吊装就位后对水平度、安装位置、标高进行检查。

⑤灌浆作业：灌浆料从下排孔开始灌浆，待灌浆料从上排孔呈柱状流出时，封堵上排流浆孔，直至封堵最后一个灌浆孔后，灌浆完毕。

（2）预制柱安装

预制柱施工流程：标高找平→竖向预留钢筋校正→预制柱吊装→柱安装及校正→灌浆施工。

套筒灌浆施工：柱常采用全灌浆套筒灌浆连接方式，施工流程基本同剪力墙灌浆流程。剪力墙长度较长，影响灌浆料流动，需要分仓处理，而柱一般为方形或矩形，不需要分仓处理。

5.6 预制柱、剪力墙标准库建立

5.6.1 构件模数化

为了使建筑制品、建筑构（配）件和组合件实现工业化大规模生产，使不同材料、不同形式和不同制造方法的建筑构（配）件、组合件符合模数并具有较大通用性和互换性，将《建筑模数协调统一标准》GB/T 50002—2013作为竖向构件标准库的尺寸依据。

（1）几何尺寸模数化

竖向结构构件采用扩大模数，可优化和减少预制构件种类，形成通用性强、具有系列化尺寸的住宅功能空间开间和层高等主体构件或建筑结构体尺寸。

预制柱、预制剪力墙板的高度尺寸应协调建筑层高、预制主梁高确定。居住建筑中：①住宅常见层高主要有2.8m、2.9m、3.0m；②宿舍常见层高主要有2.8m（设置单层床）、3.6m（设置双层床）；③公寓住宅建筑常见层高主要有4.0m、4.2m、4.5m。

（2）配筋模数化

宜对标准化预制构件进行"模数化配筋"。预制构件的结构配筋设计应便于构件标准化和系列化，确保配筋规则能适应构件尺寸按一定的数列关系逐级变化，并应与构件内的机电设备管线、点位及内装预埋等实现协调。

5.6.2 预制柱、剪力墙的编号规则

预制柱、剪力墙的编号规则见表5-2～表5-4。

预制内叶板墙板编号规则　　表5-2

预制内叶板墙板类型	示意图	编号
无洞口外墙		WQ—X X　X X 无窗口外墙 └┘ 标志宽度　层高
一个窗洞高窗台外墙	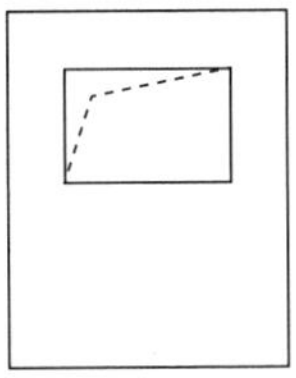	WQC1—X X　X X—X X　X X 一窗口外墙（高窗台）└┘ 标志宽度　层高　窗宽　窗高
一个窗洞矮窗台外墙	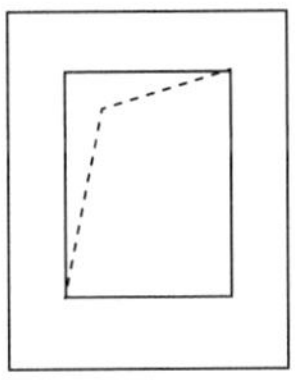	WQCA—X X　X X—X X　X X 一窗洞外墙（矮窗台）└┘ 标志宽度　层高　窗宽　窗高
两窗洞外墙	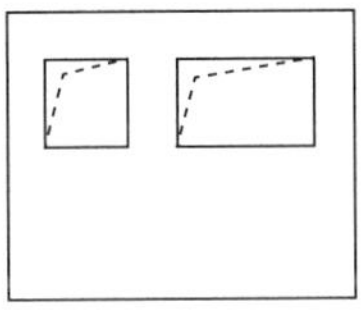	WQC2—X X　X X—X X　X X—X X　X X 两窗洞外墙　标志宽度　层高　左窗宽　左窗高　右窗宽　右窗高
一个门洞外墙	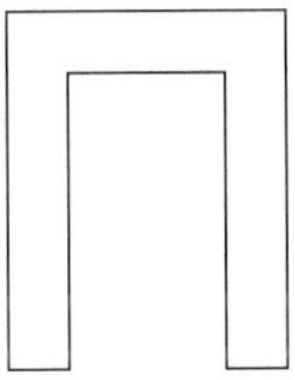	WQCA—X X　X X—X X　X X 一门洞外墙 └┘ 标志宽度　层高　门宽　门高

预制外叶板墙板编号规则　　表5-3

预制外叶板墙板类型	示意图	编号
无洞口内墙		NQ—X X　X X 无窗口外墙 └┘ 标志宽度　层高

续表

预制外叶板墙板类型	示意图	编号
固定门垛内墙	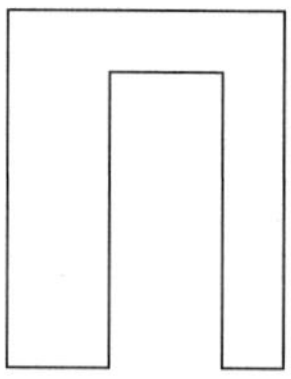	一门洞外墙 NQM1—X X X X—X X X X （固定门垛） ‾ ‾ ‾ ‾ 　　　　　　　　标志宽度　层高　门宽　门高
中间门洞内墙	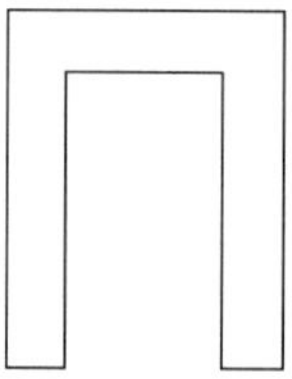	一门洞外墙 NQM2—X X X X—X X X X （中间门洞） ‾ ‾ ‾ ‾ 　　　　　　　　标志宽度　层高　门宽　门高
刀把内墙	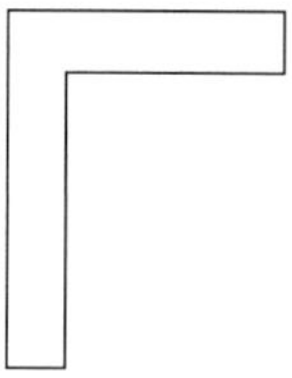	一门洞外墙 NQM3—X X X X—X X X X （刀把内墙） ‾ ‾ ‾ ‾ 　　　　　　　　标志宽度　层高　门宽　门高

预制柱编号规则　　　　　　　　表5-4

柱类型	示意图	编号
框架柱		框架柱 KZ—X X X X—X X 　　　‾ ‾ ‾ 　　　柱长　柱宽　层高

5.7　部品及构造大样

部品及构造大样见图5-12、图5-13。

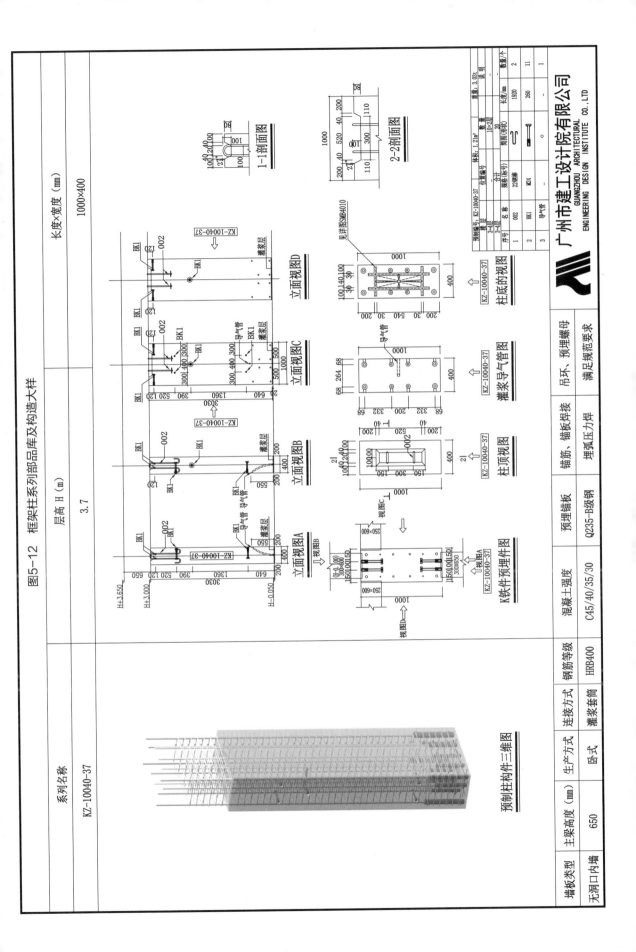

图5-12 框架柱系列部品库及构造大样

系列名称	层高 H（m）	长度×宽度（mm）
KZ-10040-37	3.7	1000×400

1-1剖面图

2-2剖面图

立面视图D

立面视图C

立面视图B

立面视图A

柱底部的视图
KZ-10040-37

灌浆导气管图
KZ-10040-37

柱顶视图
KZ-10040-37

见详图SMR4010

K铁件预埋件图
KZ-10040-37

预制柱构件三维图

预制编号	KZ-10040-37	体积：1.21m²	重量：3.03t
数量	10×2层	说明
楼层	3~5层	20
序号	名称	规格（型号）	长度/mm	数量/个
1	002	22螺纹	1920	2
2	BK1	M24	260	11
3	导气管	-	-	1

广州市建工设计院有限公司
GUANGZHOU ARCHITECTURAL
ENGINEERING DESIGN INSTITUTE CO.,LTD

墙板类型	主梁高度（mm）	生产方式	连接方式	钢筋等级	混凝土强度	预埋锚板	锚筋、锚板焊接	吊环、预埋螺母
无洞口内墙	650	卧式	灌浆套筒	HRB400	C45/40/35/30	Q235-B级钢	埋弧压力焊	满足规范要求

图5-13 剪力墙系列部品部品库及构造大样（无洞口内墙）

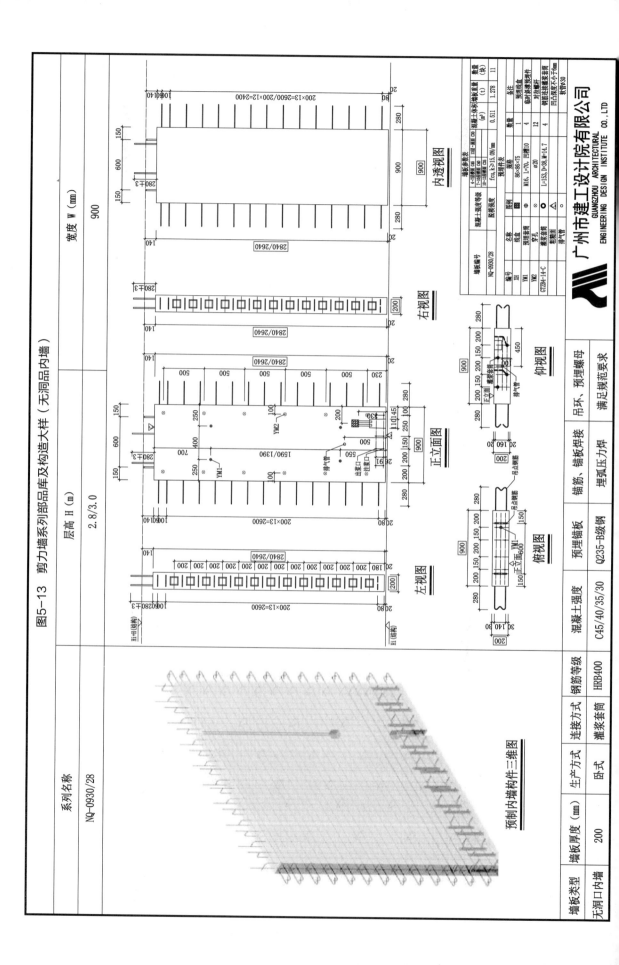

系列名称
NQ-0930/28

层高 H（m）	宽度 W（mm）
2.8/3.0	900

预制内墙构件三维图

正立面图　俯视图　右视图　左视图　内透视图　仰视图

墙板参数表

混凝土强度等级	4~6设计等级 C45
混凝土强度等级	7~9设计等级 C40
混凝土强度等级	10~13设计等级 C30
防水等级	fcu,k≥15.0N/mm

墙板编号	混凝土体积（t）	混凝土体积（t）	预制内墙板自重（t）
NQ-0930/28	0.511	1.278	11

预件表

编号	名称	线条	图例	规格	数量	备注
YH	吊环	中	◎	86×86×75	1	预埋线盒
YM1	预埋套筒	中	◆	M16，L=70，凹槽10	4	临时斜撑预埋件
YM2	穿孔	中	○	φ20	12	对拉螺杆
GTZJH-14-C	灌浆套筒		△	L=153，D=38，M=14.7	4	钢筋连接灌浆套筒
	排气管					凹凸搓表面小于5mm
						灰缝30

广州市建工设计院有限公司
GUANGZHOU ARCHITECTURAL
ENGINEERING DESIGN INSTITUTE CO.,LTD

墙板类型	墙板厚度（mm）	生产方式	连接方式	钢筋等级	混凝土强度	预埋锚板	预埋锚板	锚筋、锚板焊接	吊环、预埋螺母
无洞口内墙	200	卧式	灌浆套筒	HRB400	C45/40/35/30	Q235-B级钢	埋弧压力焊	满足规范要求	

第6章

梁板设计原则

本书的中心思想是装配式居住建筑的标准化、系列化设计，结构梁板构件的标准化、系列化是建筑标准化、系列化设计的基本要求。结构梁板有多种类型，本章着重介绍结构叠合梁及叠合板的设计原则，对居住建筑梁板的标准化进行了分析，并绘制了部分叠合梁及叠合板的标准部品。

6.1 叠合梁

结构梁属于建筑结构中的水平受力构件，按材料可分为钢梁及钢筋混凝土梁。其中，钢梁为全预制梁，钢筋混凝土梁可分为全现浇、全预制及现浇整体式叠合梁。全预制钢筋混凝土梁一般用于无须考虑抗震的地区，适用范围比较窄。

在装配式混凝土结构中，框架梁与次梁均可做成预制叠合梁（图6-1）。叠合梁预制部分的钢筋在工厂放置，在工厂浇筑混凝土；上部钢筋在现场放置，并在现场浇筑后浇部分混凝土。现场后浇混凝土与预制部分一起形成整体受弯构件，与

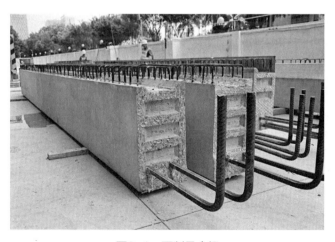

图6-1 预制叠合梁

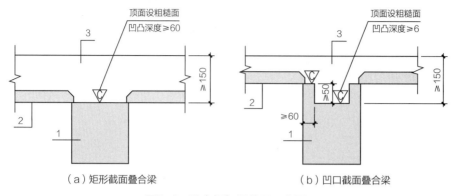

（a）矩形截面叠合梁　　　　　　　　（b）凹口截面叠合梁

图6-2　叠合框架梁截面示意图

1—预制梁；2—预制板；3—后浇混凝土叠合层

预制柱及叠合楼板通过后浇混凝土连接结合，增强了结构的整体性，适用范围比较广。

　　叠合梁按受力性能可划分为一阶段受力叠合梁和二阶段受力叠合梁，按预制部分的截面形式又可分为矩形截面叠合梁和凹口截面叠合梁（图6-2）。

　　在装配整体式混凝土框架结构中，叠合框架梁的后浇混凝土叠合层厚度不宜小于150mm，叠合次梁的后浇混凝土叠合层厚度不宜小于120mm；当采用凹口截面叠合梁时，凹口边深度不宜小于50mm，凹口边厚度不宜小于60mm。叠合梁预制部分与现浇层结合面的顶面宜设置粗糙面，其凹凸深度不应小于6mm，且粗糙面的面积不宜小于结合面的80%，便于与后浇部分结合形成整体受力构件。

6.1.1　叠合梁承载力计算及梁端竖向抗剪构造要求

　　装配整体式结构可与采用现浇结构同样的结构分析方法，叠合梁的刚度可计入叠合层翼缘作用予以增大，根据翼缘的情况可取1.3～2.0。应按照现行国家标准《混凝土结构设计规范》GB 50010和《建筑抗震设计规范》GB 50011，对一、二、三级抗震等级的整体式框架梁柱节点核心区进行抗震承载力验算，并采取相应的构造措施。

　　叠合梁端竖向接缝受剪承载力尚应满足《装配式混凝土结构技术规程》JGJ 1—2014相关要求。应按下列公式计算。

　　持久设计时：

$$V_u = 0.07 f_c A_{c1} + 0.10 f_c A_k + 1.65 A_{sd} \sqrt{f_c f_y}$$

　　地震设计时：

$$V_{uE} = 0.04 f_c A_{c1} + 0.06 f_c A_k + 1.65 A_{sd} \sqrt{f_c f_y}$$

式中，V_u——持久设计状况下接缝受剪承载力设计值；

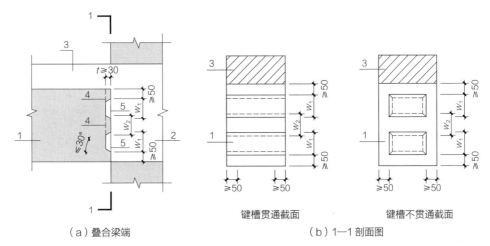

图6-3　叠合梁端部截面示意图

1—预制梁；2—后浇节点区；3—后浇混凝土叠合层；4—预制键槽根部截面；5—后浇键槽根部截面

V_{uE}——地震设计状况下接缝受剪承载力设计值；

f_c——预制构件混凝土轴心抗压强度设计值；

f_y——垂直穿过结合面钢筋抗拉强度设计值；

A_{c1}——叠合梁端截面后浇混凝土叠合层截面面积；

A_k——后浇键槽根部截面和预制键槽根部截面面积较小值；

A_{sd}——垂直穿过结合面所有钢筋的面积。

叠合梁端部设置键槽，通过键槽与现浇混凝土的咬合以提高接缝的受剪承载力。梁端可设置贯通截面的键槽及不贯通截面的键槽，如图6-3所示。通过叠合梁端后浇混凝土、各键槽的根部（图中4及5截面取小值），以及垂直穿过结合面的所有钢筋的销栓作用组合提供抗剪承载力。

6.1.2　叠合梁箍筋设置要求

叠合框架梁端箍筋加密区长度内的箍筋肢距，一级抗震等级不宜大于200mm和20倍箍筋直径的较大值，且不应大于300mm；二、三级抗震等级，不宜大于250mm和20倍箍筋直径的较大值，且不应大于350mm；四级抗震等级，不宜大于300mm，且不应大于400mm。

抗震等级为一、二级的叠合框架梁端箍筋加密区及叠合梁受扭时宜采用整体封闭箍筋，且整体封闭箍筋的搭接部分宜设置在叠合梁的预制部分［图6-4（a）］。

叠合梁也可采用组合封闭箍筋，开口箍筋上方及现场封闭开口箍筋的箍筋帽两端应做成135°弯钩；抗震设计时，弯钩端头平直段长度不应小于10倍的箍筋直径；非抗震设计时，平直段长度不应小于5倍的箍筋直径［图6-4（b）］。

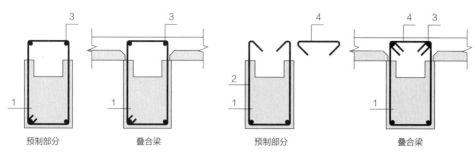

（a）采用整体封闭箍筋的叠合梁　　　　（b）采用组合封闭箍筋的叠合梁

图6-4　叠合框架梁截面示意图

1—预制梁；2—开口箍筋；3—上部纵向钢筋；4—箍筋帽

6.1.3 叠合梁对接连接

叠合梁可采用对接连接（图6-5），连接处应设置后浇段，后浇段长度应满足梁下部钢筋连接作业的空间需求；后浇段内的箍筋应加密，箍筋间距不应大于5倍的纵向钢筋直径且不宜大于100mm。

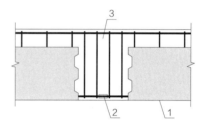

图6-5　叠合梁连接节点示意图

1—预制梁；2—钢筋连接接头；3—后浇段

6.1.4 叠合梁主、次梁连接

1. 企口连接

当叠合梁采用铰接连接时，可采用企口连接或钢企口连接的形式。采用企口连接时，应符合国家现行标准的有关规定。当次梁不直接承受动力荷载且跨度不大于9m时，可采用钢企口连接（图6-6）。钢企口两侧应对称布置抗剪栓钉，钢板厚度不应小于栓钉直径的0.6倍；预制主梁与钢企口连接处应设置预埋件；次梁端部1.5h（h为次梁高度）范围内箍筋间距不应大于100mm。

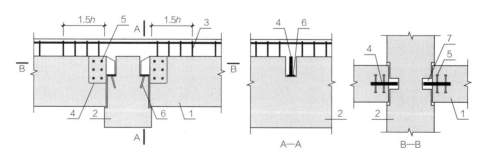

图6-6　钢企口接头示意图

1—次梁；2—主梁；3—次梁端部加密箍筋；4—钢板；5—栓钉；6—预埋件；7—灌浆料

钢企口接头的承载力验算（图6-7）应符合现行国家标准《混凝土结构设计规范》GB 50010、《钢结构设计标准》GB 50017的有关规定，且钢企口接头应能够承受施工及使用阶段的荷载作用。应验算钢企口截面A处在施工及使用阶段的抗弯、抗剪强度，以及钢企口截面B处在施工及使用阶段的抗弯强度；应验算栓钉的抗剪强度及钢企口搁置处的局部受压承载力；当凹槽内灌浆料未达到设计强度时，还应验算钢企口外挑部分的稳定性。

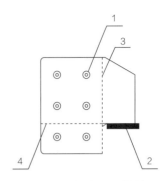

图6-7　钢企口示意图
1—栓钉；2—预埋件；3—截面 A；4—截面 B

钢企口的抗剪栓钉，其钉杆直径不宜大于19mm，单侧抗剪栓钉排数及列数均不应小于2；栓钉间距不应小于杆径的6倍且不宜大于300mm；栓钉至钢板边缘的距离不宜小于50mm，至混凝土构件边缘的距离不应小于200mm；栓钉钉头内表面至连接钢板的净距不宜小于30mm；栓钉顶面的保护层厚度不应小于25mm。

2. 叠合梁后浇段连接

叠合次梁与主梁采用后浇段的连接方式时，在端部节点处，次梁下部纵向钢筋伸入主梁后浇段内的长度不应小于12d（d为纵向钢筋直径）。次梁上部纵向钢筋应在主梁后浇段内锚固，当上部钢筋采用弯折锚固［图6-8（a）］或锚固板时，锚固

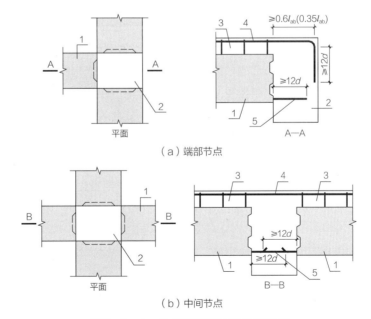

（a）端部节点

（b）中间节点

图6-8　主、次梁连接节点构造示意图
1—次梁；2—主梁后浇段；3—后浇混凝土叠合层；4—次梁上部纵向钢筋；5—次梁下部纵向钢筋

直段长度不应小于0.6l_{ab}（l_{ab}为受拉钢筋的基本锚固长度）；当上部钢筋应力不大于钢筋强度设计值的50%时，锚固直段长度不应小于0.35l_{ab}；弯折锚固的弯折后直段长度不应小于12d。

在中间节点处，两侧次梁的下部纵向钢筋伸入主梁后浇段内长度不应小于12d；次梁上部纵向钢筋应在现浇层内贯通［图6-8（b）］。

6.1.5 居住建筑叠合梁的标准化

梁是结构中的水平受力构件，其截面及配筋受跨度、竖向荷载及水平荷载的影响，影响因素多，较难做到统一及标准化。且不说不同的结构受力不同，就是在同一结构中，同层中不同位置或不同层中相对位置相同的框架梁，其内力也大概率是不同的，而且可能差异很大。由于本书定位于居住类建筑，这大大缩小了结构梁的跨度范围，而竖向荷载也基本确定在一定范围内，这为梁的标准化设计提供了可能。梁的标准化对于现浇结构，特别是采用高精模板的结构，可以减少配筋类别，减少模板样式，也是极具意义的。而对于在工厂工业化生产的叠合梁，其标准化可以减少模具的种类，可以批量生产提高效率，也更具意义。

下面分别对居住建筑叠合框架梁及次梁进行分析。

1. 剪力墙住宅结构主、次梁

对于居住类建筑，剪力墙结构中框架梁截面宽度一般为200mm（在标准层与剪力墙同宽），框架梁高一般为500mm、550mm及600mm。如图6-9所示为某33层剪力墙结构标准层结构平面，框架梁A、C的跨度受剪力墙墙肢长度的影响，不能确定为固定的值；框架梁B为飘窗梁，截面相对固定，一般为200mm×1200mm或200mm×1250mm，跨度也因飘窗长度的要求而相对固定；框架梁D、E的截面及宽度受剪力墙边的限制相对固定。受水平力的作用，这些框架梁的内力随层数变化，需要的配筋也是变化的，在截面确定的情况下，如果要实现这些梁的标准化，那么就要求所有标准层的梁做配筋包络归并取大值，这会增加钢筋的成本；且因不同地区水平地震力、抗震措施要求及水平风荷载的不同，对需考虑水平作用的框架梁来说，想要确定框架梁的截面为固定尺寸难度极高，是难以实现的。

剪力墙结构中的次梁一般起到分户及分隔功能房间的作用，因为定位于居住类建筑，这些功能房尺寸区间相对固定，次梁的跨度也就相对确定，一般为标准的开间及进深尺寸。截面宽度一般为200mm，除特殊要求，如卫生间梁梁底与沉箱板底平齐的要求外，截面高度一般为400~500mm。由于次梁可以不考虑地震的作用，只考虑竖向荷载，在居住类建筑中受力相对固定。如图6-9所示次梁B为卫生间的梁，次梁C为阳台的封口梁，受荷载面积小，配筋基本也是按构造配筋即可。而次

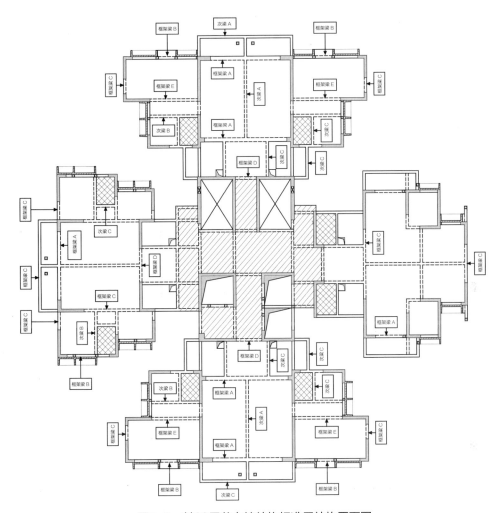

图6-9　某33层剪力墙结构标准层结构平面图

梁A为分户墙的梁，墙上荷载也相对固定，而受荷面积根据住宅客厅的长宽尺寸取包络，也可以确定其内力最大值，求出相应配筋。所以对于标准开间进深的住宅，次梁可以做到一定程度的标准化。

2. 框架住宅结构主、次梁

　　居住类建筑中宿舍的框架结构柱跨度一般为6~8m，框架梁截面宽度一般为200mm、250mm及300mm，框架梁高一般为600mm、650mm及700mm。框架柱的截面一般为500mm×500mm，如图6-10所示为某6层框架宿舍标准间结构平面，框架梁的跨度也是相对确定，但由于水平力的作用，以及结构抗扭的要求，框架梁的高度也不容易确定，框架梁的截面及配筋难以实现标准化。

如图6-10所示某6层宿舍标准间框架结构平面，宿舍框架结构中主要有以下三种次梁：一是分户次梁（次梁A），在装配式结构中，梁高可同框架梁C，梁底净高相同，这样有助于非砌筑内墙的高度统一；二是卫生间次梁（次梁B），其截面一般是200mm×450mm或200mm×500mm，梁底与卫生间沉箱板板底平齐；三是走廊封口次梁（次梁C），其截面根据立面而定。由于不考虑地震的作用，而宿舍中的结构次梁的竖向荷载又可以固定在一个比较小的范围内，因而可求出一个包络的配筋，作为标准的配筋。所以，对于宿舍的框架结构，次梁也可以做到一定程度的标准化。

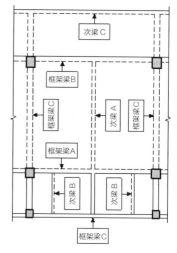

图6-10 某6层框架宿舍标准间
结构平面

6.2 楼板

楼板是建筑物中分隔上、下楼层的水平构件，它不仅承受自重和其上的使用荷载，并将其传递给墙或柱，而且对墙体也起着支承作用。

常用的楼板有木楼板、压型钢板混凝土组合楼板及钢筋混凝土楼板。其中，木楼板自重小、保温性能好、舒适、有弹性，但易燃、易腐蚀、耐久性差，而且需耗用大量木材，现越来越少采用；压型钢板混凝土组合楼板的钢板起模板作用，又可以是结构的一部分，施工速度快，在国内外应用都比较广泛；钢筋混凝土楼板强度高、防火性能好、便于工业化生产，是我国目前应用最广泛的一种楼板。

6.2.1 钢筋混凝土楼板

钢筋混凝土楼板具有强度、刚度高，不燃烧及耐久性好，有利于工业化生产等优点，是建筑物广泛采用的一种楼板形式。根据其施工方法不同，有现浇整体式钢筋混凝土楼板、预制装配式钢筋混凝土楼板及装配整体式钢筋混凝土楼板。

（1）现浇整体式钢筋混凝土楼板

现浇整体式钢筋混凝土楼板，即在施工现场经过支模、绑扎钢筋、浇筑混凝土、养护、拆模等施工工程序而形成的楼板。其优点是整体性好，可以适应各种不规则的建筑平面，预留管道孔洞较方便；缺点是湿作业量大，工序繁多，需要养护，施工工期较长，而且受气候条件影响较大。一般楼层现浇楼板厚度不宜小于80mm，当板内预埋暗管时不宜小于100mm，顶层楼板厚度不宜小于120mm。

（2）预制装配式钢筋混凝土楼板

预制装配式钢筋混凝土楼板是把楼板分成若干构件，在施工现场预先制作，或在预制加工厂预先制作，然后运到施工现场进行安装的钢筋混凝土楼板。这样可节省现场模板及批量生产从而缩短工期，但整体性较差，地震高烈度的地区不宜采用。

预制板构件可分为预应力和非预应力两种。采用预应力构件可推迟裂缝的出现和限制裂缝的开展，从而提高构件的抗裂度和刚度。预应力构件比非预应力构件节省钢材及混凝土，且预应力构件自重小、适用跨度比较大。

（3）装配整体式钢筋混凝土楼板

装配整体式钢筋混凝土楼板是一种预制装配和现浇相结合的楼板类型，兼有现浇与预制的双重优越性，目前常用的有钢筋桁架楼承板（图6-11）和预制叠合楼板。

钢筋桁架楼承板可用其桁架及底部薄钢板作为支撑及模板，施工过程中具有免支撑、免支模的优点，通常用于钢结构；钢筋桁架楼承板还常用于装配整体式混凝土结构中不规则的板块，以及装配整体式混凝土结构中的屋面层板，通过桁架与现浇层钢筋混凝土形成整体受力构件，整体性好。

叠合楼板是预制底板与现浇混凝土叠合的楼板，预制底板在工厂流水线生产，构件质量有保证，生产效率高，并且只需少量支撑或免支撑，可节约模板，在现场吊装施工，施工效率高。由于现浇钢筋混凝土楼板要耗费大量模板，经济性差，施工工期长，全预制装配式楼板整体性差，而采用预制底板与现浇混凝土面层叠合而成的装配整体式叠合楼板，建筑的刚度和整体性都比较好。因而叠合楼板被广泛应用于现有的装配式建筑中。

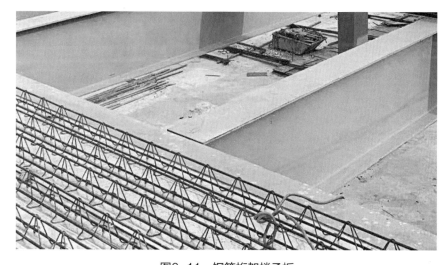

图6-11 钢筋桁架楼承板

6.2.2 钢筋混凝土叠合楼板

装配式建筑楼板包括叠合楼板、全预制楼板和现浇楼板。叠合楼板适用于装配整体式建筑；全预制楼板适用于全装配式建筑；现浇楼板适用于装配整体式建筑的现浇部分，如转换层、屋顶、卫生间和管线较多的前室等部位。

1. 叠合楼板的分类

叠合楼板包括普通叠合楼板、带肋预应力叠合楼板、预应力空心叠合楼板、双T形板和双槽形板、全预制板等。

（1）普通叠合楼板

普通叠合楼板的预制底板一般厚60mm，包括有桁架筋预制底板和无桁架筋预制底板。预制底板在现场吊装后绑扎叠合层钢筋，浇筑混凝土，形成整体受弯楼板，如图6-12所示。

普通叠合楼板是装配整体式建筑目前应用最多的楼板类型。普通叠合楼板适用于框架结构、框架—剪力墙结构、剪力墙结构、筒体结构等结构体系的装配式混凝土建筑，也可用于钢结构建筑。

（2）带肋预应力叠合楼板

带肋预应力叠合楼板由预制预应力底板与现浇混凝土叠合而成。带肋预应力叠合楼板的底板分为无架立筋及有架立筋两种，都适用于框架结构、框架—剪力墙结构、筒体结构等结构体系的装配式混凝土建筑。

（3）预应力空心叠合楼板

预应力空心叠合楼板由预制预应力空心楼板与现浇混凝土叠合而成。预应力空心叠合楼板适用于框架结构、框架—剪力墙结构、筒体结构等结构体系的装配式混凝土建筑。

图6-12　预制叠合板

（4）双T形板和双槽形板

预制双T形板（图6-13）和双槽形板通常采用预应力钢筋，其肋朝下吊装，在板面上现浇混凝土形成叠合板，适用于公共建筑、车库和工业厂房等跨度、空间较大的建筑。

（5）全预制板

全预制板是板厚范围内全为预制的结构板，通常采用空心的形式，多用于全装配式建筑，一般应用于非抗震或低抗震设防烈度的工程。

2. 叠合楼板的基本规定

叠合楼板是由预制板和现浇钢筋混凝土层叠合而成的装配整体式楼板。预制板既是楼板结构的组成部分之一，又是现浇钢筋混凝土叠合层的永久性模板（图6-14）。

由于脱模、吊装、运输、施工等因素的影响，叠合楼板的预制板厚度不宜小于60mm。当设置钢筋桁架或板肋等可靠的构造措施时，可以考虑将其厚度适当减小。为保证楼板的整体性，满足管线预埋、面筋铺设、施工误差等方面的需求，叠合楼板后浇混凝土叠合层厚度不应小于60mm。

叠合楼板的预制板拼缝处边缘宜设30mm×30mm的倒角，增加预制板与现浇叠合层的结合面积，提高叠合楼板的整体性。

图6-13　预制双T形板

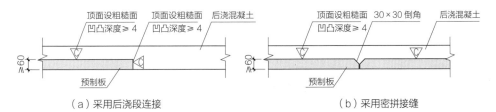

（a）采用后浇段连接　　　　　　　　（b）采用密拼接缝

图6-14　叠合楼板的基本构造

叠合楼板与现浇层交接的结合面需设置粗糙面，其面积不宜小于结合面的80%，粗糙面凹凸深度不应小于4mm（图6-14）。

屋面层采用叠合楼板时，为增强顶层楼板的整体性，需提高后浇混凝土叠合层的厚度和配筋要求，并设置钢筋桁架。叠合楼板的后浇叠合层厚度不应小于100mm，后浇层内应设置双向通长钢筋，通长钢筋直径不宜小于8mm，间距不宜大于200mm。

叠合楼板宜设置桁架钢筋以增强预制板的整体刚度和水平界面的抗剪性能。在外力、温度等作用下，预制板与后浇层之间的结合层会产生水平剪力。大跨度板及有相邻悬挑板上部钢筋锚入现浇层的板，叠合结合面上的水平剪力尤其大。需设置抗剪钢筋来保证水平结合面的抗剪能力，设置钢筋桁架是其中最常见的抗剪构造措施；也可设置马凳筋，其钢筋直径、间距及锚固长度应满足叠合结合面水平抗剪的要求。

跨度大于6m的叠合板，采用预应力混凝土预制板经济性较好。板厚大于180mm的叠合板，宜采用空心板，减小楼板自重，节约材料。当采用空心板时，板端空腔应封堵。

3. 叠合楼板的布置

叠合楼板的布置主要考虑构件的生产、构件的运输吊装及构件的连接这三个因素。叠合楼板的预制板宽度不宜过小，过小则拼缝多、经济性差，也不宜过大，过大则运输吊装困难。所以叠合楼板的预制板宽度不宜大于3m，不宜小于600mm，且拼缝位置宜设置在叠合楼板受力较小的位置。

当预制板之间采用分离式接缝［图6-15（a）］时，宜按单向板进行设计。对于长宽比大于3的四边支承叠合楼板，当其预制板之间采用整体式接缝［图6-15（b）］、密拼式整体接缝或无接缝［图6-15（c）］时，可按双向板设计；对于长宽比小于2，受力属性明显为双向板的楼板，宜按双向板设计，如果按单向板设计，支座负筋宜按双向板及单向板模型包络设计。

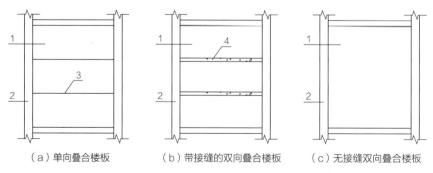

（a）单向叠合楼板　　（b）带接缝的双向叠合楼板　　（c）无接缝双向叠合楼板

图6-15　叠合楼板的预制板布置形式示意图

1—预制板；2—梁或墙；3—板侧分离式接缝；4—板侧整体式接缝

4. 叠合楼板的接缝

（1）单向叠合楼板板侧的分离式接缝

单向叠合楼板板侧的分离式接缝宜配置附加钢筋（图6-16），接缝处紧邻预制板顶面宜设置垂直于板缝的附加钢筋，附加钢筋伸入两侧后浇混凝土叠合层的锚固长度不应小于15d（d为附加钢筋直径）。

附加钢筋截面面积不宜小于预制板中该方向钢筋面积，钢筋直径不宜小于6mm，间距不宜大于250mm。

（2）双向叠合楼板板侧的整体式接缝

双向叠合楼板板侧的整体式接缝宜设置在叠合楼板的次要受力方向且宜避开最大弯矩截面。接缝可采用后浇带形式（图6-17），且后浇带宽度不宜小于200mm，以保证钢筋连接及锚固的空间。后浇带两侧板底纵向受力钢筋可在后浇带中焊接、搭接、弯折锚固、机械连接。

当后浇带两侧板底纵向受力钢筋在后浇带中搭接连接时，预制板板底外伸钢筋搭接长度应符合现行国家标准《混凝土结构设计规范》GB 50010的有关规定。如图6-17（a）所示为预制板板底外伸钢筋为直线时的构造；图6-17（b）、（c）所示分别为预制板板底外伸钢筋端部为90°及135°弯钩时的构造，90°和135°弯钩钢筋弯后直段长度分别为12d和5d（d为钢筋直径）。

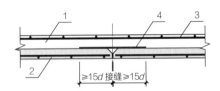

图6-16 单向叠合楼板板侧分离式接缝构造示意

1—后浇混凝土叠合层；2—预制板；3—后浇层内钢筋；4—附加钢筋

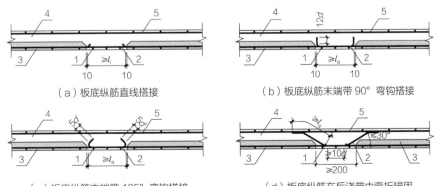

（a）板底纵筋直线搭接　　　　　　　（b）板底纵筋末端带 90° 弯钩搭接

（c）板底纵筋末端带 135° 弯钩搭接　　　（d）板底纵筋在后浇带中弯折锚固

图6-17 双向叠合楼板整体式接缝构造示意

1—通长钢筋；2—纵向受力钢筋；3—预制板；4—后浇混凝土叠合层；5—后浇层内钢筋

当后浇带两侧板底纵向受力钢筋在后浇带中弯折锚固时［图6-17（d）］，叠合板厚度不应小于10d（d为弯折钢筋直径的较大值），且不应小于120mm。接缝处预制板侧伸出的纵向受力钢筋应在后浇混凝土叠合层内锚固，且锚固长度不应小于l_a（l_a为受拉钢筋锚固长度）；两侧钢筋在接缝处重叠的长度不应小于10d，钢筋弯折角度不应大于30°，弯折处沿接缝方向应配置不少于2根通长构造钢筋，且直径不应小于该方向预制板内钢筋直径。

（3）桁架预制板之间采用密拼式整体接缝

桁架预制板之间采用密拼式整体接缝时（图6-18），接缝处垂直于接缝的板底钢筋搭接区域后浇混凝土叠合层厚度不宜小于桁架预制板厚度的1.3倍，且不应小于75mm。

接缝处应设置垂直于接缝的搭接钢筋，搭接钢筋直径不应小于8mm，且不应大于14mm，接缝处搭接钢筋与预制板底板纵向钢筋对应布置，搭接长度不应小于$1.6l_a$，且搭接长度应从距离接缝最近一道钢筋桁架的腹杆钢筋与下弦钢筋交点起算。垂直于搭接钢筋的方向应布置横向分布钢筋，在搭接范围内不宜小于3根，且钢筋直径不宜小于6mm，间距不宜大于250mm。

接缝处的钢筋桁架应平行于接缝布置，在一侧纵向钢筋的搭接范围内，应设置不小于2道钢筋桁架，且上弦钢筋的间距不宜大于桁架叠合板总板厚的2倍，且不应大于400mm。靠近接缝的桁架上弦钢筋到桁架预制板接缝边的距离不宜大于桁架叠合板总板厚度。

接缝两侧钢筋桁架的腹杆钢筋及接缝处的裂缝控制应符合现行国家标准《混凝土结构设计规范》GB 50010及《钢筋桁架混凝土叠合板应用技术规程》T/CECS 715—2020的有关规定。

5. 桁架预制板纵向钢筋伸入支座时的支座连接

（1）板端支座处

预制板内的纵向受力钢筋宜从板端伸出并锚入支承梁或墙的后浇混凝土中，锚固长度不应小于5d（d为纵向受力钢筋直径），且宜伸过支座中心线［图6-19（a）］。

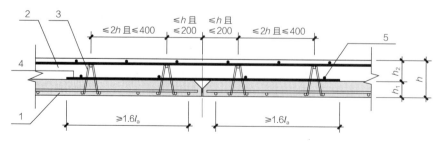

图6-18　密拼式整体接缝的构造示意图

1—桁架预制板；2—后浇叠合层；3—钢筋桁架；4—接缝处的搭接钢筋；5—横向分布钢筋

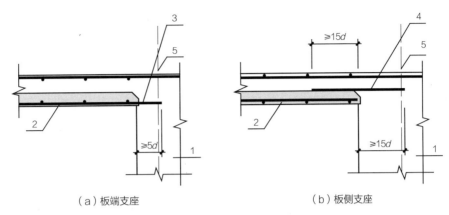

（a）板端支座　　　　　　　　　　（b）板侧支座

图6-19　叠合板端及板侧支座构造示意图

1—支承梁或墙；2—预制板；3—纵向受力钢筋；4—附加钢筋；5—支座中心线

（2）单向叠合板的板侧支座处

当预制板内的板底分布钢筋伸入支承梁或墙的后浇混凝土中时，锚固长度不应小于5d（d为附加钢筋直径），且宜伸过支座中心线；当板底分布钢筋不伸入支座时，宜在紧邻预制板顶面的后浇混凝土叠合层中设置附加钢筋，附加钢筋截面面积不宜小于预制板内的同向分布钢筋面积，间距不宜大于600mm，在板的后浇混凝土叠合层内锚固长度不应小于15d，在支座内锚固长度不应小于l5d且宜伸过支座中心线［图6-19（b）］。

6. 桁架预制板纵向钢筋不伸入支座时的支座连接

当桁架钢筋混凝土叠合板的后浇混凝土叠合层厚度不小于75mm且不小于预制板厚度的1.3倍时，支承端预制板内纵向受力钢筋可采用间接搭接方式锚入支承梁或墙的后浇混凝土中。

如图6-20所示，紧邻预制板顶面宜设置搭接钢筋。搭接钢筋的面积应通过计算确定，板端承受负弯矩作用时，截面受弯承载力的计算可不计入搭接钢筋；板端承受正弯矩作用时，搭接钢筋可作为受拉钢筋。有效截面高度h_a取搭接钢筋中心到叠合层上表面的距离，板端正向受弯承载力按现行国家标准《混凝土结构设计规范》GB 50010进行计算。搭接钢筋面积不应少于受力方向跨中板底钢筋面积的1/3，搭接钢筋直径不宜小于8mm，间距不宜大于250mm，搭接钢筋强度等级不应低于与其平行的桁架预制板内同向受力钢筋的强度等级。

对于端节点支座，搭接钢筋伸入后浇叠合层长度l_s（l_s为伸入后浇叠合层长度）不应小于1.2l_a（l_a为受拉钢筋锚固长度），伸入支座的长度不应小于l_a［图6-20（a）］；对于中间节点支座，搭接钢筋在节点区应贯通，且每侧伸入后浇叠合层长度l_s不应小于1.2l_a［图6-20（b）］。

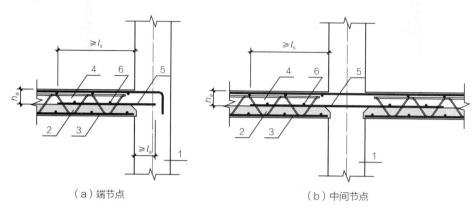

（a）端节点　　　　　　　　　　（b）中间节点

图6-20　无外伸纵筋的板端支座构造示意图

1—支承梁或墙；2—预制板；3—板底钢筋；4—桁架钢筋；5—支座处的搭接钢筋；6—横向分布钢筋

　　垂直于搭接钢筋的方向应布置横向分布钢筋，在一侧纵向钢筋的搭接范围内应设置不少于2根，且钢筋直径不宜小于6mm，间距不宜大于250mm。

　　当搭接钢筋紧贴叠合面时，板端上边应设置倒角，倒角尺寸不宜小于15mm×15mm。

　　预制底板一般伸入支座内10～20mm，目的是起到叠合板支座处抗剪切应力的作用，剪切应力由预制底板、现浇混凝土层和钢筋共同承受。

6.2.3　叠合楼板管线预埋

　　装配式住宅的给水排水管道，供暖、通风和空调管道，电气管线，燃气管道等宜采用管线分离方式进行设计。给水排水管道宜敷设在墙体、吊顶或楼地面的架空层或空腔中，并应采取隔声减噪和防结露等措施；供暖、通风和空调及新风等管道宜敷设在吊顶等架空层内；电气管线宜敷设在楼板架空层或垫层内、吊顶内和隔墙空腔内等部位（图6-21）。

1. 架空地板系统

　　装配式楼地板系统可采用架空地板系统（图6-22）。架空空间可以敷设管线，在有供暖要求时，可采用干式地暖地面系统。楼地面系统的架空空腔高度应根据集成的管线种类、管径尺寸、敷设路径、设置坡度等因素确定，完成面的高度除与架空空腔高度和楼地面的支撑层、饰面层厚度有关外，尚取决于是否集成了地暖以及所集成的地暖产品的规格、种类。楼地面应和设备与管线进行协同设计，并在需要的地方设置检修口。

图6-21 预埋线盒及吊顶走线

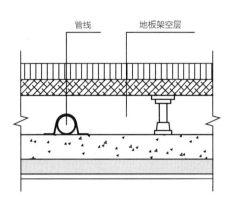

图6-22 可敷设管线的架空地板示意图

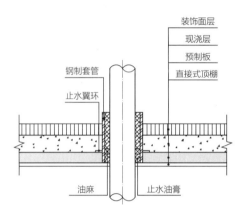

图6-23 管道穿楼板套管做法

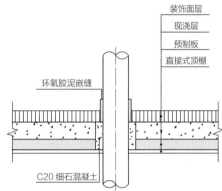

图6-24 管道穿楼板留洞做法

2. 管线在叠合楼板内预埋及敷设

　　楼地面应满足承载力的要求，并应满足耐磨、抗污染、易清洁、耐腐蚀、防火、防静电等性能要求。厨房、卫生间等房间的楼地面材料和构造还应满足防水、防滑的性能要求。穿越预制楼板的管道应预留洞口或预留套管，套管或洞口的位置及尺寸应标准化（图6-23、图6-24）。

　　设备管线安装用的预埋件应预理在实体结构上，应考虑其受力特性，且预埋件应满足锚固要求。管道或设备集中的位置应共用支吊架和预埋件，预埋件锚固深度由计算确定且不宜小于120mm。

　　叠合楼板处的不同专业管线布线应结合楼板的现浇层或建筑垫层厚度进行管线综合设计，减少管线交叉。沿叠合楼板现浇层暗敷的电气及智能化管线，应在预制楼板灯位处预埋深型接线盒。当沿叠合楼板、预制墙体预埋的接线盒及其管路与现浇相应电气管路连接时，应在墙面与楼板交界的墙面预埋接线盒或接线空间。敷

图6-25　管线现浇层预埋

设在垫层的线缆保护导管最大外径不应大于垫层厚度的1/2。暗敷线缆保护导管的外护层厚度不应小于15mm，消防设备线缆保护导管暗敷时，外护层厚度不应小于30mm（图6-25）。

6.2.4　居住类建筑普通叠合楼板的标准化、系列化

居住类建筑普通叠合楼板能否做到标准化、系列化，很关键的一个因素是建筑功能空间（结构板尺寸）能否做到标准。这要求建筑开间、进深标准化。本节以开间、进深满足300mm模数的常规居住空间平面尺寸对普通叠合楼板的标准化、系列化进行分析。

1. 预制叠合楼板尺寸的标准化、系列化

居住类建筑的功能房间宽度一般在4.2m以内，为了满足建筑的空间感，结构上一般只在建筑房间区隔周边布置梁，一个建筑空间平面内通常只有一块结构板。对于装配整体式采用叠合楼板的结构，由于运输及吊装的限制，板宽一般不宜超过3m，所以需对尺寸大的结构板进行拆分。下面以单向密拼式叠合板为例，分别对3m及3.6m进深板进行分析。如图6-26所示，3m进深的板可以直接拆分成一块3030mm宽的叠合板（考虑周边伸入梁或墙15mm），3.6m进深的板可以拆分成两块1812mm的叠合板（考虑6mm宽的拼缝）。

这样拆分虽然可以减少板拼缝的数量，但拆分的叠合板只适用于特定尺寸的结构板，不具有通用性。如图6-26（c）所示，3030mm宽的叠合板如果要用于3.6m进深的结构板，需另设585mm宽的现浇板带。

能不能找到几个标准的板块组合成我们所需尺寸的结构板呢？居住类建筑的

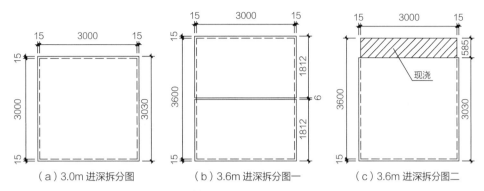

（a）3.0m 进深拆分图　　　（b）3.6m 进深拆分图一　　　（c）3.6m 进深拆分图二

图6-26　3.0m及3.6m进深板拆分图

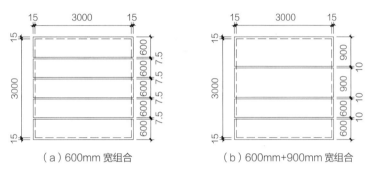

（a）600mm 宽组合　　　　　　　（b）600mm+900mm 宽组合

图6-27　3.0m进深板组合示意图

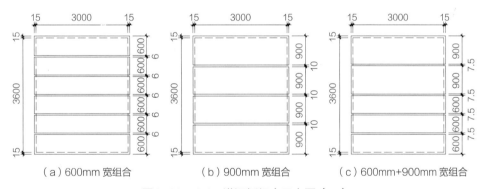

（a）600mm 宽组合　　　　（b）900mm 宽组合　　　（c）600mm+900mm 宽组合

图6-28　3.6m进深板组合示意图（一）

平面尺寸模数一般为300mm，而住宅开间尺寸一般为2700～4200mm，进深一般为2700～6000mm；宿舍及公寓的开间尺寸一般为3300～3600mm，进深为4200～6300mm。下面以3.0m及3.6m进深的板进行对比分析。如图6-27所示，以600mm宽及900mm宽作为标准板宽，3.0m进深的板可以有五块600mm宽叠合板，以及两块600mm宽叠合板加两块900mm宽叠合板两种组合方式。

如图6-28所示，以600mm宽及900mm宽作为标准板宽，3.6m进深的板可以有六块600mm宽叠合板、四块900mm宽叠合板及三块600mm宽叠合板加两块900mm宽叠合板三种组合方式。

通过以上分析可知，可以通过小尺寸的标准板宽组合成标准尺寸的大板。以600mm宽及900mm宽叠合板作为标准板宽对住宅标准进深的组合如表6-1所示。

600mm及900mm宽叠合板组合　　　　　表6-1

进深 （mm）	600mm宽 组合块数	900mm宽 组合块数	变量 缝宽（mm）×缝数
2700	3	1	10×2
3000	5	0	7.5×4
3300	1	3	10×3
3600	0	4	10×3
3900	2	3	7.5×4
4200	1	4	7.5×4
4500	0	5	7.5×4
4800	2	4	6×5
5100	1	5	6×5
5400	0	6	6×5
5700	2	5	5×6
6000	1	6	5×6
6300	0	7	5×6

由表6-1可知，只需要微调缝宽，600mm及900mm宽的标准板即可组合成所有以300mm为模数的大板。但600mm及900mm的板块尺寸较小，组装成大板块时拼缝过多，不利于结构的整体性，施工吊装需要的次数多，现场施工的效率不高。因此，有必要寻找一块尺寸较大的标准板块去组合，以减少拼接板及拼缝的数量。

由图6-29（a）可知，只需要两块1800mm宽的板即可组合成3600mm进深的板，因板边深入支撑结构15mm，导致中间30mm的拼缝过大，但是可以通过调整伸入梁或墙的长度，使拼接的缝宽在合理范围内［图6-29（b）］。

由表6-2可知，通过增加一块1800mm宽的标准板来组合成以300mm为模数的板，可有效降低需要的标准板块数量，减少拼缝，有利于结构的整体性及施工吊装。

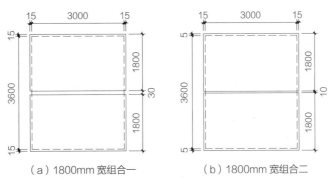

（a）1800mm 宽组合一   （b）1800mm 宽组合二

图6-29 3.6m进深板组合示意图（二）

600mm、900mm及1800mm宽叠合板组合   表6-2

进深 （mm）	600mm宽 组合块数	900mm宽 组合块数	1800mm宽 组合块数	变量 缝宽（mm）×缝数
2700	0	1	1	30×1
3000	2	0	1	15×2
3300	1	1	1	15×2
3600	0	0	2	30×1
3900	2	1	1	10×3
4200	1	0	2	15×2
4500	0	1	2	15×2
4800	2	0	2	10×3
5100	1	1	2	10×3
5400	0	0	3	15×2
5700	2	1	2	7.5×4
6000	1	0	3	10×3
6300	0	1	3	10×3

通过以上分析可知，我们可以找到一些标准的板块来作为结构板的基本组合单元，通过这些标准的板块可以组装出居住类建筑常规模数的结构板。

2. 预制叠合楼板底筋的标准化、系列化

通过前面的分析可知，居住类建筑叠合楼板的预制板尺寸可以做到标准化，那么叠合楼板的预制板块能否做到标准化还需看受力钢筋的设置能否做到标准化。如图6-30所示，预制板板底钢筋网已经可以实现在工厂机器流水线批量生产。下面

图6-30　在工厂流水线批量生产的预制板板底钢筋网

对居住类建筑的功能房间各跨度结构板进行配筋分析。

　　除卫生间、阳台及厨房这些特殊位置外，居住类建筑一般功能房的面层恒载为1.5kN/m²，使用活载为2.0kN/m²，是比较确定的值。取叠合楼板预制部分板厚度为60mm，现浇层厚度为80mm（考虑1.3倍的预制层厚度作为现浇层厚度，总板厚为140mm）。并按相关条件（板重度：25.00kN/m³，恒载分项系数：1.30；纵筋保护层厚：15mm，活载分项系数：1.50；纵筋级别：HRB400；混凝土强度等级：C30）对2700～4200mm板跨的结构板进行有限元计算，得出配筋如表6-3、表6-4所示。

　　从表6-3中可看出对于140mm厚的单向板，在两端刚接的条件下，只需构造配筋即可满足受力要求；在一端铰接、一端刚接的条件下，配Φ10@200即可包络表中所列跨度的计算配筋；在两端简支的条件下，计算配筋比较大，但这种支座约束条件比较少。

140mm厚单向叠合板每延米配筋值（单位：mm²）　　表6-3

板跨 （mm）	两端铰接		一端铰接、一端刚接		两端刚接	
	计算配筋	选配钢筋	计算配筋	选配钢筋	计算配筋	选配钢筋
2700	230	Φ8@200	142	Φ8@200	47	Φ8@200
3000	286	Φ10@200	176	Φ8@200	57	Φ8@200
3300	340	Φ10@200	218	Φ8@200	61	Φ8@200
3600	409	Φ12@200	261	Φ10@200	73	Φ8@200
3900	494	Φ12@200	308	Φ10@200	94	Φ8@200
4200	560	Φ12@200	355	Φ10@200	102	Φ8@200

从表6-4中可看出，对于140mm厚的双向板，在表中所列三种支座约束条件下，只需构造配筋即可满足受力要求。

140mm厚双向叠合板每延米配筋值（单位：mm²）　表6-4

板跨 （mm）	两端铰接		一端铰接、一端刚接		两端刚接	
	计算配筋	选配钢筋	计算配筋	选配钢筋	计算配筋	选配钢筋
4200	205	⯐8@200	166	⯐8@200	127	⯐8@200

由以上分析可知，对于单向板，可按跨度大小配置⯐8@200及⯐10@200为预制板板底钢筋，以这两种配筋作为单向叠合板板底配筋标准设置标准板块，可以满足大多数居住类建筑结构板板底受力要求；对于双向板，以⯐8@200为双向叠合板板底配筋，作为标准板块的板底钢筋，即可满足4200mm跨度内的居住类建筑结构板板底受力要求。

6.3　部品及构造大样

6.3.1　叠合梁预制梁部品及构造大样

预制叠合梁编号规则如图6-31所示；叠合梁预制梁部品及构造大样如图6-32所示。

6.3.2　叠合板预制板部品及构造大样

预制叠合板编号规则如图6-33所示，单向板、出筋双向板部品及构件大样如图6-34、图6-35所示。

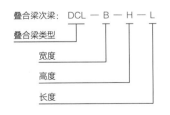

图6-31　预制叠合梁编号规则

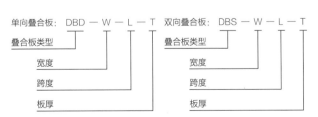

图6-33　预制叠合板编号规则

图6-32 叠合次梁

系列名称: DCL-250-460-5520

配筋图

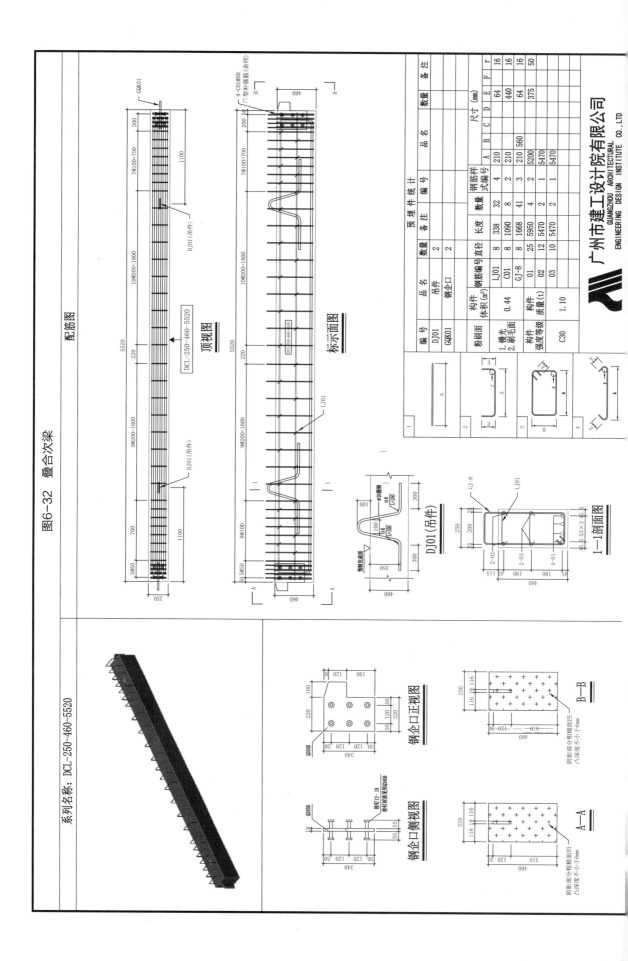

顶视图

标示面图

DJ01(吊件)

1—1剖面图

DJ01(吊件)

钢企口正视图

钢企口侧视图

A—A

B—B

编号	品名	数量	备注
DJ01	吊件	2	
GQK01	钢企口	2	

预埋件统计

钢筋编号	直径	长度	数量	编号	式	数量
LJ01	8	338	32			
C01	8	1090	8			
GJ-8	8	1668	41			
01	25	5950	4			
02	12	5470	2			
03	10	5470	2			

钢筋样式编号

编号	式	数量
LJ01	4	
C01	2	
GJ-8	3	
01	2	
02	1	
03	1	

钢筋样式

编号	尺寸 (mm)							
	A	B	C	D	E	F	r	
LJ01	210				64	16		
C01	210				440	16		
GJ-8	210	560			64	16		
01	5200				375	50		
02	5470							
03	5470							

构件体积(m³)	0.44
构件质量(t)	1.10

粉刷面	1.镜光 2.刷毛面
构件强度等级	C30

广州市建工设计院有限公司
GUANGZHOU ARCHITECTURAL
ENGINEERING DESIGN INSTITUTE CO.,LTD

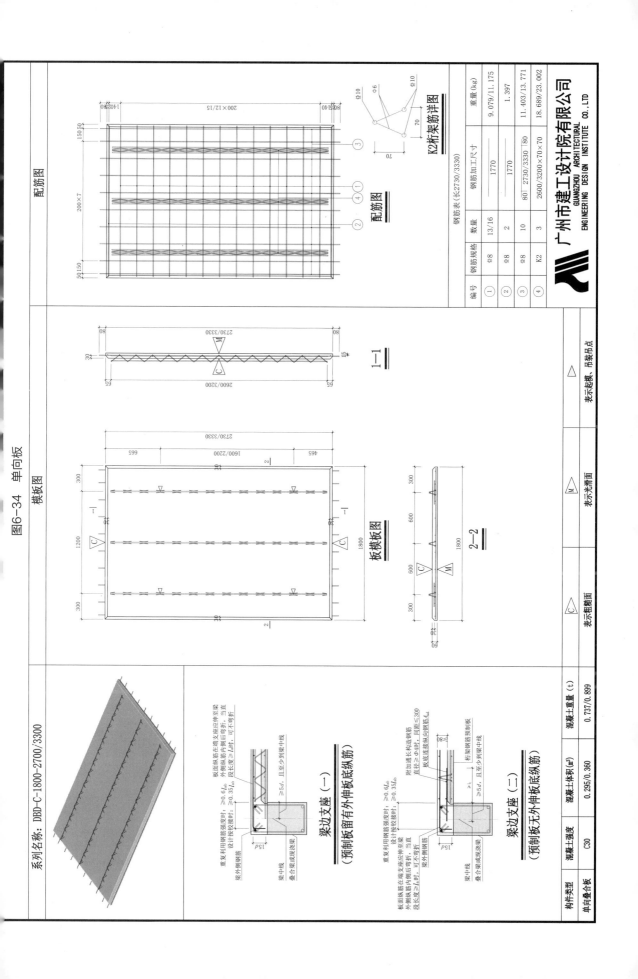

図6-34 単向板

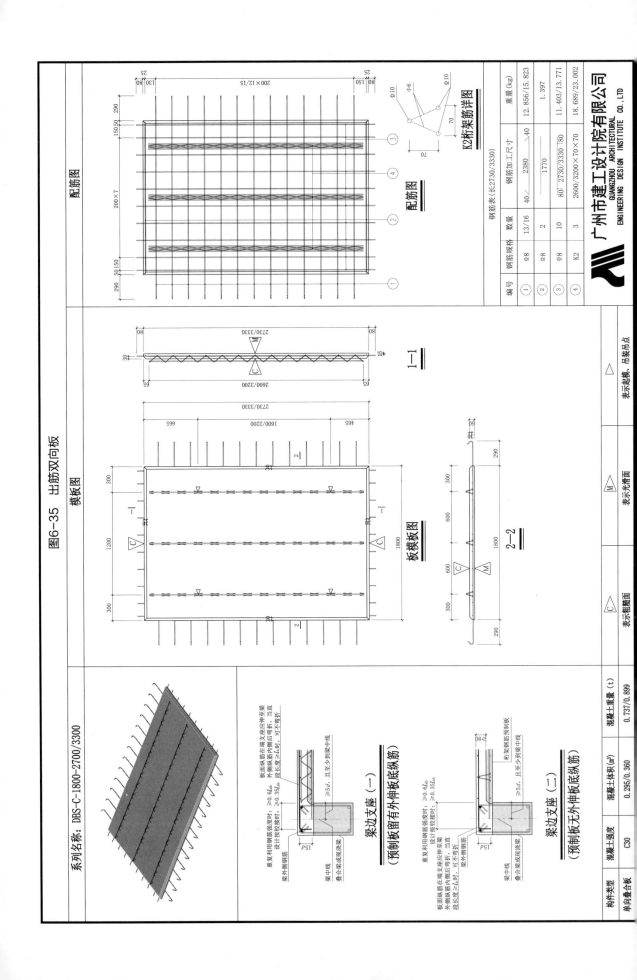

图6-35 出筋双向板

系列名称：DBS-C-1800-2700/3300

配筋图

模板图

板模板图

配筋图

1—1

2—2

梁边支座（一）
（预制板留有外伸板底纵筋）

板面纵筋在端支座应伸至梁
外侧纵筋后向下弯折，当
设计钢筋强度利用至梁
段长度≥l_{ab}时，可不弯折。

重复利用钢筋强度时：≥0.6l_{ab}
设计计较接时：≥0.35l_{ab}

≥5d，且至少到梁中线

梁外侧纵筋

叠合梁或叠合梁

梁中线

梁边支座（二）
（预制板无外伸板底纵筋）

板面纵筋在端支座应伸至梁
外侧纵筋后向下弯折，当
设计钢筋强度利用至梁
段长度≥l_{ab}时，可不弯折。

重复利用钢筋强度时：≥0.6l_{ab}
设计计较接时：≥0.35l_{ab}

≥5d，且至少到梁中线

桁架钢筋预制板

叠合梁或叠合梁

梁中线

K2桁架筋详图

钢筋表（长2730/3330）

编号	钢筋规格	数量	钢筋加工尺寸	重量（kg）
①	Φ8	13/16	40⌐ 2380 ⌐40	12.856/15.823
②	Φ8	2	1770	1.397
③	Φ8	10	80⌐ 2730/3330 ⌐80	11.403/13.771
④	K2	3	2600/3200×70×70	18.689/23.002

广州市建工设计院有限公司
GUANGZHOU ARCHITECTURAL
ENGINEERING DESIGN CO., LTD

构件类型	混凝土强度	混凝土体积（m³）	混凝土重量（t）
单向叠合板	C30	0.295/0.360	0.737/0.899

△ 表示粗糙面 | M 表示光滑面 | △ 表示起模、吊装吊点

第7章

楼梯

7.1 楼梯概述

楼梯是由连续梯级、休息平台和维护安全的栏杆扶手及相应的支承结构组成的作为楼层之间垂直交通的建筑构件。楼梯的数量、位置、宽度和楼梯间的形式应满足使用方便和安全疏散的要求。在以电梯、自动扶梯作为主要垂直交通手段的多层和高层建筑中也要设置楼梯。高层建筑尽管采用电梯作为主要垂直交通工具，但仍然要保留楼梯供火灾时逃生使用。

楼梯由连续梯级的梯段（又称梯跑）、平台（休息平台）和围护构件等组成。楼梯的最低和最高一级踏步间的水平投影距离为梯长，梯级的总高为梯高。居住类建筑常见的楼梯形式有双跑楼梯和单跑楼梯（剪刀楼梯）（图7-1）。

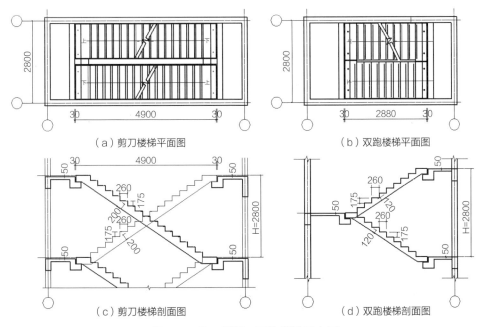

（a）剪刀楼梯平面图　　　　　　（b）双跑楼梯平面图

（c）剪刀楼梯剖面图　　　　　　（d）双跑楼梯剖面图

图7-1　剪刀楼梯、双跑楼梯示意图

7.2 一般居住类建筑的层高及楼梯宽度

与楼梯相关的技术数据主要有以下要求。

（1）居住类建筑：①住宅常见层高主要有2.8m、2.9m、3.0m；②宿舍常见层高主要有2.8m（设置单层床）、3.6m（设置双层床）；③公寓住宅建筑常见层高主要有4.0m、4.2m、4.5m。

（2）特殊层高的补充

居住类建筑中，针对不同使用功能存在一些特殊层高，如居住类建筑中的架空层、低层商业裙楼、设备夹层、复式公寓等，其层高与常见层高略有不同，多为4.8m、5.0m、5.5m三种。

（3）日常主要交通用的楼梯梯段宽度应根据建筑物的使用特征进行设计，其宽度需满足现行《民用建筑设计统一标准》GB 50352—2019、《住宅设计规范》GB 50096—2011、《建筑设计防火规范》GB 50016—2014（2018年版）等相关规范要求。梯段宽度要求为每股人流550+（0～150）mm，并应不少于两股人流，两股人流通行时为1100mm，三股人流通行时为1650mm，依次类推。居住类建筑楼梯一般常见的通行宽度为1.1m、1.2m、1.5m三种尺寸。

（4）居住类建筑常用的踏步高宽范围为（155～175）mm×（260～280）mm；根据装配式建筑国家标准《装配式混凝土建筑技术标准》GB/T 51231—2016条文说明中给出的楼梯常用优选尺寸：①共用楼梯踏步最小宽度260mm，踏步最大高度175mm；②服务楼梯、住宅套内楼梯踏步最小宽度260mm，踏步最大高度200mm。

（5）楼梯间楼梯入户处、楼梯平台板处建筑装饰面层厚度均为50mm。

（6）预制装配式钢筋混凝土楼梯因在工厂建造，其清水混凝土整体效果美观，可同时预制防滑条及扶手栏杆预埋件，故无须另外增加装饰面材，有特殊要求的除外。

7.3 预制装配式钢筋混凝土楼梯

在装配式建筑中，楼梯是标准化程度较高的一种构件，其归属于非主体结构预制构件，即装配式建筑中主体结构柱、梁、剪力墙板、楼板以外的预制构件。预制装配式钢筋混凝土楼梯在构件厂进行生产，最后运至施工现场安装，安装完成后即可作为现场施工通道使用，方便、快捷。

通过对楼梯的标准化、模数化设计，可以突出预制装配式钢筋混凝土楼梯的优点：工业化制造精度高，美观精致，节约模板，简化施工程序，较大幅度地缩短工期，安装后可以立刻投入使用（图7-2、图7-3）。

图7-2　预制装配式钢筋混凝土楼梯构件　　图7-3　预制装配式钢筋混凝土楼梯BIM模型

7.3.1　支承方式

预制装配式钢筋混凝土楼梯的支承方式主要有预制梁承式、预制墙承式和预制墙悬臂式三种。

（1）预制梁承式：由平台梁支承的楼梯构造方式，平台梁既可支承于承重墙上，也可支承于结构梁上。预制构件可按梯段、平台梁、平台板三部分进行划分。

（2）预制墙承式：楼梯踏步两端由墙体支承，无须设平台梁、梯斜梁和栏杆，需要时设靠墙扶手。

（3）预制墙悬臂式：无平台梁和梯斜梁，也无中间墙，楼梯间空间轻巧，结构占空间小，但整体刚度极差，不能用于有抗震设防要求的地区。

目前预制装配式楼梯的主要形式多为预制梁承式，在考虑楼梯的抗震要求时，楼梯的平台梁和平台板多为现浇方式，仅楼梯梯段预制。

7.3.2　与支撑构件的连接

预制混凝土楼梯与支撑构件的连接有三种方式：

（1）一端为固定铰节点、一端为滑动铰节点的简支方式。

（2）一端为固定支座、一端为滑动支座的方式。

（3）两端都是固定支座的方式。

对于现浇混凝土结构，楼梯多采用两端固定支座的方式，计算中楼梯也参与到抗震体系中。对于装配结构建筑，楼梯与主体结构的连接宜采用一端为固定铰节点、一端为滑动铰节点或一端为固定（支座）、一端为滑动（支座）的连接方式，不参与主体结构的抗震体系。

预制混凝土楼梯的梯段板支座处采用销键连接，即上端支承处为固定铰支座，下端支承处为滑动铰支座；梯段板支座处采用出筋固定连接，即上端支承处为出筋现浇固定，下端支承处为非出筋滑动连接（可增加防滑落措施）。除了以上两种连接方式外，也可以采用其他可靠的连接方式，如焊接等。

7.3.3 生产模具

预制装配式混凝土楼梯的生产主要有卧式和立式两种。

卧式楼梯模具相对于立式而言，虽然安放钢筋笼、浇筑混凝土都较为方便，但是卧式模具生产的楼梯在脱模堆放时会多一道翻转工序，预埋件安装比立式多；楼梯背面滴水线还需要人工用压条形成，而立式则通过模具即可一次成型。

立式楼梯模具除钢筋安装较为麻烦，混凝土浇筑时有漏浆的风险外，其生产方便性、效率性、成型质量都好于卧式，因而，构件厂一般都采用立式生产方式制作楼梯。

卧式模具生产与立式模具生产的主要区别为：①脱模吊点设置位置不同。②卧式生产钢模占地大，需要翻转，但工人操作简便；立式生产钢模占地少，不用翻转，但工人操作不便（图7-4、图7-5）。

图7-4　立式生产钢模　　　　　　　图7-5　卧式生产钢模

7.3.4 制造、运输、堆放、安装

（1）加工制造前应仔细核对各专业相关图纸，如有遗漏，要求设计方补充相应图纸。

（2）构件生产单位应根据设计要求、施工要求和相关规定制订生产方案，编制生产计划。

（3）同条件养护的混凝土立方体试件抗压强度达到设计混凝土强度等级值的75%时方可脱模；楼梯构件吊装时，混凝土强度实测值不应低于设计要求。

（4）构件生产单位、施工单位与设计单位协商确定吊装形式、吊装动力系数及安全系数，并按照国家现行有关标准进行吊装设计。

（5）预制梯段板在运输、堆放、安装施工过程中及装配后应做好成品保护，成品保护可采取包、裹、盖、遮等有效措施。预制构件堆放处2m范围内不应进行电焊、气焊作业。应制订合理的预制构件运输与堆放方案，运输构件时应采取措施防止构件损坏，防止构件移动、倾倒变形等。

（6）预制楼梯段吊装施工前，应根据设计要求和施工方案进行必要的施工验算，要求吊装施工过程中不产生裂缝。

（7）预制楼梯段吊装施工前，应对构件本身进行质量验收。对构件整体观感、连接部位等进行进场验收，合格后方可用于吊装施工。

（8）预制楼梯段吊装施工后，应严格按照设计要求进行连接固定，并要求施工过程中留有照片或视频记录。

7.3.5　设计原则

（1）预制装配式钢筋混凝土楼梯一般不宜占用好朝向，不宜采用围绕电梯布置的方式。建筑物内当设有两个及两个以上楼梯时，应按交通流量大小和疏散便利的需要合理布置楼梯位置。建筑的主楼梯宜设在主入口空间的明显位置。

（2）预制装配式钢筋混凝土楼梯宜采用标准化、模数化设计，其优选尺寸如表7-1所示。

装配式钢筋混凝土楼梯优选尺寸　　　　　　　　　　表7-1

楼梯类别	踏步最小宽度（mm）	踏步最大高度（mm）
共用楼梯	260	175
服务楼梯，住宅套内楼梯	260	200

（3）根据国家标准《装配式混凝土建筑技术标准》GB/T 51231—2016提出的装配式混凝土建筑的定位规定，宜采用中心定位法与界面定位法相结合的方法。对部件的水平定位宜采用中心定位法，部件的竖向定位和部品的定位宜采用界面定位法。

（4）预制装配式钢筋混凝土楼梯梯段宜采用全预制方式建造，拆分边界应设置在梯段与梯梁交界位置。

（5）楼梯两端与梯梁铰接或一端固定、一端滑动。

（6）确定楼梯计算简图。根据不同的连接方式选择预制楼梯的计算简图，计算分析使用、运输、安装过程中构件的结构受力要求。

（7）构件计算。一般预制楼梯段构件的计算过程，计算机软件都能实现，通常设计师要进行手算复核。

（8）梯段与梯梁连接时需要设施工缝，施工缝的宽度满足层间位移的要求。

（9）预制装配式钢筋混凝土楼梯布置若位于居住类建筑边缘时，需要构造加强，如隔N层设置现浇梯段、增设墙垛等。

7.3.6　连接做法

根据相关资料介绍，预制装配式楼梯属于非主体结构PC构件。预制楼梯的连接构造设计依据《装配式混凝土建筑技术标准》GB/T 51231—2016中第6.5.8条的要求，预制楼梯与支承构件之间宜采用铰接连接。采用简支连接时，应符合下列规定。

（1）预制楼梯宜一端设置固定铰，另一端设置滑动铰，其转动及滑动变形能力应满足结构层间位移的要求，且预制楼梯端部在支承构件上的最小搁置长度应满足6度抗震设防时≥75mm、7度抗震设防时≥75mm、8度抗震设防时≥100mm的要求。

（2）预制楼梯设置滑动铰的端部应采取防止滑落的构造措施。

7.3.7　连接节点构造

当预制楼梯连接方式采用滑动支座时，楼梯与主体结构楼梯梁连接属于柔性连接。通过楼梯与支座之间相对滑动来减弱主体结构对楼梯的水平作用（图7-6～图7-9）。

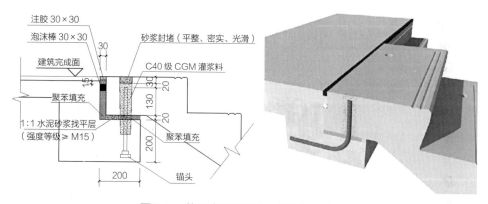

图7-6　装配式钢筋混凝土楼梯固定支座

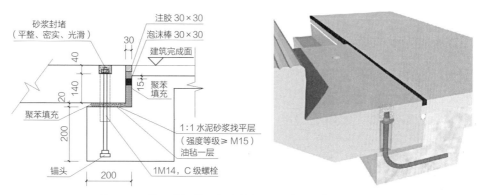

图7-7　装配式钢筋混凝土楼梯滑动（柔性）支座

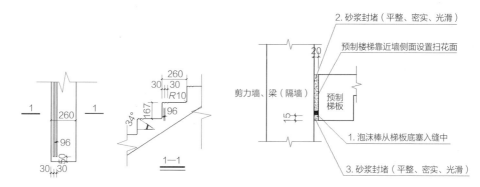

图7-8　装配式钢筋混凝土楼梯防滑槽大样　　图7-9　装配式钢筋混凝土楼梯两侧塞缝大样

7.4　楼梯系列部品库及构造大样

预制楼梯编号规则如图7-10、图7-11所示。

楼梯构造大样如图7-12～图7-15所示。

图7-10　预制双跑楼梯编号规则　　图7-11　预制剪刀楼梯编号规则

图7-12 楼梯系列部品库及构造大样（剪刀楼梯一）

系列名称	层高 H（m）	宽度 W（mm）	踏步高度 a（mm）	踏步宽度 b（mm）	级数 N	梯井宽度 c（mm）
JT-H-W（JT-28/29/30-11/12/15）	2.8/2.9/3.0	1100/1200/1500	175/171/167	260	16/17/18	140/240

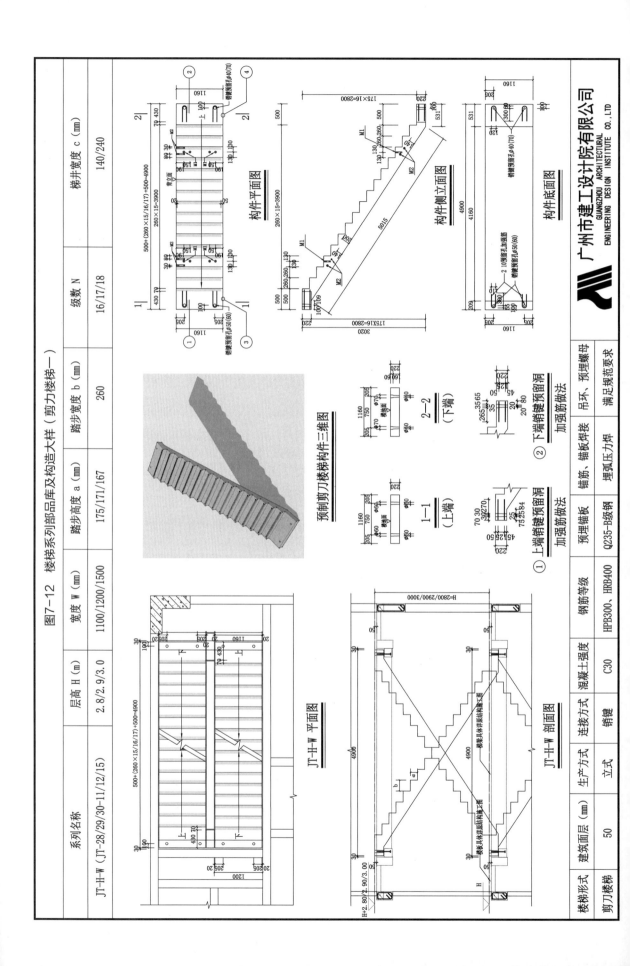

构件平面图

构件侧立面图

构件底面图

预制剪刀楼梯构件三维图

① 上端销键预留洞
加强筋做法
1-1（上端）

② 下端销键预留洞
加强筋做法
2-2（下端）

JT-H-W 平面图

JT-H-W 剖面图

楼梯形式	建筑面层（mm）	生产方式	连接方式	混凝土强度	钢筋等级	预埋钢板	锚筋、锚板焊接	吊环、预埋螺母
剪刀楼梯	50	立式	销键	C30	HPB300、HRB400	Q235-B级钢	埋弧压力焊	满足规范要求

广州市建工设计院有限公司
GUANGZHOU ARCHITECTURAL
ENGINEERING DESIGN INSTITUTE CO.,LTD

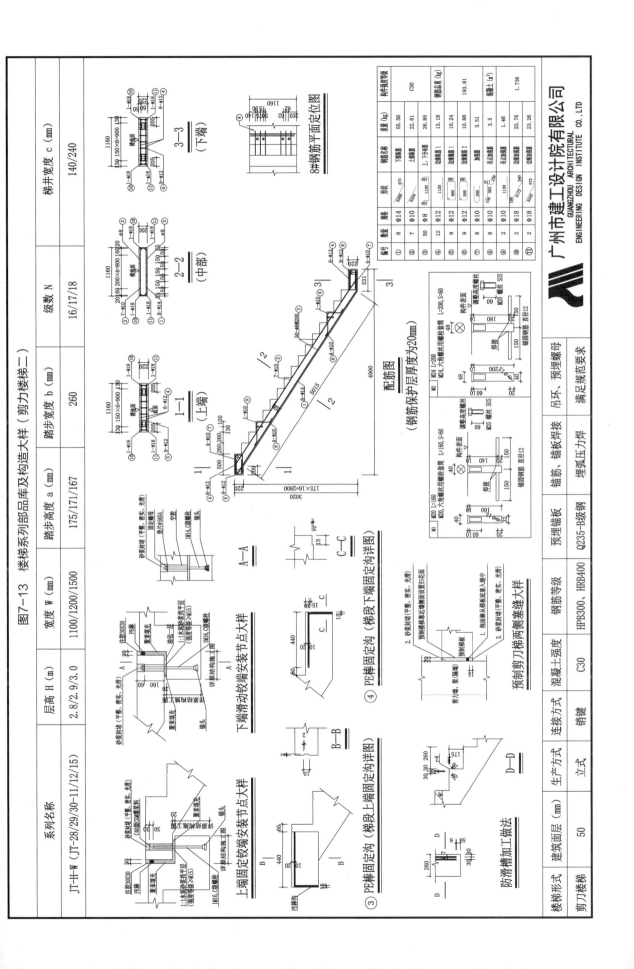

图7-13 楼梯系列部品库及构造大样（剪力楼梯二）

系列名称	层高 H (m)	宽度 W (mm)	踏步高度 a (mm)	踏步宽度 b (mm)	级数 N	梯井宽度 c (mm)
JT-H-W（JT-28/29/30-11/12/15）	2.8/2.9/3.0	1100/1200/1500	175/171/167	260	16/17/18	140/240

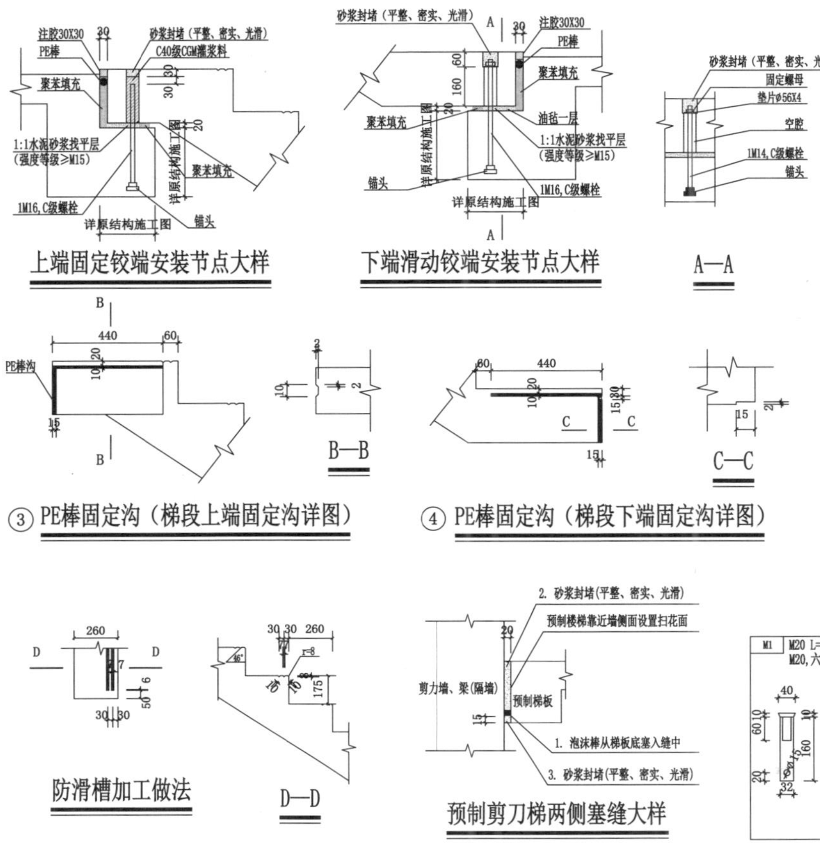

上端固定铰端安装节点大样

下端滑动铰端安装节点大样

A—A

③ PE棒固定沟（梯段上端固定沟详图）

B—B

④ PE棒固定沟（梯段下端固定沟详图）

C—C

防滑槽加工做法

D—D

预制剪刀梯两侧塞缝大样

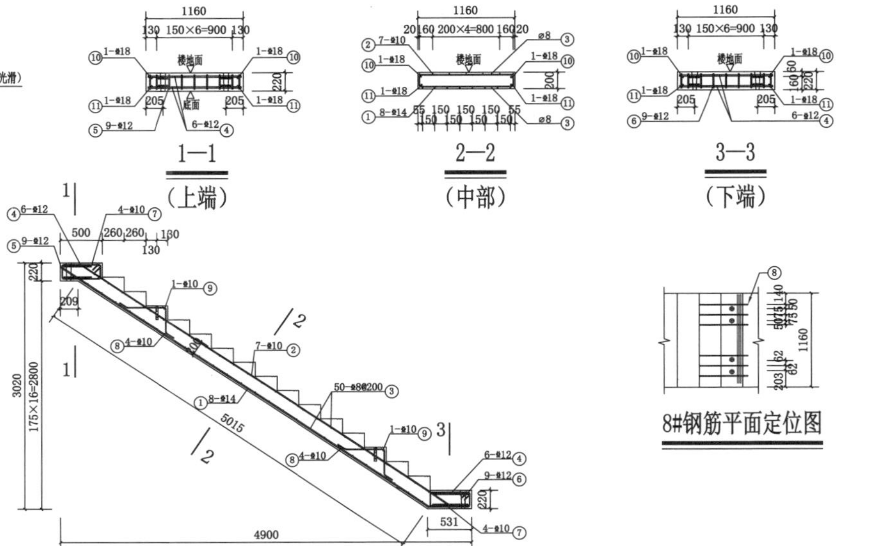

1—1（上端）

2—2（中部）

3—3（下端）

8#钢筋平面定位图

配筋图

（钢筋保护层厚度为20mm）

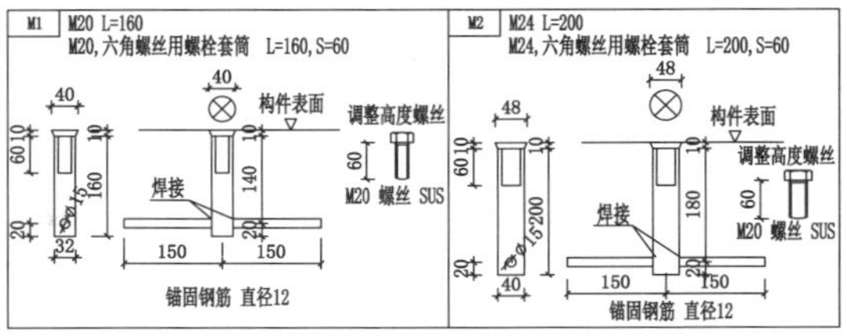

编号	数量	规格	形状	钢筋名称	重量 (kg)	构件强度等级
①	8	Φ14	5269 473	下部纵筋	55.56	C30
②	7	Φ10	5234	上部纵筋	22.61	
③	50	Φ8	150 1130 150	上、下分布筋	26.85	
④	12	Φ12	1120	边缘纵筋1	13.18	钢筋总重 (kg)
⑤	9	Φ12	460 180	边缘箍筋1	10.24	193.81
⑥	9	Φ12	500 180	边缘箍筋2	10.88	
⑦	8	Φ10	300	加强筋	3.51	
⑧	8	Φ10	100 383 170 100	吊点加强筋	3.5	混凝土 (m³)
⑨	2	Φ10	1130	吊点加强筋	1.46	1.736
⑩	2	Φ18	180 5173 340	边缘加强筋	22.76	
⑪	2	Φ18	5245 572	边缘加强筋	23.26	

楼梯形式	建筑面层 (mm)	生产方式	连接方式	混凝土强度	钢筋等级	预埋锚板	锚筋、锚板焊接	吊环、预埋螺母
剪刀楼梯	50	立式	销键	C30	HPB300、HRB400	Q235-B级钢	埋弧压力焊	满足规范要求

广州市建工设计院有限公司

GUANGZHOU ARCHITECTURAL ENGINEERING DESIGN INSTITUTE CO.,LTD

图7-14 楼梯系列部品库及构造大样（双跑楼梯一）

系列名称	层高 H (m)	宽度 W (mm)	踏步高度 a (mm)	踏步宽度 b (mm)	级数 N	梯井宽度 c (mm)
ST-HW（ST-28/29/30-11/12/15）	2.8/2.9/3.0	1100/1200/1500	175/161/167	260	8/9/9	70/110

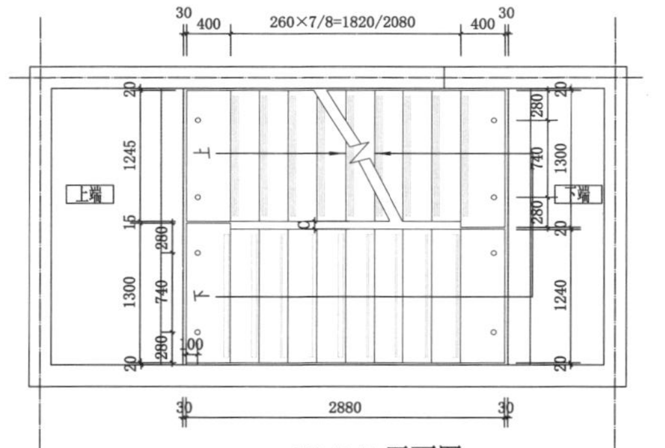

1-1（上端）

2-2（下端）

构件平面图

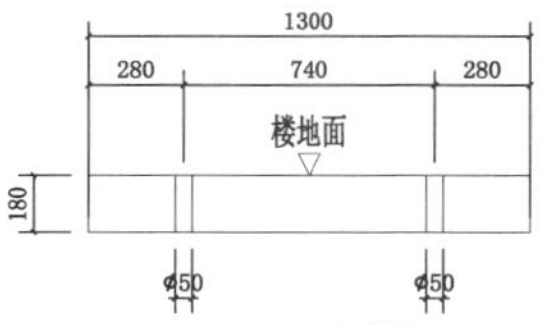

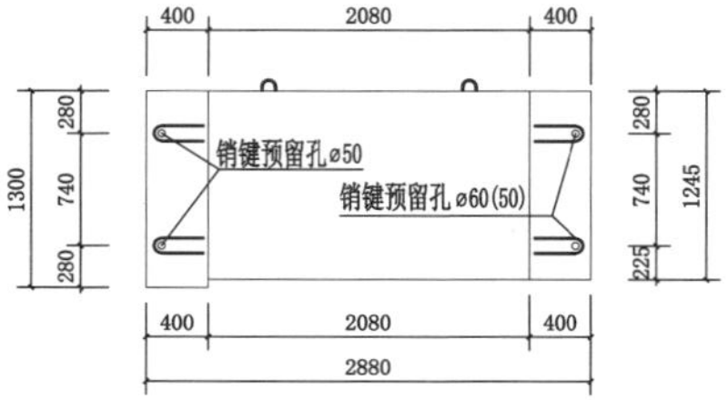

构件底面图

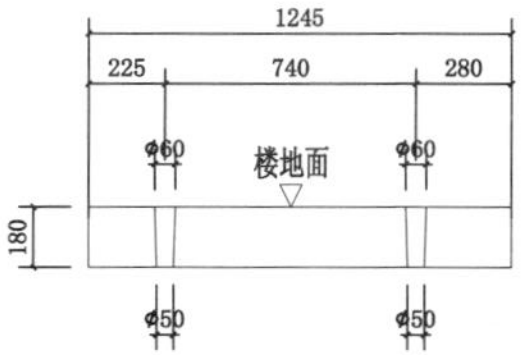

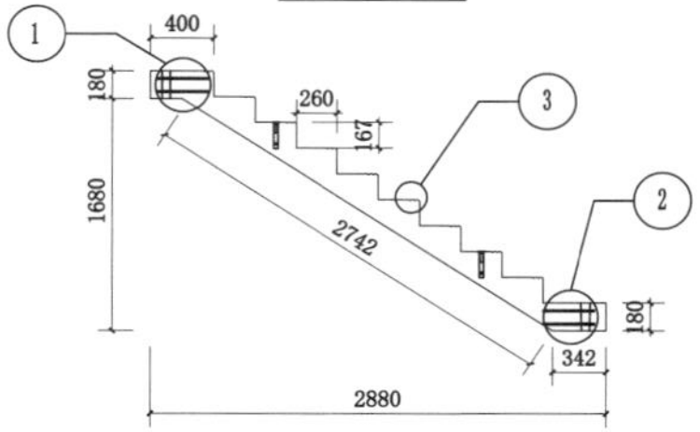

构件正面图

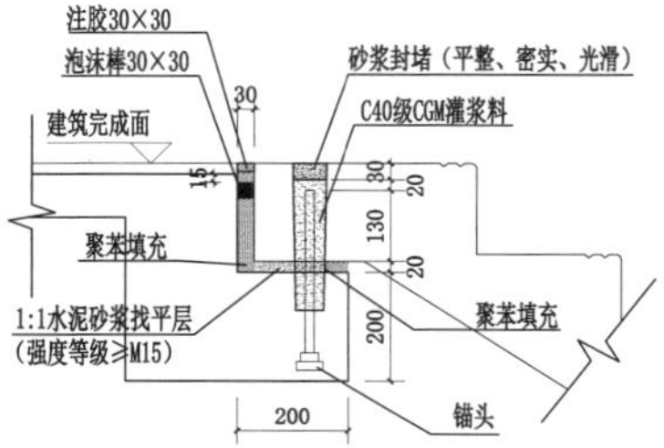

① 双跑梯固定铰端安装节点大样

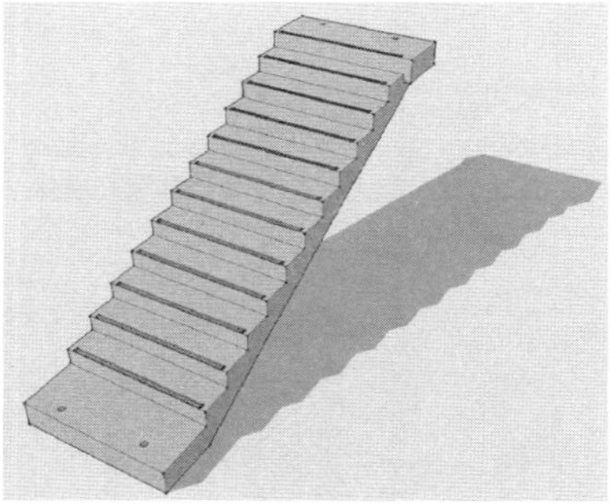

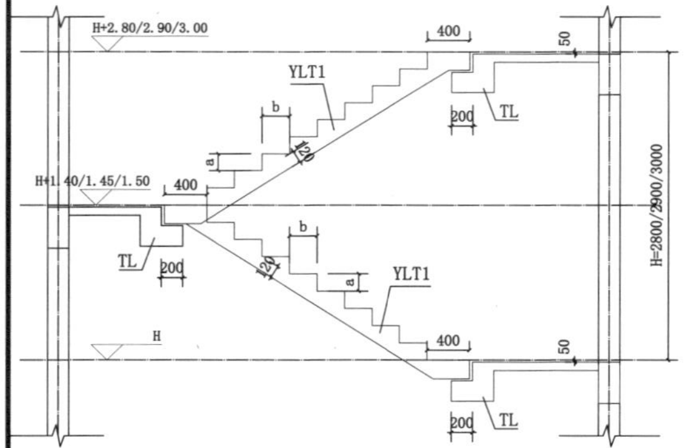

预制双跑楼梯构件三维图

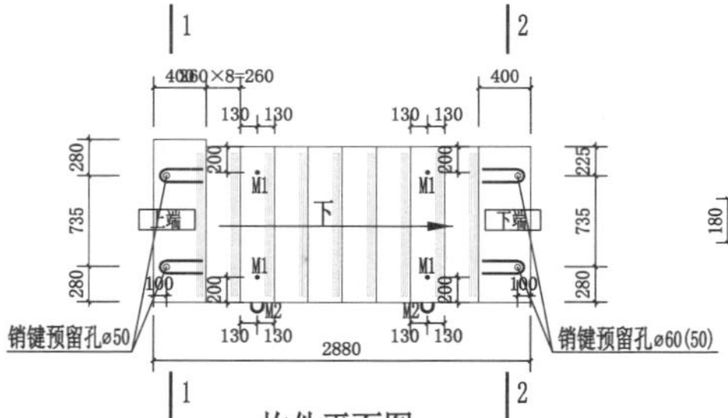

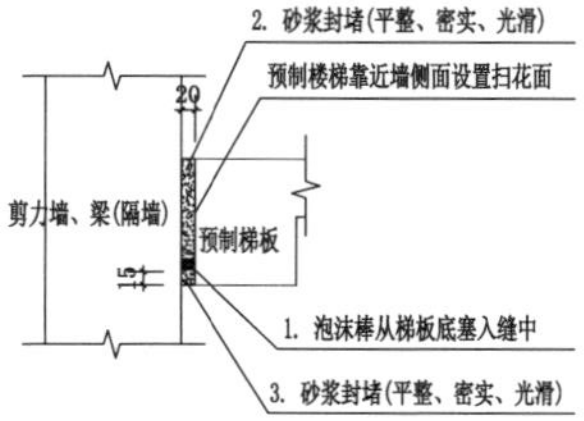

预制楼梯两侧基缝大样

ST-HW 平面图

ST-HW 剖面图

广州市建工设计院有限公司
GUANGZHOU ARCHITECTURAL ENGINEERING DESIGN INSTITUTE CO., LTD.

楼梯形式	建筑面层 (mm)	生产方式	连接方式	混凝土强度	钢筋等级	预埋锚板	锚筋、锚板焊接	吊环、预埋螺母
双跑楼梯	50	立式	销键	C30	HPB300、HRB400	Q235-B级钢	埋弧压力焊	满足规范要求

图7-15 楼梯系列部品库及构造大样（双跑楼梯二）

1—1（下端）

2—2（中部）

3—3（上端）

构件配筋图

M1示意图

M2大样图

钢筋平面定位图

凹槽

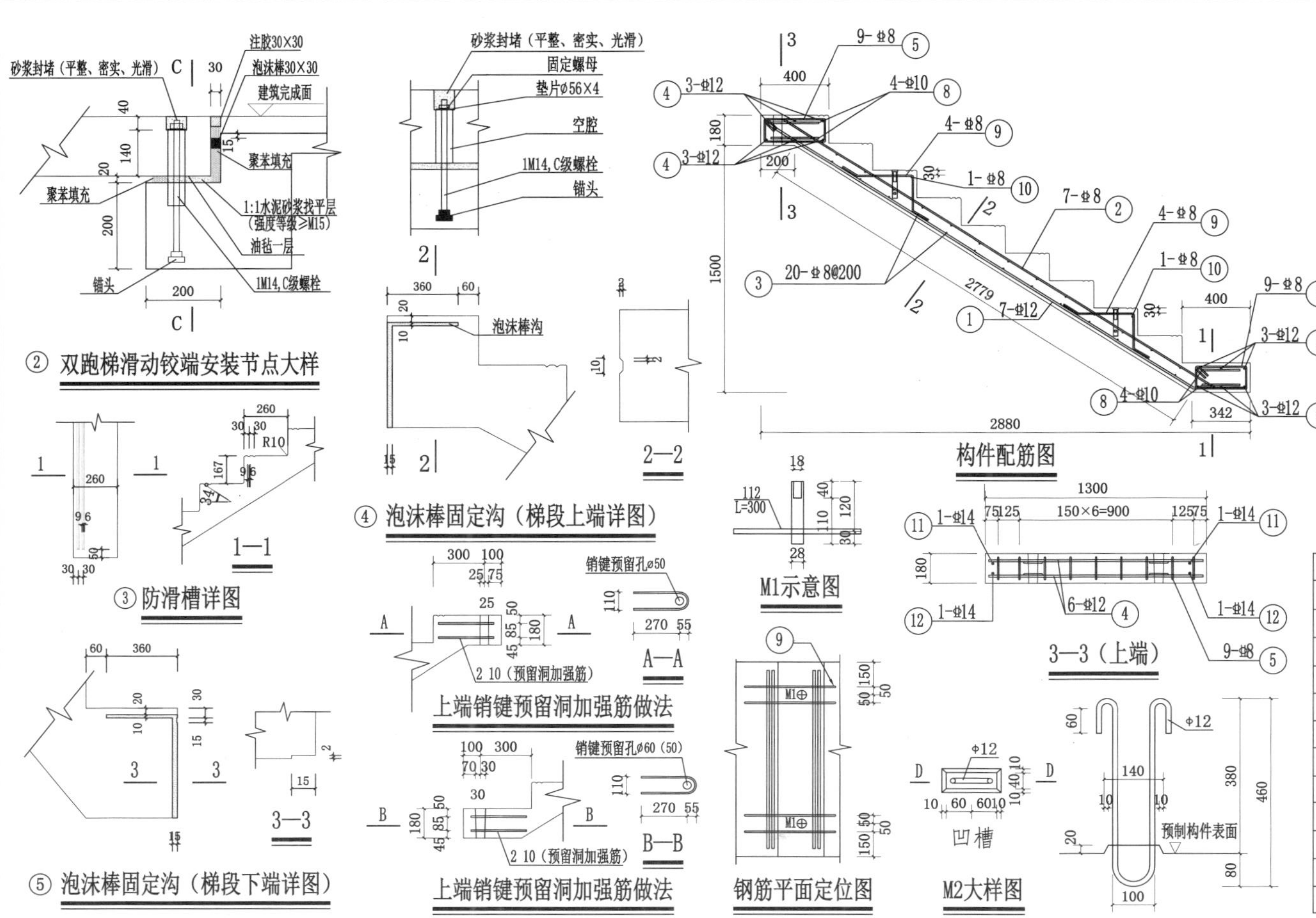

② 双跑梯滑动铰端安装节点大样

③ 防滑槽详图

④ 泡沫棒固定沟（梯段上端详图）

A—A

B—B

上端销键预留洞洞口加强防做法

⑤ 泡沫棒固定沟（梯段下端详图）

系列名称	层高 H（m）	宽度 W（mm）	踏步高度 a（mm）	踏步宽度 b（mm）	级数 N	梯井宽度 c（mm）
ST-H-W（ST-28/29/30-11/12/15）	2.8/2.9/3.0	1100/1200/1500	175/161/167	260	8/9/9	70/110

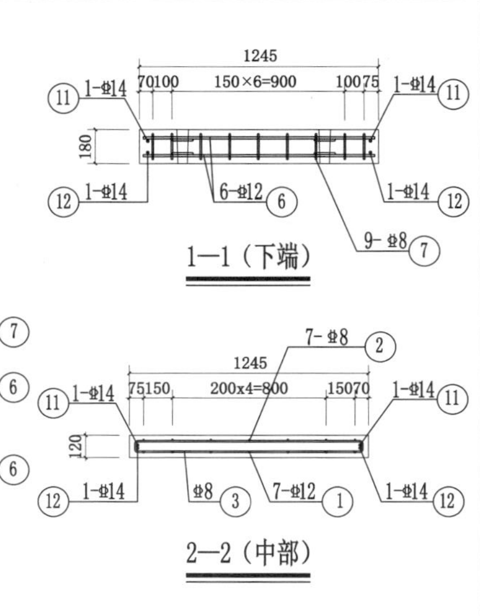

楼梯形式	建筑面层（mm）	生产方式	连接方式	混凝土强度	钢筋等级	预埋锚板	锚筋、锚板焊接	吊环、预埋螺母
双跑楼梯	50	立式	销键	C30	HPB300、HRB400	Q235-B级钢	埋弧压力焊	满足规范要求

构件强度等级 C35
钢筋总重（kg） 88.38
混凝土量（m³） 0.81

广州市建工设计院有限公司
GUANGZHOU ARCHITECTURAL ENGINEERING DESIGN INSTITUTE CO.，LTD

第8章

阳台

阳台，即建筑物室内的延伸空间，以向外伸出的悬挑板、悬挑梁板作为地面，再由各式各样的围板、围栏组成一个半室外空间。在华南地区，阳台多为开敞式。

在装配式建筑中，阳台属于非主体结构PC构件，属于标准化、系列化、模块化设计程度较高的构件。按建筑外立面形式分为外凸式及内凹式两种。住宅类建筑多采用外凸式阳台，宿舍及公寓类建筑多采用内凹式阳台（图8-1、图8-2）；按结构受力形式分为板式阳台及梁式阳台两种，板式阳台的受力模型为悬挑板，梁式阳台的受力模型为悬挑梁，其中梁式阳台较为常见。

图8-1 外凸式阳台（住宅类建筑）　　　　图8-2 内凹式阳台（宿舍及公寓类建筑）

8.1 阳台的形式

预制装配式钢筋混凝土阳台板有叠合式和全预制两种预制方式，当采用叠合式时，要考虑预制层和叠合层的高度；当采用全预制时，预制构件需要甩出钢筋，钢筋长度应满足锚固要求。

预制装配式钢筋混凝土阳台主要有五种形式：叠合板式阳台、全预制板式阳台、叠合式梁式阳台（现浇悬挑梁及封口梁+叠合阳台板）、半预制梁式阳台（预

图8-3　叠合板式阳台

图8-4　全预制板式阳台

图8-5　叠合式梁式阳台

图8-6　半预制梁式阳台

制悬挑梁及封口梁+叠合阳台板）、全
预制梁式阳台（图8-3～图8-7）。前两
种属于板式阳台，由于受结构形式的约
束，一般仅用于小跨度的阳台中；后三
种属于梁式阳台，广泛应用于各居住类
建筑中。叠合式梁式阳台做法与普通叠
合楼板做法相同。宿舍及公寓类建筑的
阳台因多采用内凹式阳台，普遍采用叠
合式梁式阳台的做法。

图8-7　全预制梁式阳台

8.2 阳台的设计原则及常用尺度

8.2.1 建筑设计

（1）预制装配式钢筋混凝土阳台宜采用标准化、模数化设计，阳台尺寸的定位宜采用中心定位法与界面定位法相结合的方法。阳台设计时，其尺寸应遵循基本模数100mm的整数倍设计，沿悬挑长度方向按建筑模数2M设计，沿房间开间方向按建筑模数3M设计。

（2）预制装配式钢筋混凝土阳台应预留预埋建筑栏杆、线盒、落水管孔、地漏孔和防雷设施等，避免后期打凿。

（3）为避免雨水泛入室内，开敞式阳台结构标高比室内楼地面结构标高低50mm，向排水方向做平缓斜坡，外缘设挡水边坎，将水导入雨水管排出。

（4）阳台护栏主要有铁艺护栏、铝合金护栏、不锈钢护栏、玻璃护栏、石雕护栏等形式。

8.2.2 结构设计

（1）阳台板的厚度。

叠合板式阳台预制底板厚度为60mm，阳台悬挑长度为1000mm、1200mm时，现浇层厚度为70mm；阳台悬挑长度为1400mm时，现浇层厚度为90mm。

全预制板式阳台悬挑长度为1000mm、1200mm时，全预制板厚度为130mm；悬挑长度为1400mm时，全预制板厚度为150mm。

在梁式阳台中，当采用叠合板式做法时，预制底板厚度为60mm，现浇层厚度为70mm；当采用全预制做法时，全预制板厚度为100mm。

（2）叠合式阳台板预制底板及其现浇部分、全预制式阳台梁板混凝土强度等级均为C30，连接节点区混凝土强度等级与主体结构相同，且不低于C30。板钢筋混凝土保护层厚度为20mm，梁钢筋混凝土保护层厚度为25mm。

（3）结构安全等级为二级，结构重要性系数γ_0=1.0，设计使用年限为50年。正常使用阶段裂缝控制等级为三级，最大裂缝宽度允许值为0.2mm。挠度限值取构件计算跨度的1/200，悬挑梁板的计算跨度取悬挑长度的2倍。

（4）荷载计算取值。

恒荷载：板上均布恒荷载取2.0kN/m²，封边线荷载取1.5kN/m。

活荷载：验算承载力极限状态和正常使用极限状态时板上均布可变荷载取2.5kN/m²，施工安装时施工荷载取1.5kN/m²，栏杆顶部的水平推力取1.0kN/m。

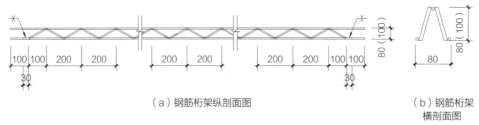

（a）钢筋桁架纵剖面图   （b）钢筋桁架横剖面图

注：80mm的桁架钢筋对应130mm厚叠合楼板，100mm的桁架钢筋对应150mm厚叠合楼板。

图8-8　钢筋桁架剖面图

脱模吸附力取1.5kN/m²，脱模时动力系数取1.5，运输、吊装动力系数取1.5，安装动力系数取1.2。

（5）叠合式阳台板钢筋桁架做法同普通叠合楼板（图8-8）。

8.2.3 常用尺度

沿悬挑长度方向，相对于竖向构件外表面挑出长度，板式阳台常用悬挑长度为1000mm、1200mm、1400mm，梁式阳台常用悬挑长度为1200mm、1400mm、1600mm、1800mm。

沿房间开间方向，相对于房间开间的轴线尺寸，常用开间尺寸为2400mm、2700mm、3000mm、3300mm、3600mm、3900mm、4200mm、4500mm。

8.3　阳台与主体结构的连接构造

8.3.1 建筑连接构造

（1）预制阳台板封边与主体结构间的预留缝应满足防水及密封要求。

（2）接缝采用材料防水时，必须用防水性能可靠的嵌缝材料。防水材料主要采用发泡芯棒与耐候性密封胶。

（3）密封材料、背衬材料等应满足国家现行有关标准的要求。

8.3.2 结构连接构造

预制构件与主体结构之间应选取合理有效的构造措施进行连接，提高构件在使用周期内抗震、防火、防渗漏、保温及隔声耐久等各方面的性能要求。

1. 混凝土结合面的连接

预制阳台板与后浇混凝土叠合层之间的结合面应设置粗糙面，粗糙面凹凸深度不小于4mm，粗糙面的面积不宜小于结合面的80%。

预制悬挑梁端面应设置键槽，且宜同时设置粗糙面。键槽的尺寸和数量应按照行业标准《装配式混凝土结构技术规程》JGJ 1—2014中第7.2.2条的规定计算确定，键槽的深度t不宜小于30mm，宽度w不宜小于深度的3倍且不宜大于深度的10倍，槽口距离截面边缘不宜小于50mm，键槽端部斜面倾角不宜大于30°（图8-9）。当预制梁端面设置粗糙面时，粗糙面凹凸深度不小于6mm，粗糙面的面积不宜小于结合面的80%。

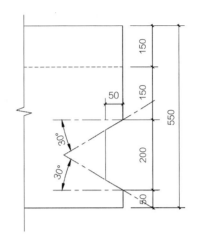

图8-9　梁端键槽构造示意图

2. 钢筋锚固连接

预制阳台板纵向受力钢筋应伸入主体结构后浇混凝土内，宜采取直线锚固的方式，当直线锚固长度不足时可采用弯钩和机械锚固方式。悬挑梁上部钢筋伸入主体结构时，不应水平弯折，主体结构钢筋应避开悬挑梁上部钢筋。

钢筋在后浇节点区内采用直线锚固、弯折锚固或机械锚固的方式时，其锚固长度应符合现行国家标准《混凝土结构设计规范》GB 50010中的有关规定。装配式混凝土结构中，当锚固长度或锚固直线段不满足要求时，推荐采用带有端部锚固板的锚固方式。当钢筋采用锚固板时，应符合现行行业标准《钢筋锚固板应用技术规程》JGJ 256中的有关规定。

图8-10为半预制梁式阳台与主体结构连接节点详图。

3. 全预制阳台与主体结构连接缝的处理

当采用全预制阳台时，为避免预制阳台与主体结构之间的水平缝，阳台板不宜全部预制完成，板端宜设置一段250mm宽的后浇带，后浇带底板预制完成，现浇层与主体结构一起浇筑（图8-11）。

8.3.3 其他构造措施

（1）阳台的反坎、封边、滴水线应在预制时一并完成。反坎、封边宽度一般为150~200mm，高度一般为150mm，其上应预留安装栏杆的孔洞和预埋件，洞口间

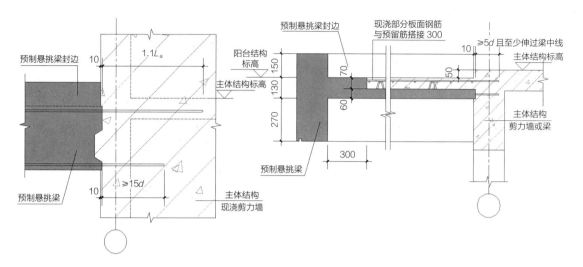

图8-10　半预制梁式阳台与主体结构连接节点详图

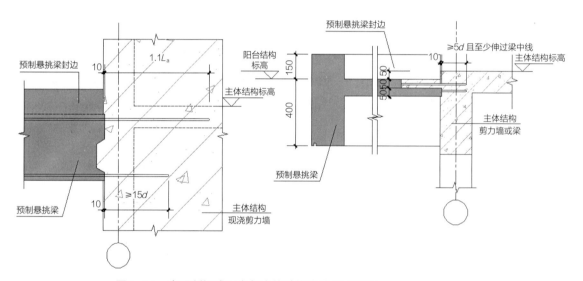

图8-11　全预制梁式阳台与主体结构连接节点详图

距尺寸应与栏杆竖挺保持一致，间距不应大于750mm，栏杆安装完毕后，预埋件处预留孔洞应以水泥砂浆抹平（图8-12、图8-13）。

（2）预制阳台吊装采用内埋式吊杆或预埋吊环的形式。安装完成后，割除吊环，预留槽以水泥砂浆填实（图8-14）。

（3）阳台的防水排水措施。

阳台应有组织排水，向排水方向做平缓斜坡，外缘设挡水边坎，将水导入落水管排出。落水管预留孔为$\phi150mm$，地漏采用圆形地漏，预留孔为$\phi100mm$。

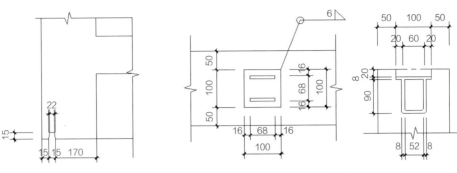

图8-12　阳台滴水线大样　　　　　　　图8-13　阳台栏杆预埋件详图

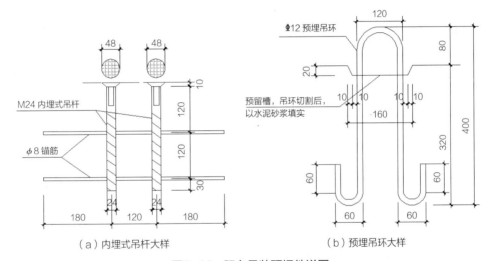

（a）内埋式吊杆大样　　　　　　　（b）预埋吊环大样

图8-14　阳台吊装预埋件详图

8.4　阳台内设备管线及防雷装置做法

（1）叠合板式阳台内埋设管线时，所铺设管线应放在现浇层内、板上层钢筋之下，在桁架筋空当间穿过。

（2）预制阳台板内埋设管线时，所铺设管线应放在板下层钢筋之上、板上层钢筋之下且管线应避免交叉，管线的混凝土保护层厚度应不小于30mm。

（3）电线盒应避开预制阳台板内钢筋，居中布置。

（4）根据《民用建筑电气设计规范》JGJ 16—2016，当建筑物高度超过45m时，应采取下列防侧击雷措施，应将45m及以上外墙上的栏杆、门窗、百叶等较大金属件直接或通过预埋件与防雷装置相连。

8.5　阳台系列库及构造大样

8.5.1　阳台编号原则

预制阳台按图8-15、图8-16的原则编号。

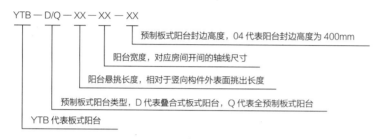

图8-15　预制板式阳台编号原则

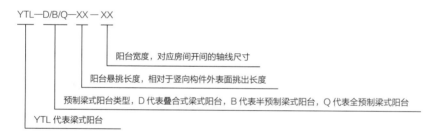

图8-16　预制梁式阳台编号原则

8.5.2　阳台系列库及构造大样

板式阳台，由于受结构形式的约束，一般较少使用；叠合式梁式阳台做法与普通叠合楼板做法相同，具体详见第六章内容。本章阳台系列库及构造大样主要介绍半预制梁式阳台及全预制梁式阳台（图8-17～图8-24）。

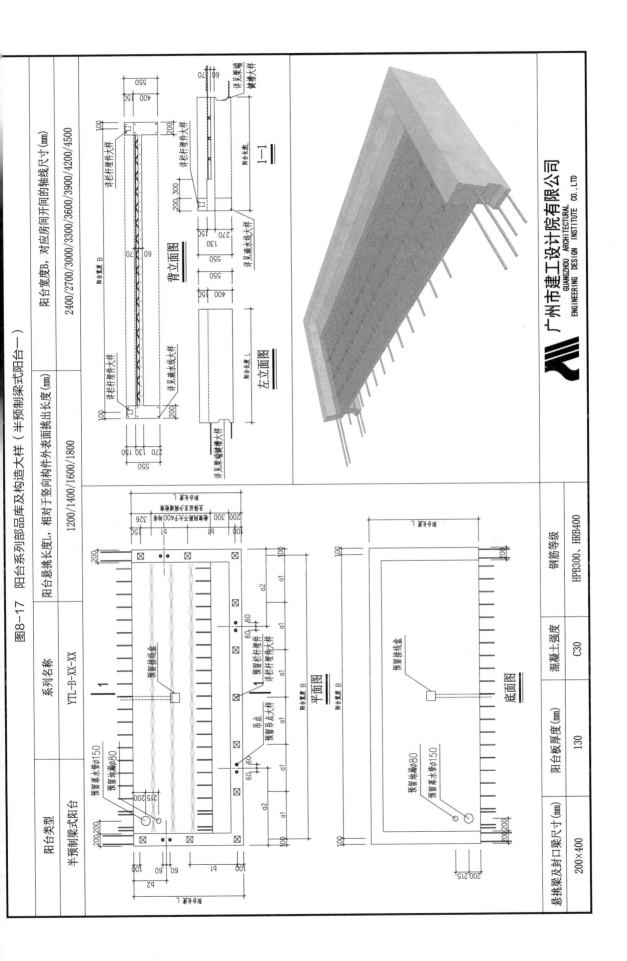

图8-17 阳台系列部品库及构造大样（半预制梁式阳台一）

阳台类型	系列名称	阳台悬挑长度L，相对于竖向构件外表面挑出长度（mm）	阳台宽度B，对应房间开间的轴线尺寸（mm）
		1200/1400/1600/1800	2400/2700/3000/3300/3600/3900/4200/4500
半预制梁式阳台	YTL-B-XX-XX		

悬挑梁及封口梁尺寸（mm）	阳台板厚度（mm）	混凝土强度	钢筋等级
200×400	130	C30	HPB300、HRB400

广州市建工设计院有限公司
GUANGZHOU ARCHITECTURAL
ENGINEERING DESIGN INSTITUTE CO.,LTD

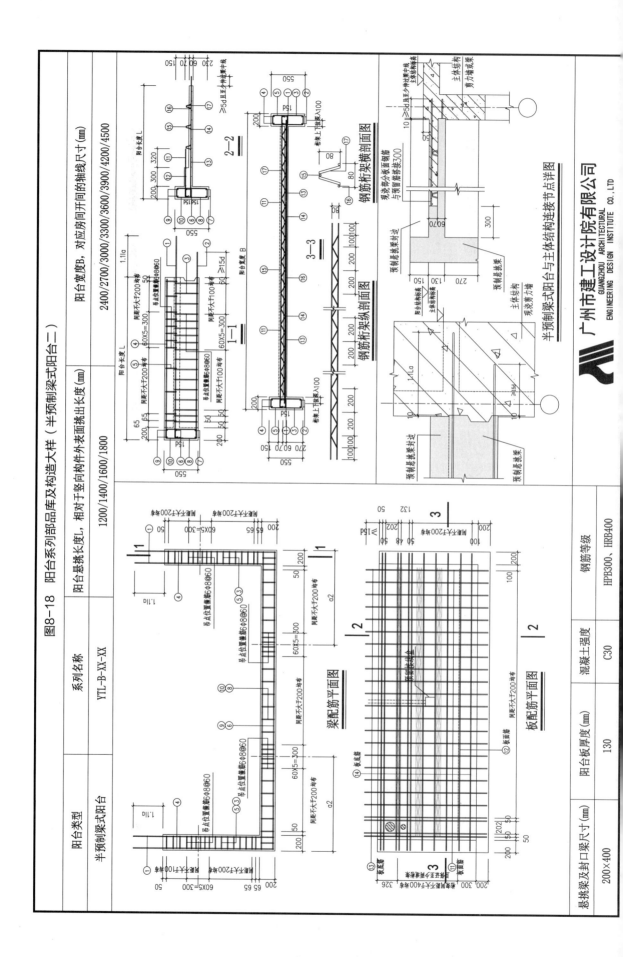

图8-18 阳台系列部品库及构造大样（半预制梁式阳台二）

阳台类型	系列名称	阳台悬挑长度L，相对于竖向构件外表面挑出长度(mm)	阳台宽度B，对应房间开间的轴线尺寸(mm)
半预制梁式阳台	YTL-B-XX-XX	1200/1400/1600/1800	2400/2700/3000/3300/3600/3900/4200/4500

	钢筋等级	混凝土强度	阳台板厚度(mm)		
	HPB300、HRB400	C30	130		
悬挑梁及封口梁尺寸(mm)					
200×400					

梁配筋平面图

板配筋平面图

钢筋桁架纵剖面图

钢筋桁架横剖面图

半预制梁式阳台与主体结构连接节点详图

广州市建工设计院有限公司
GUANGZHOU ARCHITECTURAL ENGINEERING DESIGN INSTITUTE CO.,LTD

图8-19 阳台系列部品品库及构造大样（半预制梁式阳台三）

阳台类型：半预制梁式阳台　　**系列名称**：YTL-B-XX-XX

阳台悬挑长度L，相对于竖向构件外表面挑出长度(mm)：1200/1400/1600/1800
阳台宽度B，对应房间开间的轴线尺寸(mm)：2400/2700/3000/3300/3600/3900/4200/4500

系列名称	构件重量(t)	a1(mm)	b1(mm)	a2(mm)	b2(mm)
YTL-B-1224	1.64	800	475	500	350
YTL-B-1227	1.78	900	475	550	350
YTL-B-1230	1.92	750	475	600	350
YTL-B-1233	2.06	825	475	650	350
YTL-B-1236	2.21	900	475	700	350
YTL-B-1239	2.35	975	475	750	350
YTL-B-1242	2.49	840	475	750	350
YTL-B-1245	2.64	900	575	800	350
YTL-B-1424	1.81	800	575	500	350
YTL-B-1427	1.97	900	575	550	350
YTL-B-1430	2.13	750	575	600	350
YTL-B-1433	2.28	825	575	650	350
YTL-B-1436	2.43	900	575	700	350
YTL-B-1439	2.58	975	575	750	350
YTL-B-1442	2.73	840	575	750	350
YTL-B-1445	2.85	900	575	800	350

系列名称	构件重量(t)	a1(mm)	b1(mm)	a2(mm)	b2(mm)
YTL-B-1624	2.01	800	675	500	350
YTL-B-1627	2.17	900	675	550	350
YTL-B-1630	2.33	750	675	600	350
YTL-B-1633	2.49	825	675	650	350
YTL-B-1636	2.65	900	675	700	350
YTL-B-1639	2.81	975	675	750	350
YTL-B-1642	2.96	840	675	750	350
YTL-B-1645	3.12	900	675	800	350
YTL-B-1824	2.18	800	775	500	350
YTL-B-1827	2.35	900	775	550	350
YTL-B-1830	2.52	750	775	600	350
YTL-B-1833	2.68	825	775	650	350
YTL-B-1836	2.85	900	775	700	350
YTL-B-1839	3.01	975	775	750	350
YTL-B-1842	3.17	840	775	750	350
YTL-B-1845	3.33	900	775	800	350

配筋表（①～⑦）：

系列名称	①	②	③	④	⑤	⑥	⑦
YTL-B-1224	2Φ18	2Φ12	Φ8@100	2Φ12	Φ8@200	2Φ12	2Φ14
YTL-B-1227	2Φ18	2Φ12	Φ8@100	2Φ12	Φ8@200	2Φ12	2Φ14
YTL-B-1230	2Φ18	2Φ12	Φ8@100	2Φ12	Φ8@200	2Φ12	2Φ14
YTL-B-1233	2Φ18	2Φ12	Φ8@100	2Φ12	Φ8@200	2Φ12	2Φ14
YTL-B-1236	2Φ18	2Φ12	Φ8@100	2Φ12	Φ8@200	2Φ12	2Φ14
YTL-B-1239	2Φ18	2Φ12	Φ8@100	2Φ12	Φ8@200	2Φ12	2Φ14
YTL-B-1242	2Φ18	2Φ12	Φ8@100	2Φ12	Φ8@200	2Φ12	2Φ14
YTL-B-1245	2Φ18	2Φ12	Φ8@100	2Φ12	Φ8@200	2Φ12	2Φ14

配筋表（⑧～⑭）：

系列名称	⑧	⑨	⑩	⑪	⑫	⑬	⑭
YTL-B-1224	Φ8@200	2Φ12	Φ8@200	Φ8@200	Φ8@200	Φ8@200	Φ8@200
YTL-B-1227	Φ8@200	2Φ12	Φ8@200	Φ8@200	Φ8@200	Φ8@200	Φ8@200
YTL-B-1230	Φ8@200	2Φ12	Φ8@200	Φ8@200	Φ8@200	Φ8@200	Φ8@200
YTL-B-1233	Φ8@200	2Φ12	Φ8@200	Φ8@200	Φ8@200	Φ8@200	Φ8@200
YTL-B-1236	Φ8@200	2Φ12	Φ8@200	Φ8@200	Φ8@200	Φ8@200	Φ8@200
YTL-B-1239	Φ8@200	2Φ12	Φ8@200	Φ8@200	Φ8@200	Φ8@200	Φ8@200
YTL-B-1242	Φ8@200	2Φ12	Φ8@200	Φ8@200	Φ8@200	Φ8@200	Φ8@200
YTL-B-1245	Φ8@200	2Φ12	Φ8@200	Φ8@200	Φ8@200	Φ8@200	Φ8@200

配筋表（①～⑦）：

系列名称	①	②	③	④	⑤	⑥	⑦
YTL-B-1424	2Φ20	2Φ14	Φ8@100	2Φ12	Φ8@200	2Φ12	2Φ14
YTL-B-1427	2Φ20	2Φ14	Φ8@100	2Φ12	Φ8@200	2Φ12	2Φ14
YTL-B-1430	2Φ20	2Φ14	Φ8@100	2Φ12	Φ8@200	2Φ12	2Φ14
YTL-B-1433	2Φ20	2Φ14	Φ8@100	2Φ12	Φ8@200	2Φ12	2Φ14
YTL-B-1436	2Φ20	2Φ14	Φ8@100	2Φ12	Φ8@200	2Φ12	2Φ14
YTL-B-1439	2Φ20	2Φ14	Φ8@100	2Φ12	Φ8@200	2Φ12	2Φ14
YTL-B-1442	2Φ20	2Φ14	Φ8@100	2Φ12	Φ8@200	2Φ12	2Φ14
YTL-B-1445	2Φ20	2Φ14	Φ8@100	2Φ12	Φ8@200	2Φ12	2Φ14

配筋表（⑧～⑭）：

系列名称	⑧	⑨	⑩	⑪	⑫	⑬	⑭
YTL-B-1424	Φ8@200	2Φ12	Φ8@200	Φ8@200	Φ8@200	Φ8@200	Φ8@200
YTL-B-1427	Φ8@200	2Φ12	Φ8@200	Φ8@200	Φ8@200	Φ8@200	Φ8@200
YTL-B-1430	Φ8@200	2Φ12	Φ8@200	Φ8@200	Φ8@200	Φ8@200	Φ8@200
YTL-B-1433	Φ8@200	2Φ12	Φ8@200	Φ8@200	Φ8@200	Φ8@200	Φ8@200

构造大样：预埋吊环大样、内埋式吊杆大样、键槽大样、滴水线大样、阳台栏杆埋件大样

相关标注：Φ12预埋吊环、M24内埋式吊杆、Φ8箍筋、预留槽 吊环切断后以水泥浆填实

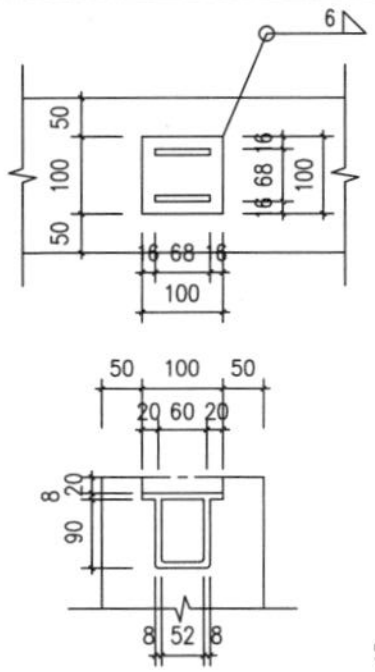

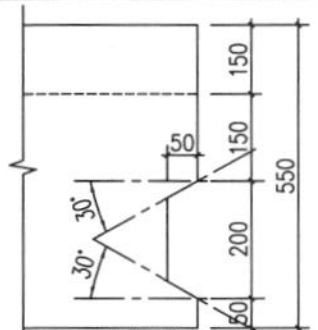

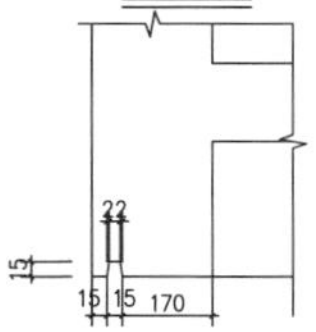

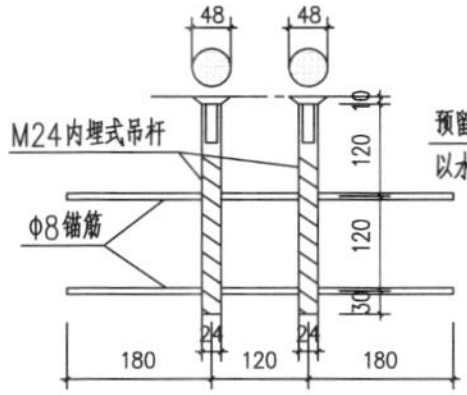

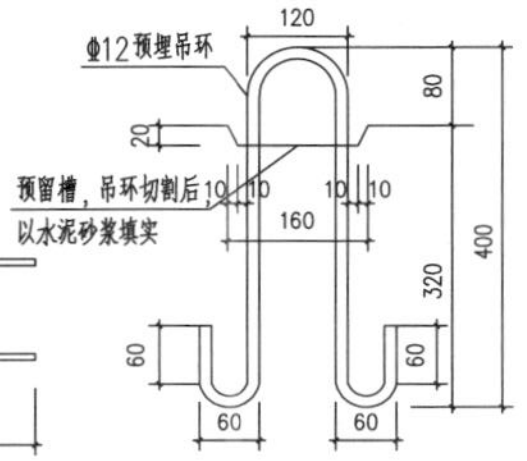

悬挑梁及封口梁尺寸(mm)	阳台板厚度(mm)	混凝土强度	钢筋等级
200×400	130	C30	HPB300、HRB400

广州市建工设计院有限公司
GUANGZHOU ARCHITECTURAL ENGINEERING DESIGN INSTITUTE CO., LTD

图8-20 阳台系列部品库及构造大样（半预制梁式阳台四）

阳台类型	系列名称	阳台悬挑长度L，相对于竖向构件外表面挑出长度(mm)	阳台宽度B，对应房间开间的轴线尺寸(mm)
半预制梁式阳台	YTL-B-XX-XX	1200/1400/1600/1800	2400/2700/3000/3300/3600/3900/4200/4500

系列名称	⑧	⑨	⑩	⑪	⑫	⑬	⑭
YTL-B-1436	Φ8@200	2Φ12	Φ8@200	Φ8@200	Φ8@200	Φ8@200	Φ8@200
YTL-B-1439	Φ8@200	2Φ12	Φ8@200	Φ8@200	Φ8@200	Φ8@200	Φ8@200
YTL-B-1442	Φ8@200	2Φ12	Φ8@200	Φ8@200	Φ8@200	Φ8@200	Φ8@200
YTL-B-1445	Φ8@200	2Φ12	Φ8@200	Φ8@200	Φ8@200	Φ8@200	Φ8@200

系列名称	①	②	③	④	⑤	⑥	⑦	⑧	⑨	⑩	⑪	⑫	⑬	⑭
YTL-B-1624	2Φ22	2Φ16	Φ10@100	2Φ12	Φ8@200	2Φ12	2Φ16	Φ8@200	2Φ12	Φ8@200	Φ8@200	Φ8@200	Φ8@200	Φ8@200
YTL-B-1627	2Φ22	2Φ16	Φ10@100	2Φ12	Φ8@200	2Φ12	2Φ16	Φ8@200	2Φ12	Φ8@200	Φ8@200	Φ8@200	Φ8@200	Φ8@200
YTL-B-1630	2Φ22	2Φ16	Φ10@100	2Φ12	Φ8@200	2Φ12	2Φ16	Φ8@200	2Φ12	Φ8@200	Φ8@200	Φ8@200	Φ8@200	Φ8@200
YTL-B-1633	2Φ22	2Φ16	Φ10@100	2Φ12	Φ8@200	2Φ12	2Φ16	Φ8@200	2Φ12	Φ8@200	Φ8@200	Φ8@200	Φ8@200	Φ8@200
YTL-B-1636	2Φ22	2Φ16	Φ10@100	2Φ12	Φ8@200	2Φ12	2Φ16	Φ8@200	2Φ12	Φ8@200	Φ8@200	Φ8@200	Φ8@200	Φ8@200
YTL-B-1639	2Φ22	2Φ16	Φ10@100	2Φ12	Φ8@200	2Φ12	2Φ16	Φ8@200	2Φ12	Φ8@200	Φ8@200	Φ8@200	Φ8@200	Φ8@200
YTL-B-1642	2Φ22	2Φ16	Φ10@100	2Φ12	Φ8@200	2Φ12	2Φ16	Φ8@200	2Φ12	Φ8@200	Φ8@200	Φ8@200	Φ8@200	Φ8@200
YTL-B-1645	2Φ22	2Φ16	Φ10@100	2Φ12	Φ8@200	2Φ12	2Φ16	Φ8@200	2Φ12	Φ8@200	Φ8@200	Φ8@200	Φ8@200	Φ8@200

系列名称	①	②	③	④	⑤	⑥	⑦	⑧	⑨	⑩	⑪	⑫	⑬	⑭
YTL-B-1824	2Φ25	2Φ18	Φ10@100	2Φ12	Φ8@200	2Φ12	2Φ16	Φ8@200	2Φ12	Φ8@200	Φ8@200	Φ8@200	Φ8@200	Φ8@200
YTL-B-1827	2Φ25	2Φ18	Φ10@100	2Φ12	Φ8@200	2Φ12	2Φ16	Φ8@200	2Φ12	Φ8@200	Φ8@200	Φ8@200	Φ8@200	Φ8@200
YTL-B-1830	2Φ25	2Φ18	Φ10@100	2Φ12	Φ8@200	2Φ12	2Φ16	Φ8@200	2Φ12	Φ8@200	Φ8@200	Φ8@200	Φ8@200	Φ8@200
YTL-B-1833	2Φ25	2Φ18	Φ10@100	2Φ12	Φ8@200	2Φ12	2Φ16	Φ8@200	2Φ12	Φ8@200	Φ8@200	Φ8@200	Φ8@200	Φ8@200
YTL-B-1836	2Φ25	2Φ18	Φ10@100	2Φ12	Φ8@200	2Φ12	2Φ16	Φ8@200	2Φ12	Φ8@200	Φ8@200	Φ8@200	Φ8@200	Φ8@200
YTL-B-1839	2Φ25	2Φ18	Φ10@100	2Φ12	Φ8@200	2Φ12	2Φ16	Φ8@200	2Φ12	Φ8@200	Φ8@200	Φ8@200	Φ8@200	Φ8@200
YTL-B-1842	2Φ25	2Φ18	Φ10@100	2Φ12	Φ8@200	2Φ12	2Φ16	Φ8@200	2Φ12	Φ8@200	Φ8@200	Φ8@200	Φ8@200	Φ8@200
YTL-B-1845	2Φ25	2Φ18	Φ10@100	2Φ12	Φ8@200	2Φ12	2Φ16	Φ8@200	2Φ12	Φ8@200	Φ8@200	Φ8@200	Φ8@200	Φ8@200

系列名称	⑮	⑯	⑰	系列名称	⑮	⑯	⑰	系列名称	⑮	⑯	⑰	系列名称	⑮	⑯	⑰
YTL-B-1224	Φ10	Φ8	Φ6	YTL-B-1424	Φ10	Φ8	Φ6	YTL-B-1624	Φ10	Φ8	Φ6	YTL-B-1824	Φ10	Φ8	Φ6
YTL-B-1227	Φ10	Φ8	Φ6	YTL-B-1427	Φ10	Φ8	Φ6	YTL-B-1627	Φ10	Φ8	Φ6	YTL-B-1827	Φ10	Φ8	Φ6
YTL-B-1230	Φ10	Φ8	Φ6	YTL-B-1430	Φ10	Φ8	Φ6	YTL-B-1630	Φ10	Φ8	Φ6	YTL-B-1830	Φ10	Φ8	Φ6
YTL-B-1233	Φ10	Φ8	Φ6	YTL-B-1433	Φ10	Φ8	Φ6	YTL-B-1633	Φ10	Φ8	Φ6	YTL-B-1833	Φ10	Φ8	Φ6
YTL-B-1236	Φ10	Φ8	Φ6	YTL-B-1436	Φ10	Φ8	Φ6	YTL-B-1636	Φ10	Φ8	Φ6	YTL-B-1836	Φ10	Φ8	Φ6
YTL-B-1239	Φ12	Φ8	Φ6	YTL-B-1439	Φ12	Φ8	Φ6	YTL-B-1639	Φ12	Φ8	Φ6	YTL-B-1839	Φ12	Φ8	Φ6
YTL-B-1242	Φ12	Φ8	Φ6	YTL-B-1442	Φ12	Φ8	Φ6	YTL-B-1642	Φ12	Φ8	Φ6	YTL-B-1842	Φ12	Φ8	Φ6
YTL-B-1245	Φ12	Φ8	Φ6	YTL-B-1445	Φ12	Φ8	Φ6	YTL-B-1645	Φ12	Φ8	Φ6	YTL-B-1845	Φ12	Φ8	Φ6

悬挑梁及封口梁尺寸(mm)	阳台板厚度(mm)	混凝土强度	钢筋等级
200×400	130	C30	HPB300、HRB400

广州市建工设计院有限公司
GUANGZHOU ARCHITECTURAL ENGINEERING DESIGN INSTITUTE CO.,LTD

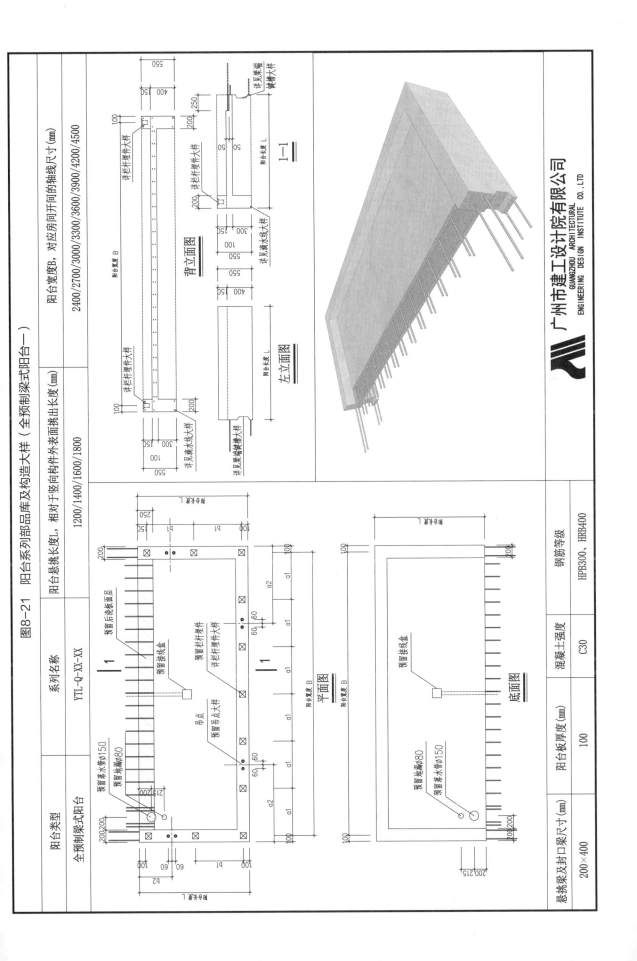

图8-21 阳台系列部品库及构造大样（全预制梁式阳台一）

阳台类型	系列名称	阳台悬挑长度L，相对于竖向构件外表面挑出长度(mm)	阳台宽度B，对应房间开间的轴线尺寸(mm)
全预制梁式阳台	YTL-Q-XX-XX	1200/1400/1600/1800	2400/2700/3000/3300/3600/3900/4200/4500

背立面图

左立面图

1—1

详见梁端镶槽大样

详栏杆埋件大样

详见滴水线大样

平面图

底面图

预留后浇板面层

预留接线盒

预留扶手埋件

详见栏杆埋件大样

吊点

预留吊点大样

预留地藏φ80

预留落水管φ150

悬挑梁及封口梁尺寸(mm)	阳台板厚度(mm)	混凝土强度	钢筋等级
200×400	100	C30	HPB300、HRB400

广州市建工设计院有限公司
GUANGZHOU ARCHITECTURAL
ENGINEERING DESIGN INSTITUTE CO.,LTD

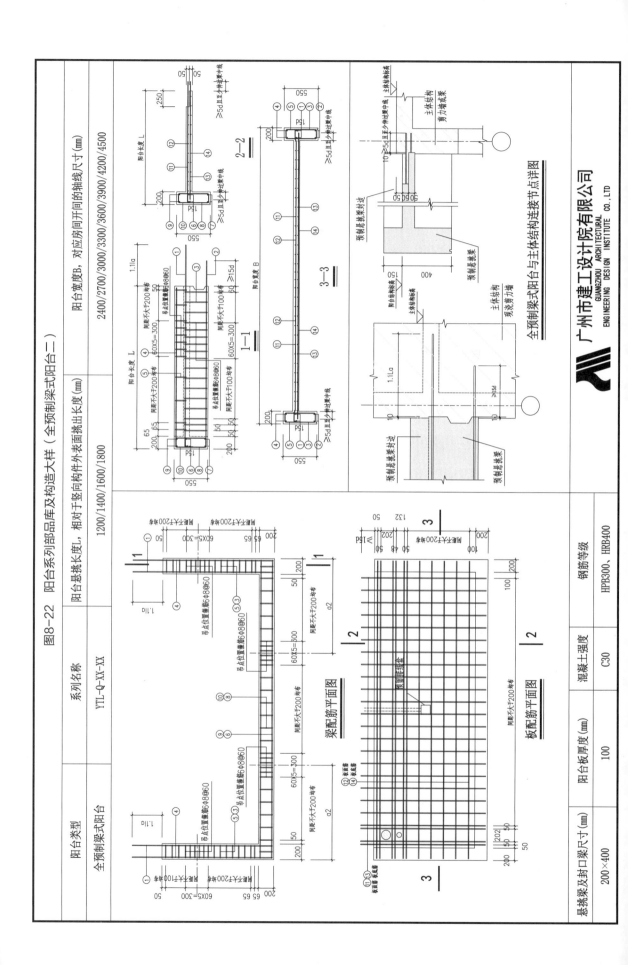

图8-22　阳台系列部品品库及构造大样（全预制梁式阳台二）

阳台类型	系列名称	阳台悬挑长度L，相对于竖向构件外表面挑出长度（mm）		阳台宽度B，对应房间开间的轴线尺寸（mm）
全预制梁式阳台	YTL-Q-XX-XX	1200/1400/1600/1800		2400/2700/3000/3300/3600/3900/4200/4500

全预制梁式阳台与主体结构连接节点详图

广州市建工设计院有限公司
GUANGZHOU ARCHITECTURAL
ENGINEERING DESIGN CO.,LTD

梁配筋平面图

板配筋平面图

悬挑梁及封口梁尺寸（mm）	阳台板厚度（mm）	混凝土强度	钢筋等级
200×400	100	C30	HPB300，HRB400

图8-23 阳台系列部品库及构造大样（全预制梁式阳台三）

阳台类型	系列名称
全预制梁式阳台	YTL-Q-XX-XX

全预制梁式阳台（阳台悬挑长度L）

系列名称	构件重量(t)	a1(mm)	b1(mm)	a2(mm)	b2(mm)
YTL-Q-1624	2.23	800	675	500	350
YTL-Q-1627	2.42	900	675	550	350
YTL-Q-1630	2.61	750	675	600	350
YTL-Q-1633	2.80	825	675	650	350
YTL-Q-1636	3.00	900	675	700	350
YTL-Q-1639	3.17	975	675	750	350
YTL-Q-1642	3.36	840	675	750	350
YTL-Q-1645	3.55	900	675	800	350
YTL-Q-1824	2.45	800	775	500	350
YTL-Q-1827	2.66	900	775	550	350
YTL-Q-1830	2.86	750	775	600	350
YTL-Q-1833	3.06	825	775	650	350
YTL-Q-1836	3.27	900	775	700	350
YTL-Q-1839	3.47	975	775	750	350
YTL-Q-1842	3.67	840	775	750	350
YTL-Q-1845	3.87	900	775	800	350

系列名称	构件重量(t)	a1(mm)	b1(mm)	a2(mm)	b2(mm)
YTL-Q-1224	1.79	800	475	500	350
YTL-Q-1227	1.95	900	475	550	350
YTL-Q-1230	2.11	750	475	600	350
YTL-Q-1233	2.27	825	475	650	350
YTL-Q-1236	2.42	900	475	700	350
YTL-Q-1239	2.58	975	475	750	350
YTL-Q-1242	2.74	840	475	750	350
YTL-Q-1245	2.90	900	475	800	350
YTL-Q-1424	2.01	800	575	500	350
YTL-Q-1427	2.19	900	575	550	350
YTL-Q-1430	2.36	750	575	600	350
YTL-Q-1433	2.53	825	575	650	350
YTL-Q-1436	2.71	900	575	700	350
YTL-Q-1439	2.88	975	575	750	350
YTL-Q-1442	3.05	840	575	750	350
YTL-Q-1445	3.22	900	575	800	350

阳台悬挑长度L、相对于竖向构件外表面挑出长度(mm) 1200/1400/1600/1800

阳台宽度B，对应房间开间的轴线尺寸(mm) 2400/2700/3000/3300/3600/3900/4200/4500

系列名称	①	②	③	④	⑤	⑥	⑦
YTL-Q-1224	2Φ18	2Φ12	Φ8@100	2Φ12	Φ8@200	2Φ12	2Φ14
YTL-Q-1227	2Φ18	2Φ12	Φ8@100	2Φ12	Φ8@200	2Φ12	2Φ14
YTL-Q-1230	2Φ18	2Φ12	Φ8@100	2Φ12	Φ8@200	2Φ12	2Φ14
YTL-Q-1233	2Φ18	2Φ12	Φ8@100	2Φ12	Φ8@200	2Φ12	2Φ14
YTL-Q-1236	2Φ18	2Φ12	Φ8@100	2Φ12	Φ8@200	2Φ12	2Φ14
YTL-Q-1239	2Φ18	2Φ12	Φ8@100	2Φ12	Φ8@200	2Φ12	2Φ14
YTL-Q-1242	2Φ18	2Φ12	Φ8@100	2Φ12	Φ8@200	2Φ12	2Φ14
YTL-Q-1245	2Φ18	2Φ12	Φ8@100	2Φ12	Φ8@200	2Φ12	2Φ14

系列名称	⑧	⑨	⑩	⑪	⑫	⑬	⑭
YTL-Q-1224	Φ8@200	2Φ12	Φ8@200	Φ8@200	Φ8@200	Φ8@200	Φ8@200
YTL-Q-1227	Φ8@200	2Φ12	Φ8@200	Φ8@200	Φ8@200	Φ8@200	Φ8@200
YTL-Q-1230	Φ8@200	2Φ12	Φ8@200	Φ8@200	Φ8@200	Φ8@200	Φ8@200
YTL-Q-1233	Φ8@200	2Φ12	Φ8@200	Φ8@200	Φ8@200	Φ8@200	Φ8@200
YTL-Q-1236	Φ8@200	2Φ12	Φ8@200	Φ8@200	Φ8@200	Φ8@200	Φ8@200
YTL-Q-1239	Φ8@200	2Φ12	Φ8@200	Φ8@200	Φ8@200	Φ8@200	Φ8@200
YTL-Q-1242	Φ8@200	2Φ12	Φ8@200	Φ8@200	Φ8@200	Φ8@200	Φ8@200
YTL-Q-1245	Φ8@200	2Φ12	Φ8@200	Φ8@200	Φ8@200	Φ8@200	Φ8@200

系列名称	①	②	③	④	⑤	⑥	⑦
YTL-Q-1424	2Φ20	2Φ14	Φ8@100	2Φ12	Φ8@200	2Φ12	2Φ14
YTL-Q-1427	2Φ20	2Φ14	Φ8@100	2Φ12	Φ8@200	2Φ12	2Φ14
YTL-Q-1430	2Φ20	2Φ14	Φ8@100	2Φ12	Φ8@200	2Φ12	2Φ14
YTL-Q-1433	2Φ20	2Φ14	Φ8@100	2Φ12	Φ8@200	2Φ12	2Φ14
YTL-Q-1436	2Φ20	2Φ14	Φ8@100	2Φ12	Φ8@200	2Φ12	2Φ14
YTL-Q-1439	2Φ20	2Φ14	Φ8@100	2Φ12	Φ8@200	2Φ12	2Φ14
YTL-Q-1442	2Φ20	2Φ14	Φ8@100	2Φ12	Φ8@200	2Φ12	2Φ14
YTL-Q-1445	2Φ20	2Φ14	Φ8@100	2Φ12	Φ8@200	2Φ12	2Φ14

系列名称	⑧	⑨	⑩	⑪	⑫	⑬	⑭
YTL-Q-1424	Φ8@200	2Φ12	Φ8@200	Φ8@200	Φ8@200	Φ8@200	Φ8@200
YTL-Q-1427	Φ8@200	2Φ12	Φ8@200	Φ8@200	Φ8@200	Φ8@200	Φ8@200
YTL-Q-1430	Φ8@200	2Φ12	Φ8@200	Φ8@200	Φ8@200	Φ8@200	Φ8@200
YTL-Q-1433	Φ8@200	2Φ12	Φ8@200	Φ8@200	Φ8@200	Φ8@200	Φ8@200

预埋吊环大样

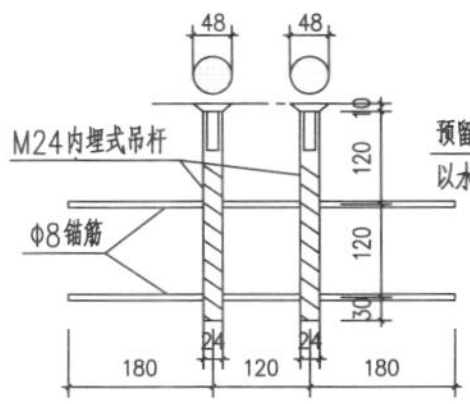

内埋式吊杆大样

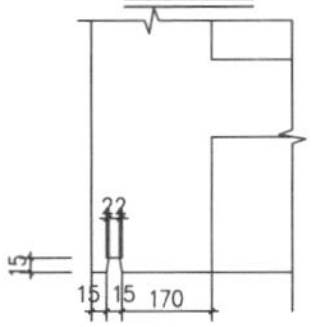

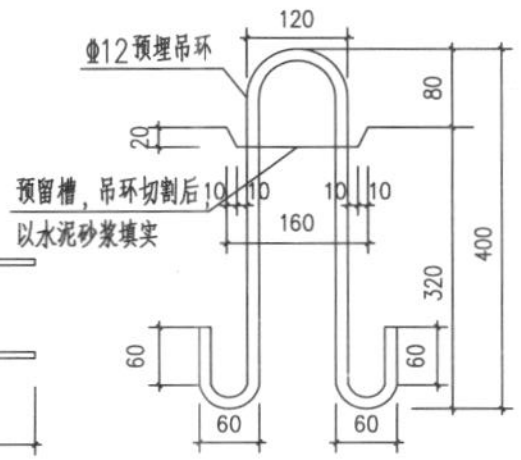

滴水线大样

键槽大样

Φ12预埋吊环
预留槽 吊环埋置后以水泥砂浆填实
M24内埋式吊杆
Φ8箍筋

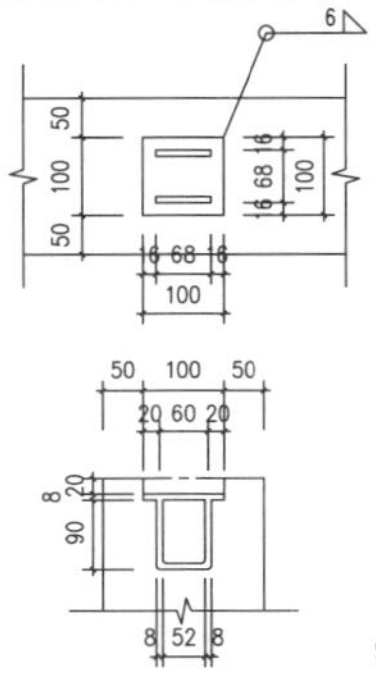

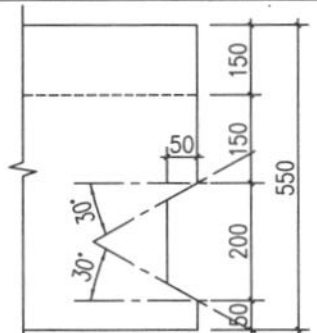

阳台栏杆预埋件大样

悬挑梁及封口梁尺寸(mm)	阳台板厚度(mm)	阳台封口梁尺寸	混凝土强度	钢筋等级
200×400	100	200×400	C30	HPB300、HRB400

广州市建工设计院有限公司
GUANGZHOU ARCHITECTURAL ENGINEERING DESIGN INSTITUTE CO.,LTD

图8-24 阳台系列部品库及构造大样（全预制梁式阳台四）

阳台类型	系列名称	阳台悬挑长度L，相对于竖向构件外表面挑出长度(mm)	阳台宽度B，对应房间开间的轴线尺寸(mm)
全预制梁式阳台	YTL-Q-XX-XX	1200/1400/1600/1800	2400/2700/3000/3300/3600/3900/4200/4500

系列名称	⑧	⑨	⑩	⑪	⑫	⑬	⑭
YTL-Q-1436	Φ8@200	2Φ12	Φ8@200	Φ8@200	Φ8@200	Φ8@200	Φ8@200
YTL-Q-1439	Φ8@200	2Φ12	Φ8@200	Φ8@200	Φ8@200	Φ8@200	Φ8@200
YTL-Q-1442	Φ8@200	2Φ12	Φ8@200	Φ8@200	Φ8@200	Φ8@200	Φ8@200
YTL-Q-1445	Φ8@200	2Φ12	Φ8@200	Φ8@200	Φ8@200	Φ8@200	Φ8@200

系列名称	①	②	③	④	⑤	⑥	⑦	⑧	⑨	⑩	⑪	⑫	⑬	⑭
YTL-Q-1624	2Φ22	2Φ16	Φ10@100	2Φ12	Φ8@200	2Φ12	2Φ16	Φ8@200	2Φ12	Φ8@200	Φ8@200	Φ8@200	Φ8@200	Φ8@200
YTL-Q-1627	2Φ22	2Φ16	Φ10@100	2Φ12	Φ8@200	2Φ12	2Φ16	Φ8@200	2Φ12	Φ8@200	Φ8@200	Φ8@200	Φ8@200	Φ8@200
YTL-Q-1630	2Φ22	2Φ16	Φ10@100	2Φ12	Φ8@200	2Φ12	2Φ16	Φ8@200	2Φ12	Φ8@200	Φ8@200	Φ8@200	Φ8@200	Φ8@200
YTL-Q-1633	2Φ22	2Φ16	Φ10@100	2Φ12	Φ8@200	2Φ12	2Φ16	Φ8@200	2Φ12	Φ8@200	Φ8@200	Φ8@200	Φ8@200	Φ8@200
YTL-Q-1636	2Φ22	2Φ16	Φ10@100	2Φ12	Φ8@200	2Φ12	2Φ16	Φ8@200	2Φ12	Φ8@200	Φ8@200	Φ8@200	Φ8@200	Φ8@200
YTL-Q-1639	2Φ22	2Φ16	Φ10@100	2Φ12	Φ8@200	2Φ12	2Φ16	Φ8@200	2Φ12	Φ8@200	Φ8@200	Φ8@200	Φ8@200	Φ8@200
YTL-Q-1642	2Φ22	2Φ16	Φ10@100	2Φ12	Φ8@200	2Φ12	2Φ16	Φ8@200	2Φ12	Φ8@200	Φ8@200	Φ8@200	Φ8@200	Φ8@200
YTL-Q-1645	2Φ22	2Φ16	Φ10@100	2Φ12	Φ8@200	2Φ12	2Φ16	Φ8@200	2Φ12	Φ8@200	Φ8@200	Φ8@200	Φ8@200	Φ8@200

系列名称	①	②	③	④	⑤	⑥	⑦	⑧	⑨	⑩	⑪	⑫	⑬	⑭
YTL-Q-1824	2Φ25	2Φ18	Φ10@100	2Φ12	Φ8@200	2Φ12	2Φ16	Φ8@200	2Φ12	Φ8@200	Φ8@200	Φ8@200	Φ8@200	Φ8@200
YTL-Q-1827	2Φ25	2Φ18	Φ10@100	2Φ12	Φ8@200	2Φ12	2Φ16	Φ8@200	2Φ12	Φ8@200	Φ8@200	Φ8@200	Φ8@200	Φ8@200
YTL-Q-1830	2Φ25	2Φ18	Φ10@100	2Φ12	Φ8@200	2Φ12	2Φ16	Φ8@200	2Φ12	Φ8@200	Φ8@200	Φ8@200	Φ8@200	Φ8@200
YTL-Q-1833	2Φ25	2Φ18	Φ10@100	2Φ12	Φ8@200	2Φ12	2Φ16	Φ8@200	2Φ12	Φ8@200	Φ8@200	Φ8@200	Φ8@200	Φ8@200
YTL-Q-1836	2Φ25	2Φ18	Φ10@100	2Φ12	Φ8@200	2Φ12	2Φ16	Φ8@200	2Φ12	Φ8@200	Φ8@200	Φ8@200	Φ8@200	Φ8@200
YTL-Q-1839	2Φ25	2Φ18	Φ10@100	2Φ12	Φ8@200	2Φ12	2Φ16	Φ8@200	2Φ12	Φ8@200	Φ8@200	Φ8@200	Φ8@200	Φ8@200
YTL-Q-1842	2Φ25	2Φ18	Φ10@100	2Φ12	Φ8@200	2Φ12	2Φ16	Φ8@200	2Φ12	Φ8@200	Φ8@200	Φ8@200	Φ8@200	Φ8@200
YTL-Q-1845	2Φ25	2Φ18	Φ10@100	2Φ12	Φ8@200	2Φ12	2Φ16	Φ8@200	2Φ12	Φ8@200	Φ8@200	Φ8@200	Φ8@200	Φ8@200

悬挑梁及封口梁尺寸(mm)	阳台板厚度(mm)	混凝土强度	钢筋等级
200×400	100	C30	HPB300、HRB400

广州市建工设计院有限公司
GUANGZHOU ARCHITECTURAL ENGINEERING DESIGN INSTITUTE CO.,LTD

第 9 章

内隔墙

9.1 内隔墙概述

9.1.1 内隔墙的定义

内隔墙是一种分隔建筑物内部空间的不承重的竖向建筑构件。为了减少地板或楼板的荷载及增加建筑的使用面积,内隔墙有两大基本原则:自重小、厚度小。

在具体的内隔墙设计中,应根据建筑的使用功能、部位等的不同,选择相对应的墙体材料、墙体组合方式及构造做法等。

9.1.2 内隔墙按形式分类

在装配式建筑的应用上,根据墙体自重尽量小的原则,主要有三种形式的轻质隔墙:混凝土隔墙,带龙骨类隔墙,薄板加芯加薄板类隔墙。

1. 混凝土隔墙

混凝土隔墙又称轻质条板隔墙,可按以下三种方式分类:①按断面构造分为空心条板、实心条板、复合夹芯板;②按构件类型分为普通板、门窗板、异形板;③按技术性能分为单层板、双层板、拼接板。

2. 带龙骨类隔墙

根据墙面板的组合方式不同,带龙骨类隔墙可分为以下几类:①纸面石膏板;②玻璃纤维石膏板;③石膏刨花板;④GRC增强玻璃纤维石膏板;⑤纤维水泥板(FC板);⑥木泥木屑板(水泥刨花板);⑦真空挤出成型纤维水泥板;⑧玻镁平板。

3. 薄板加芯加薄板类隔墙

薄板加芯加薄板类隔墙又称轻质复合墙板，根据材料组合的不同可分为以下几类：①硅钙板（复合石膏板）；②纤维增强硅酸钙板；③FC轻质复合墙板；④GRC玻璃纤维增强水泥复合墙板；⑤钢丝网架水泥复合墙板。

9.1.3 内隔墙按材料分类

根据材料密度及合成方式的不同，轻质隔墙主要可分成三大类，即空心墙板、实心墙板、复合墙板。根据材料不同，空心墙板又分为：①混凝土空心墙板；②GRC轻质空心墙板；③陶粒混凝土空心墙板。实心墙板则分为：①蒸压加气混凝土墙板（ALC）；②发泡陶瓷轻质墙板。根据材料组合的不同，复合墙板又分为：①聚苯颗粒水泥夹芯复合墙板；②轻钢龙骨硅酸钙墙板；③钢丝网架水泥聚苯乙烯夹芯墙板。

9.1.4 内隔墙按性能分类

对于居住类建筑，根据使用功能、部位的不同，其隔墙对性能的要求也不同，因此，内隔墙可分为公共空间隔墙、户间隔墙、厨卫隔墙、其他隔墙等。其中，厨卫隔墙对防水、防潮性能要求最高。在实际应用中，建筑对应部位可通过设置空气屏障或设置隔汽层等构造方式，防止空气和水分通过中间裂缝渗透进墙体内部。户间隔墙对隔声要求最高，其次是厨卫隔墙和其他隔墙，最后是公共空间隔墙。在实际应用中，可通过减少模板拼缝数量及采用构造隔声方式满足较高的隔声要求。

9.1.5 内隔墙按活动和固定分类

根据墙体能否活动，内隔墙可分为活动式隔墙和固定式隔墙。活动式隔墙的墙板可分为板材墙板、玻璃墙板、金属类墙板三类，每类都根据不同材料拼接形成不同的建筑空间效果，一般根据分隔宽度和质量进行选用。固定式隔墙是装配式建筑项目中的常见形式。

9.2 内隔墙的材料及物理性能

9.2.1 市场现有主要轻质隔墙板的指标对比

装配式内隔墙通过项目的实践以及市场产品化的不同，主要可从物理力学性能指标进行比较。根据《广东民用建筑隔墙板的比较研究》中对市场上100mm厚墙板的研究，归纳出各轻质墙板实测物理力学指标，如表9-1所示。

气候、时间、政策、安全等众多因素共同决定了对隔墙板物理力学指标的要求。根据各类规范标准及广东市场上大多数墙板能达到的水平数值，可将物理力学指标分级并数值化，得到各轻质墙板技术指标综合分值，如表9-2所示。

市场上100mm厚轻质隔墙板的实测物理力学指标（2019年上半年）　　表9-1

指标 产品	抗压强度 （MPa）	干燥收缩 （mm/m）	空气隔声 （dB）	密度 （kg/m³）	含水率 （%）	耐火极限 （h）
混凝土空心墙板	12.3	0.45	43	1193	8	3
GRC轻质空心墙板	6.5	0.43	42	750	15	2.0
陶粒混凝土空心墙板	8	0.39	40	875	5.9	1.5
蒸压加气混凝土墙板	5.6	0.42	47	598	8	4.0
发泡陶瓷轻质墙板	4.7	0.2	36	380	1	3.0
聚苯颗粒水泥夹芯复合墙板	3.6	0.43	39	815	10	4.0
轻钢龙骨硅酸钙墙板（填充岩棉）	—	很小	35	450	10	2
钢丝网架水泥聚苯乙烯夹芯墙板	—	很小	45	780	7	2.5

技术指标综合分值　　表9-2

指标 产品	抗压强度	干燥收缩	空气隔声	密度	含水率	耐火极限	加权总分
混凝土空心墙板	4	2	3	1	3	4	26
GRC轻质空心墙板	3	2	3	4	1	3	24
陶粒混凝土空心墙板	4	2	3	3	4	2	27
蒸压加气混凝土墙板（B06级）	3	2	3	4	3	4	27

续表

指标 产品	抗压强度	干燥收缩	空气隔声	密度	含水率	耐火极限	加权总分
发泡陶瓷轻质墙板	2	3	2	1	4	4	23
聚苯颗粒水泥夹芯复合墙板	2	2	2	3	2	4	21
轻钢龙骨硅酸钙墙板（填充岩棉）	2	4	2	4	2	3	25
钢丝网架水泥聚苯乙烯夹芯墙板	2	4	3	4	3	3	28

注：轻钢龙骨硅酸钙墙体（填充岩棉）和钢丝网架水泥聚苯乙烯夹芯墙体的标准中没有抗压强度指标，但这两种墙体都有结构骨架，因此抗压强度满足使用需求，表中分值给予最高分的一半即2分。

结合表9-1和表9-2分析如下。

对各轻质墙板的技术指标加权总分进行比较，钢丝网架水泥聚苯乙烯夹芯墙板最符合广东省内隔墙的要求，蒸压加气混凝土墙板与陶粒混凝土空心墙板次之。但从施工做法方面分析，钢丝网架水泥聚苯乙烯夹芯墙板需先在工厂加工制作钢丝网架混凝土复合墙板，再在施工现场两面喷涂抗裂砂浆或细石混凝土，现场湿作业量较大，与装配式建筑安装施工快捷、方便的发展理念相矛盾，且其墙体内芯材料或无法通过消防检查，或容易吸潮降低墙体质量和使用舒适度，并非装配式建筑轻质隔墙板的优良产品。

因此，用于装配式建筑轻质隔墙板的技术指标综合分值排序为：蒸压加气混凝土墙板、陶粒混凝土空心墙板、混凝土空心墙板、轻钢龙骨硅酸钙墙板（填充岩棉）、发泡陶瓷轻质墙板、聚苯颗粒水泥夹芯复合墙板。

9.2.2 蒸压加气混凝土板性能

鉴于装配式建筑项目以蒸压加气混凝土墙板（ALC）应用居多，以下将对其五个性能进行深入探讨。

1. 隔声吸声性能

蒸压加气混凝土墙板内部的微观结构是由很多均匀互不连通的微小气孔组成，具有隔声与吸声的双重性能，不同厚度的条板可降低30～50dB噪声，吸声系数为0.2～0.3，可以创造出高气密性的室内空间，提供宁静舒适的生活环境。

2. 防火性能

蒸压加气混凝土墙板是不燃硅酸盐材料，热阻系数高，体积热稳定性好，热迁移慢，具有很好的耐火性，在高温和明火下均不会产生有害气体。天津国家固定灭火系统中心进行的耐火试验证实，120mm和150mm厚度的蒸压加气混凝土板材耐火极限均大于4h。按《建筑材料及制品燃烧性能分级》GB 8624—2012标准规定，蒸压加气混凝土墙板不论是作为建筑材料还是作为建筑制品都远远超过了A_1级的要求，能够有效抵制火灾。

3. 保温隔热性能

蒸压加气混凝土墙板微观结构是由无数互不连通的均匀的微小气孔组成，使其具有卓越的保温隔热性能，其导热系数为B05级≤0.16 、B06级≤0.19，其保温、隔热性是玻璃的6倍、普通混凝土的10倍，是目前最适用于建筑节能的自保温材料。

4. 防潮防水性能

当用蒸压加气混凝土墙板作为卫生间和厨房隔墙时，出于建筑功能对防水防潮的要求，在做板面处理时按常规设计要求做好防水技术处理（涂膜防水层）即可，不需要其他特殊的施工工艺。

5. 抗震性能

蒸压加气混凝土的物理干密度为400~600kg/m³，是普通混凝土的四分之一，与木材相当，其单元立方体抗压强度≥3.5MPa。蒸压加气混凝土墙板与结构的所有连接方式都采用柔性连接，能有效抵制外来荷载或地震等作用对建筑安全的影响。此类型板材自重小、强度高、延性好、抗震能力强，可以保证居住空间的安全性。

9.3 内隔墙的固定与接缝构造

9.3.1 内墙板的施工工艺

在装配式建筑内隔墙进行施工前，项目先分成两大控点。

第一，根据项目内隔墙的拆分模数进行生产，并根据不同做法在板材上、下端中间预留孔洞，以便锚栓或管卡接入。

第二，结合施工工艺流程做好以下几个步骤。①结构基层清理及找平：把结构梁位及其底部混凝土渣和杂物等清理干净，并进行基面找平。②测量放线，即根据施工图纸，在墙板安置位置弹出安装线，并根据排板设计标明各模板的安置位置和顺序。③焊接角钢：根据不同的做法，选用不同的角钢在墙板安装边线处固定连接钢板与主体结构混凝土连接。④模板材料的安装与连接：墙板根据定位放置到选定位置，就位后使用设计好的锚栓固定。⑤检查校正：安装的每块板均需采用吊线和2m靠尺检查垂直度和平整度，确保安装位置不发生位移后进行焊接。如果部件发生位置偏差，应采用专用撬棍进行调整，使得每块板的垂直度和平整度满足规范要求。⑥防锈处理：对每个焊接部件及角钢，清渣后刷涂灰色防锈漆。⑦修改及嵌缝：对安装的每块墙板的缺棱掉角部位采用专用的修补剂进行修补。板与结构体相连接部位的缝隙和板间缝隙可采用耐碱网布和抗裂砂浆填实，再进行抹面和收口。

9.3.2 内墙板的固定与连接

以下以蒸压加气混凝土条板为模板构件进行研究。

1. 条板连接节点

条板之间的连接主要有两种形式。

（1）条板间"一"字连接

两块条板自然靠拢，使用专业嵌缝剂和专业粘结剂粘结，企口处使用柔性腻子封口，封口宽度50～70mm。

（2）条板间直角连接、"T"字连接

两块条板自然垂直靠拢，并在条板上下连接地面与梁底两端距离板侧端80mm打入管钉，并固定于地面和梁底。板缝间使用专业嵌缝剂和专业粘结剂粘结，企口处使用柔性腻子封口。该条板连接形式下，可采用$\phi 8$、$L=300～400mm$销钉加强，沿墙高共2根，分别位于距上、下各1/3处，以30°方向打入（对墙体有较大水平位移要求时不宜采用）。

2. 条板与墙、柱连接节点

条板与墙、柱结构体以10～20mm的距离自然靠拢，并在条板上下连接地面与梁底两端距离板侧端80mm处打入管钉，并固定于地面和梁底。板缝间根据刚性连接或柔性连接需要，分别采用专用粘结剂或聚氨酯发泡剂进行封填。

3. 条板与梁、板连接节点

条板与梁、板连接主要有三种形式，即U形卡法、直角钢件法、管卡法。其中，条板与主体结构的固定方式有两种："U"形或"L"形角钢固定，管卡固定。

（1）U形卡法

在条板与梁板紧靠前用"U"形钢件敷设出空位轨道并予以固定，其板缝做法详见条板连接节点。

（2）直角钢件法

条板与梁、板连接时，端部留10～20mm宽的缝隙，用L形连接点进行固定，其板缝做法详见条板连接节点。

（3）管卡法

条板与梁、板连接时，端部留10～20mm宽的缝隙，在条板顶端距离板侧端80mm处打入管钉，用锚栓固定，其板缝做法详见条板连接节点。

4. 条板与楼地面连接节点

条板与楼地面连接节点的分类大致与梁板节点分类相同。

5. 条板与门窗框连接节点

条板与门窗框的连接节点根据门窗大小的不同大致可分为三种：①当门洞宽度大于或等于600mm且小于或等于1200mm时，门洞上方条板应选用内含吊筋的类型，并用金属锚栓将条板与上层的楼梁板相连（若上方为钢梁则采用点焊方式相连），再选用两侧高度为150mm的U形扁铁，用焊接的方式将其与上方条板相接，并用自攻螺钉将其固定在两侧条板上；②当门洞宽度大于1200mm且小于或等于1500mm时，用尼龙锚栓将U形钢卡固定在门洞上方的横板与两侧的竖板上，再将横板、竖板对应的两个U形钢卡进行对焊；③当门洞宽度大于1500mm且小于或等于2100mm时，应采用两侧延伸到门洞底部的U形扁铁，并在门框两侧底部放入一片钢板，再用锚栓将钢板与门洞两侧条板及本层楼地板相连，而门洞上方条板类型的选用、其余各部位间的连接方式则与第一种类型相同。

6. 管线开槽、附墙部件固定构造

根据不同的项目需求，条板附墙部件固定及管线开槽可选用以下两种方式：①当附墙部件采用明装的方式时，可在条板一侧预设25mm深、60mm宽的凹槽，在凹槽处打入连接件并用镀锌钢螺栓固定，再将玻纤网格布压入找平层中，条板另一侧处连接件则需伸出一定距离，再用螺栓将角钢固定在连接件上，用于安装重物。

②当管线采用暗埋的方式时，在条板上应预设凹槽，凹槽宽度不应大于100mm，深度不应大于条板厚度的三分之一。槽内放入管线后用专用砂浆将凹槽分层填实，并将玻纤网格布压入找平层中，封口宽度不小于100mm。

9.3.3 内墙板的接缝构造

1. 条板内隔墙板缝做法

根据与交接构件及连接方式的不同，条板板缝可分为以下三种类型：①条板与条板间"一"字（或"T"字）连接时，两块条板自然靠拢，使用专业嵌缝剂和专业粘结剂粘结，企口处（或转角处）使用柔性腻子封口，封口宽度50~70mm；②条板与钢梁或钢柱连接时，端部留10~20mm宽的缝隙，用岩棉填塞板缝，两端用专用嵌缝剂修口；③条板与混凝土柱、梁、板连接时，端部留10~20mm宽的缝隙。若板缝间采用刚性连接，可用干硬性砂浆进行粘结；若板缝间采用柔性连接，可用聚氨酯发泡剂进行粘结，再用专业嵌缝剂修口至与墙面平齐。

2. 条板内隔墙变形缝构造

条板内隔墙变形缝的接缝构造根据变形缝位置的不同可分为两种：①当变形缝位于平直墙面时，应先用填缝材料填实变形缝，再将一组盖缝板自然紧靠于墙面，分别在两侧条板距离变形缝一端大于或等于50mm的位置用加气混凝土专用尼龙锚栓进行固定；②当变形缝位于转角墙面时，进行相应填缝处理后，应先将其中一块盖缝板用上述同种方式固定在其中一块条板上，再用另一块盖缝板与之自然紧靠，并用同种方式进行固定。

9.4 内隔墙与外墙的连接方式

9.4.1 内隔墙与外墙的接缝处理

内隔墙与外墙的连接通常采用粘结连接的方式。在装配式建筑的应用中，外墙在形式上分成"一"字形和"T"字形。内隔墙与"一"字形外墙连接时，两者以10~20mm的距离自然靠拢，并在条板上下连接地面与梁底两端距离板侧端80mm处打入管钉，固定于地面和梁底。板缝间根据刚性连接或柔性连接需要，分别采用专用粘结剂或聚氨酯发泡剂进行封填。内隔墙与"T"字形外墙连接时，使用上述做法，并将玻纤网格布跨缝压入找平层中，封口宽度不小于100mm（图9-1、图9-2）。

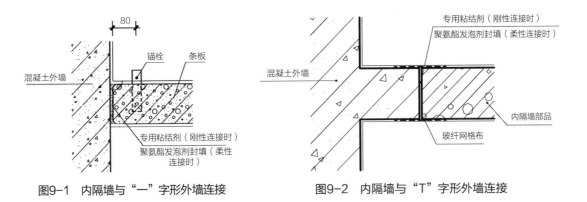

图9-1 内隔墙与"一"字形外墙连接   图9-2 内隔墙与"T"字形外墙连接

9.4.2 蒸压加气混凝土墙板裂缝问题

裂缝是影响蒸压加气混凝土墙板工程质量的常见问题之一。对于裂缝这类问题，主要探讨它的预防措施。结合项目特点，主要有以下几点。

第一，改善生产工艺。蒸压加气混凝土墙板的生产方式主要有平模、立模两种。以立模为例，它生产所需要的坍落度以及水灰比这两项指标均较大，若水分过多，胶凝材料凝固后就会产生大量孔隙。各种材料的配合比应在生产中严格控制，合理的配合比不仅能增加板的强度，也会大大减少板的干燥收缩程度。在选用墙板材料前，项目组应对各生产企业进行全面深入的考察，了解它们的生产工艺、规模、能力及产品质量等，进而保证选用的材料满足国家各项标准，确保安全。

第二，选择合适的接缝材料。实际项目中，应选用同时具有很高的强度及良好的变形能力的接缝材料。例如，在选用安装的嵌缝砂浆时，应使用特种功能砂浆代替普通水泥砂浆。结合不同需要，选择具有合适的黏结性、和易性、耐久性、防水性、抗冻性等性能的材料。

第三，适当控制安装单元。在施工安装较长的墙体时，可根据不同位置将长墙合理划分为若干安装单元，使其模数化、系列化，间隔一定距离进行安装，这有利于减小墙体的收缩应力，预防开裂。

第四，易开裂部位应进行预处理。蒸压加气混凝土条板在与框架接触部位、线管开槽部位、拼缝等部位极易开裂。为预防此类开裂发生，在板材下端与楼面处缝隙用1：3水泥砂浆嵌填密实。采用木楔法时，木楔应在砂浆结硬后取出，并填补同质砂浆。板材上端缝隙、板材与柱墙连接处可用PU发泡剂和泡沫棒填充，表面用耐碱网格布和特种功能砂浆补平；板材拼缝处用耐碱网格布和特种功能砂浆补平。

9.5 内隔墙部品化的原则及命名

9.5.1 内隔墙部品化的原则

1. 墙体类型划分与模数化条板

装配式内隔墙宜根据防水防潮性能要求、隔声性能要求的不同来划分墙体类型。满足相同性能要求的墙体宜划分为标准化、模数化的预制条板。预制条板高度尺寸应通过建筑层高减去梁高或板厚及安装预留空间确定。为保证条板自重及工厂模具的经济性，条板的宽度尺寸宜为600mm，厚度尺寸宜为100mm。在实际应用中，还应根据功能房间墙面的实际尺寸和施工状况等以现场砌筑的方式填补不足一块模块预制条板的部分。

2. 有无门窗洞口、门窗洞口形式及门窗洞口尺寸

装配式内隔墙宜根据有无门窗洞口、门窗洞口形式、门窗洞口尺寸等选择合适的条板组合方式。

内隔墙的门窗洞口形式有三种类型：①洞口在墙面之中，单个居中、单个偏离中心或成组出现（图9-3）；②洞口沿墙面一边、沿墙面两边或在墙面转角处单个或成组出现（图9-4）；③洞口在墙体一端向另一端延伸，尺寸不断增大以至于占据整面墙体（图9-5）。

在装配式建筑内隔墙的应用中，洞口将墙体划分成几部分，分别为洞口左侧墙体、右侧墙体、上侧墙体和下侧墙体。每部分墙体将进一步划分为模数化的预制条板。

以下以门洞为例说明几种常用的条板组合方式。

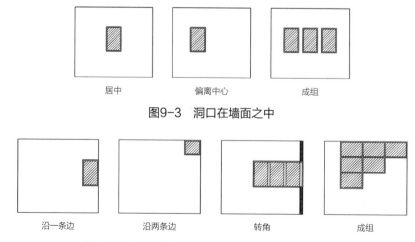

居中　　　偏离中心　　　成组

图9-3　洞口在墙面之中

沿一条边　　　沿两条边　　　转角　　　成组

图9-4　洞口沿墙面一边或两边或在墙面的转角处

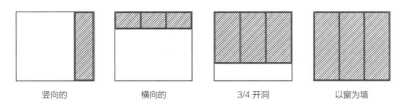

| 竖向的 | 横向的 | 3/4 开洞 | 以窗为墙 |

图9-5　洞口竖向延伸或横向延伸或尺寸不断增大以至于占据整面墙体

当无门洞时，宜从墙体一端开始安装隔墙板，再以现场砌筑的方式补足剩余部分；当有门洞时，宜从门洞位置向两侧安装隔墙板。对于门洞的形成，可根据实际需要采用门洞上方挂板的方式，或直接采用已开门洞的墙板。

对于门洞上方挂板的方式，当门洞宽度大于或等于600mm且小于或等于1200mm时，门洞上方挂一块或两块竖向板，并用射钉、尼龙锚栓、钢制锚栓或其他连接件固定门框。当门洞宽度大于1200mm且小于或等于1500mm时，门洞上方挂横向板，门洞两边采用门框板。当门洞宽度大于1500mm且小于或等于2100mm时，门洞上方挂三块或四块竖向板，并在洞口两侧设置U形扁铁，用射钉、尼龙锚栓、钢制锚栓或其他连接件固定门框。当门洞宽度大于2100mm时，门框板做法根据工程情况设计确定。

对于直接采用已开门洞的墙板的方式，墙板宽度不得小于蒸压加气混凝土墙板强度要求的最小宽度。

9.5.2　内隔墙部品化的命名

装配式内隔墙系列命名规则：

9.6　内隔墙系列部品库及构造大样

内隔墙系列部品库及构造大样如图9-6～图9-12所示。

图9-6 内隔墙系列部品库及构造大样（条板组合类型一）

条板组合类型一	系列名称	墙体高度H(mm)	墙体长度L(mm)	墙体厚度W(mm)
无门洞内墙	NQ-H (NQ-24/25/26/32/36)	h(2400/2500/2600/3200/3600)	x(600n)+y	100

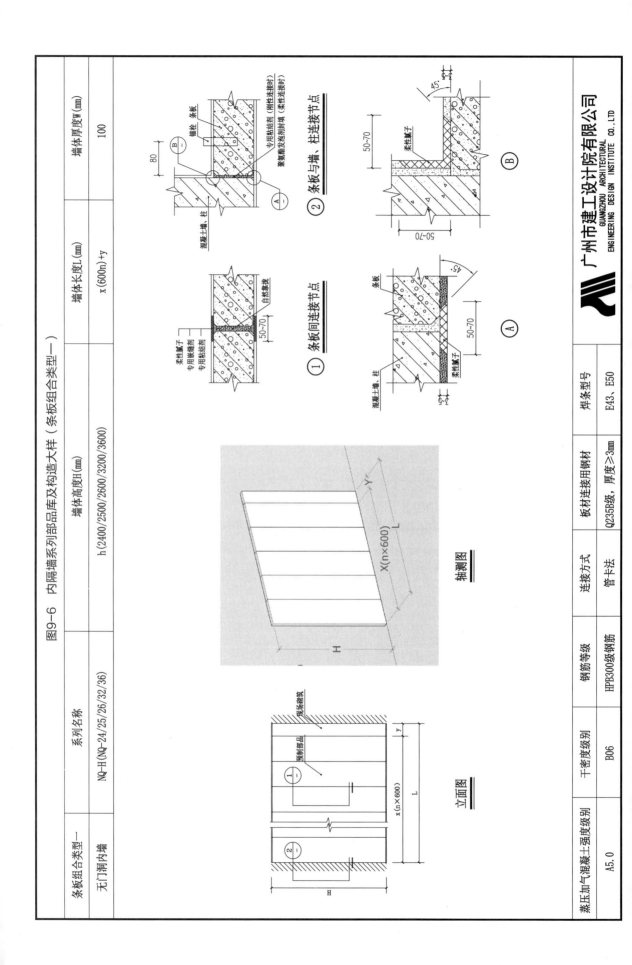

① 条板间连接节点

② 条板与墙、柱连接节点

轴测图

立面图

蒸压加气混凝土强度级别	干密度级别	钢筋等级	连接方式	板材连接用钢材	焊条型号
A5.0	B06	HPB300级钢筋	管卡法	Q235B级，厚度≥3mm	E43、E50

广州市建工设计院有限公司
GUANGZHOU ARCHITECTURAL ENGINEERING DESIGN INSTITUTE CO.,LTD

图9-7 内隔墙系列部品库及构造大样（条板组合类型二）

条板组合类型二	系列名称	墙体高度H(mm)	墙体长度L(mm)	墙体厚度W(mm)
有门洞内墙 （门洞上方挂板1）	NQ-H-MD-6（NQ-24/25/26/32/36—MD-6）	h（2400/2500/2600/3200/3600）	600	100

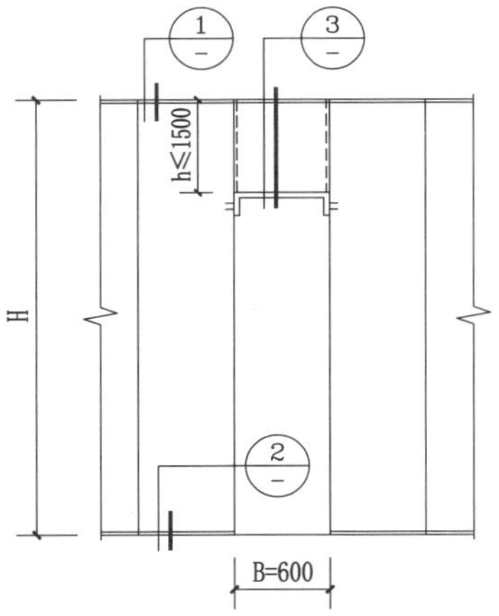

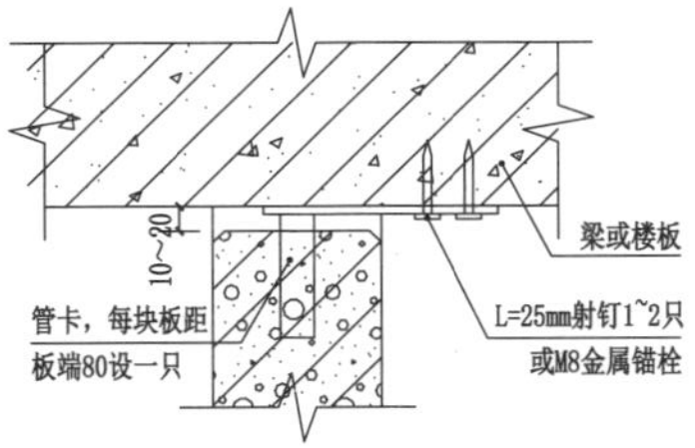

① 条板与梁、板连接节点

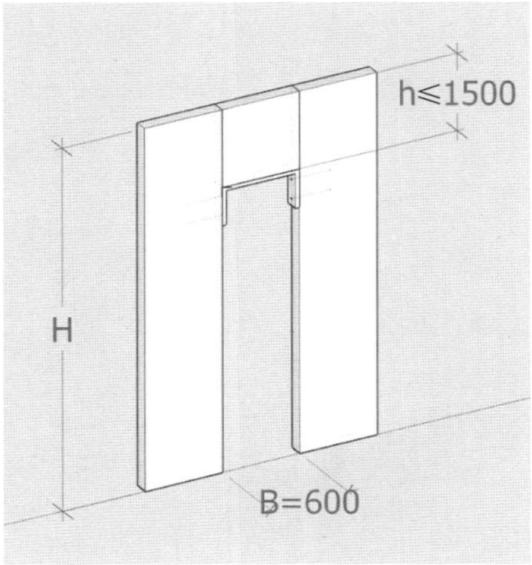

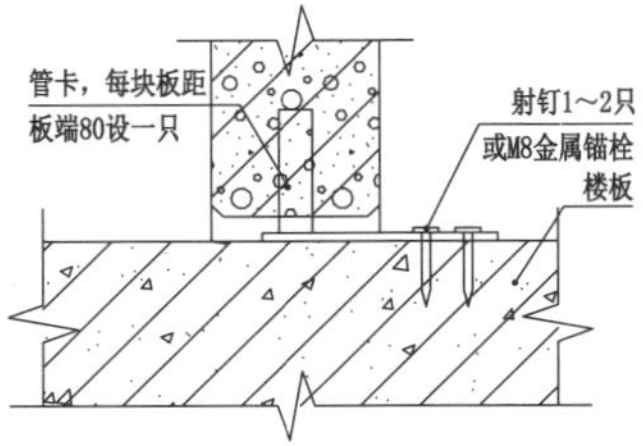

② 条板与楼地面连接节点

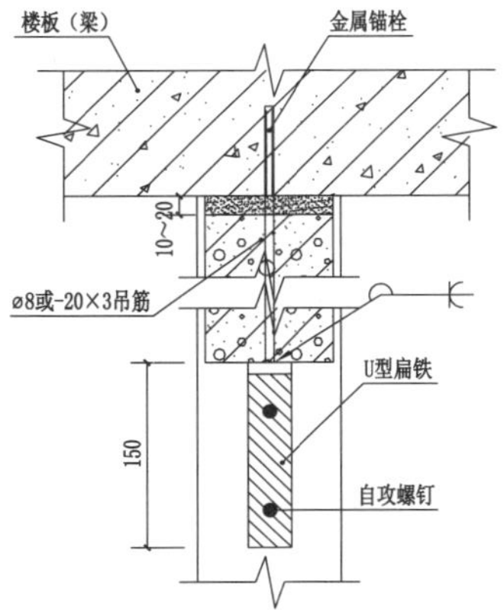

③ 门洞上方挂板连接节点

轴测图

立面图

蒸压加气混凝土强度级别	干密度级别	钢筋等级	连接方式	板材连接用钢材	焊条型号
A5.0	B06	HPB300级钢筋	管卡法	Q235B级，厚度≥3mm	E43、E50

广州市建工设计院有限公司
GUANGZHOU ARCHITECTURAL ENGINEERING DESIGN INSTITUTE CO.,LTD

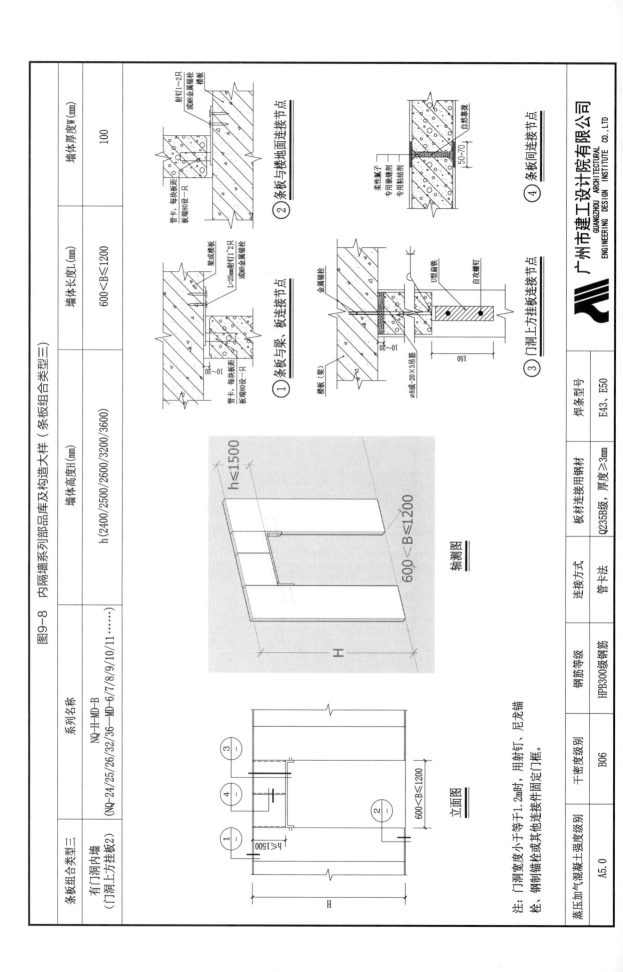

图9-8　内隔墙系列部品库及构造大样（条板组合类型三）

条板组合类型三	系列名称	墙体高度H(mm)	墙体长度L(mm)	墙体厚度W(mm)
有门洞内墙 （门洞上方挂板2）	NQ-H-MD-B (NQ-24/25/26/32/36—MD-6/7/8/9/10/11……)	h(2400/2500/2600/3200/3600)	600<B≤1200	100

① 条板与梁、板连接节点

② 条板与楼地面连接节点

③ 门洞上方挂板连接节点

④ 条板间连接节点

轴测图

立面图

注：门洞宽度小于等于1.2m时，用射钉、尼龙锚栓、钢制锚栓或其他连接件固定门框。

蒸压加气混凝土强度级别	干密度级别	钢筋等级	连接方式	板材连接用钢材	焊条型号
A5.0	B06	HPB300级钢筋	管卡法	Q235B级、厚度≥3mm	E43、E50

广州市建工设计院有限公司
GUANGZHOU ARCHITECTURAL
ENGINEERING DESIGN CO.,LTD

图9-9 内隔墙系列部品库及构造大样（条板组合类型四）

条板组合类型四	系列名称	墙体高度H(mm)	墙体长度L(mm)	墙体厚度W(mm)
有门洞内墙 （门洞上方挂板3）	NQ-H-MD-B （NQ-24/25/26/32/36—MD-13/14/15/……）	h(2400/2500/2600/3200/3600)	1200<B≤1500	100

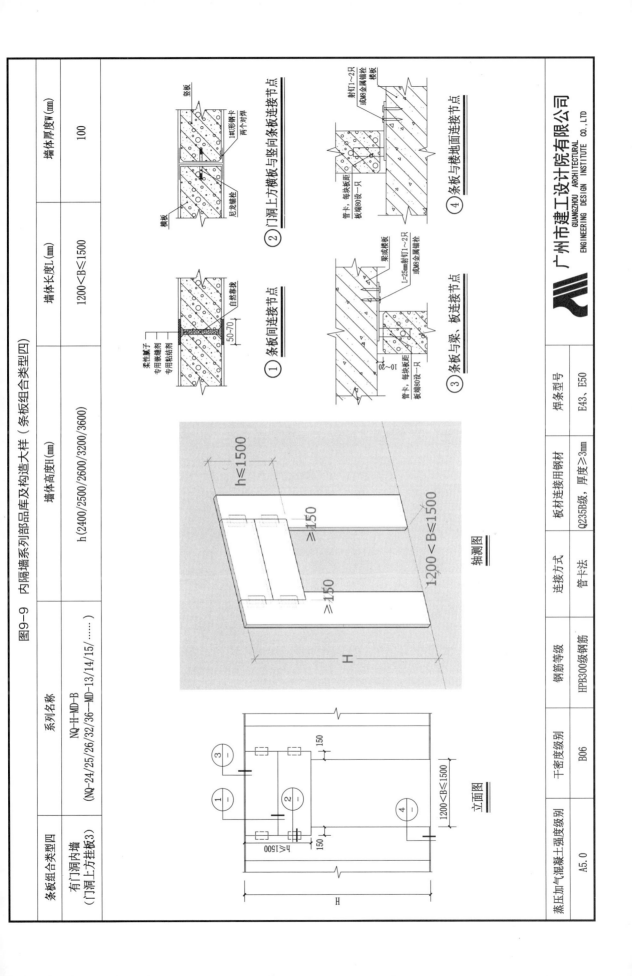

轴测图

立面图

蒸压加气混凝土强度级别	干密度级别	钢筋等级	连接方式	板材连接用钢材	焊条型号
A5.0	B06	HPB300级钢筋	管卡法	Q235B级，厚度≥3mm	E43、E50

广州市建工设计院有限公司
GUANGZHOU ARCHITECTURAL
ENGINEERING DESIGN INSTITUTE CO.,LTD

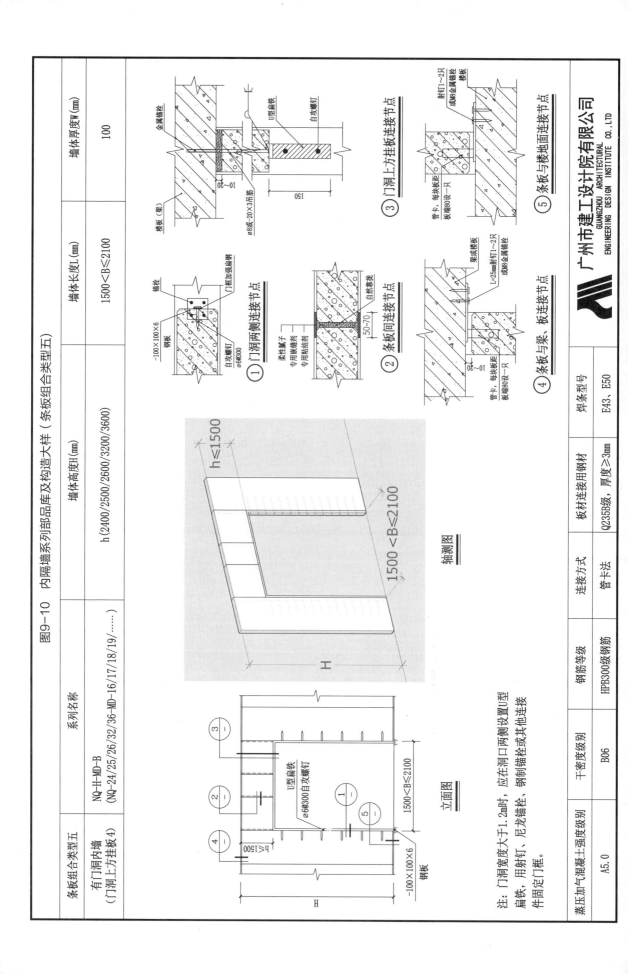

图9-10 内隔墙系列部品库及构造大样（条板组合类型五）

条板组合类型五	系列名称	墙体高度H(mm)	墙体长度L(mm)	墙体厚度W(mm)
有门洞内墙 （门洞上方挂板4）	NQ-H-MD-B (NQ-24/25/26/32/36-MD-16/17/18/19/……)	h(2400/2500/2600/3200/3600)	1500＜B≤2100	100

轴测图

立面图

注：门洞宽度大于1.2m时，应在洞口两侧设置U型扁铁，用射钉、钢制锚栓、尼龙锚栓或钢制锚栓连接件固定门框。

蒸压加气混凝土强度级别	干密度级别	钢筋等级	连接方式	板材连接用钢材	焊条型号
A5.0	B06	HPB300级钢筋	管卡法	Q235B级，厚度≥3mm	E43、E50

① 门洞两侧连接节点

② 条板同连接节点

③ 门洞上方挂板连接节点

④ 条板与梁、板连接节点

⑤ 条板与楼地面连接节点

广州市建工设计院有限公司
GUANGZHOU ARCHITECTURAL ENGINEERING DESIGN INSTITUTE CO.,LTD

图9-11 内隔墙系列部品库及构造大样（条板组合类型六）

条板组合类型六	系列名称	墙体高度H(mm)	墙体长度L(mm)	墙体厚度W(mm)
有门洞内墙 （内墙开门门洞墙板1）	NQ-H-MD-B（NQ-24/25/26/32/36-MD-6/7/8/……）	h（2400/2500/2600/3200/3600）	B≥600	100

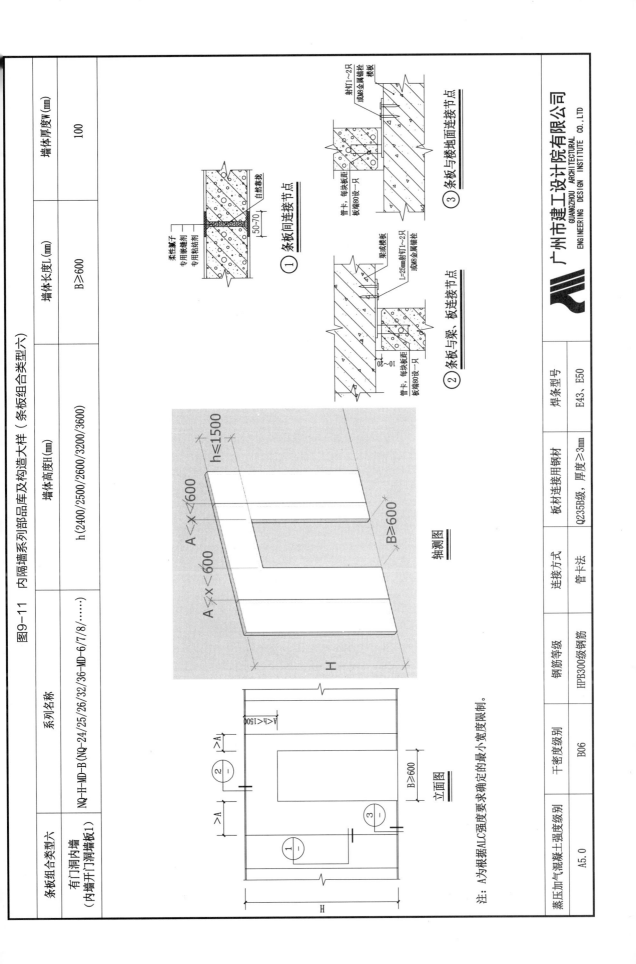

① 条板间连接节点

② 条板与梁板连接节点

③ 条板与楼地面连接节点

轴测图

立面图

注：A为根据ALC强度要求确定的最小宽度限制。

广州市建工设计院有限公司
GUANGZHOU ARCHITECTURAL ENGINEERING DESIGN INSTITUTE CO.,LTD

蒸压加气混凝土强度级别	干密度级别	钢筋等级	连接方式	板材连接用钢材	焊条型号
A5.0	B06	HPB300级钢筋	管卡法	Q235B级，厚度≥3mm	E43、E50

图9-12 内隔墙系列部品库及构造大样（条板组合类型七）

条板组合类型七	系列名称	墙体高度H(mm)	墙体长度L(mm)	墙体厚度W(mm)
有门洞内墙（内墙开门门洞墙板2）	NQ-H-MD-B(NQ-24/25/26/32/36-MD-6/7/8/……)	h(2400/2500/2600/3200/3600)	B≥600	100

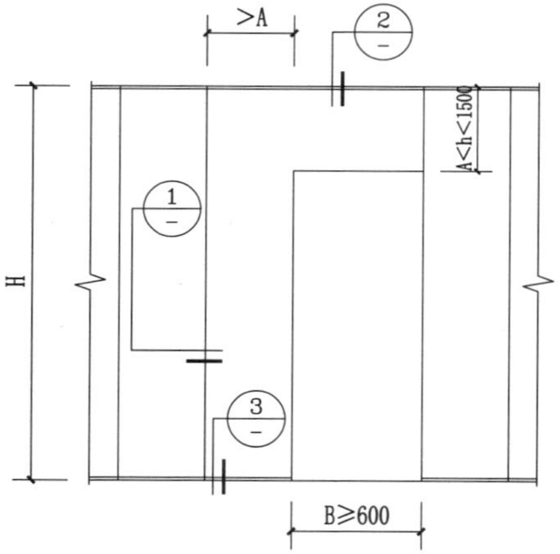

① 条板间连接节点

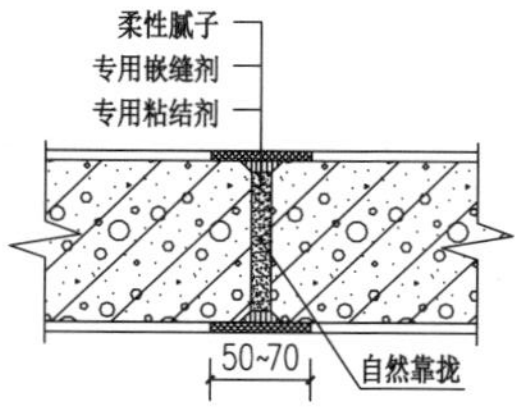

柔性腻子
专用嵌缝剂
专用粘结剂
自然墙缝
50~70

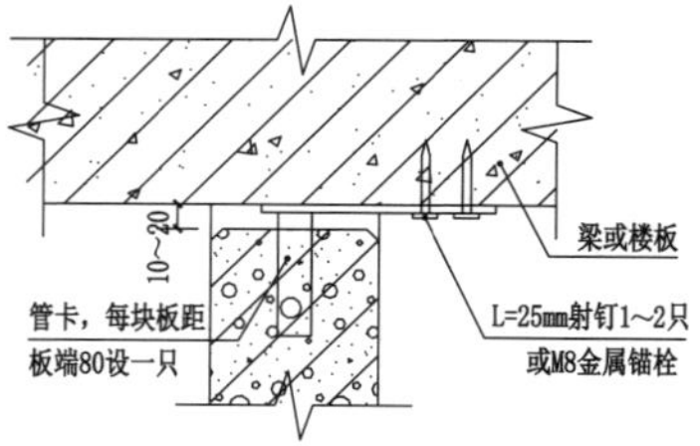

② 条板与梁、板连接节点

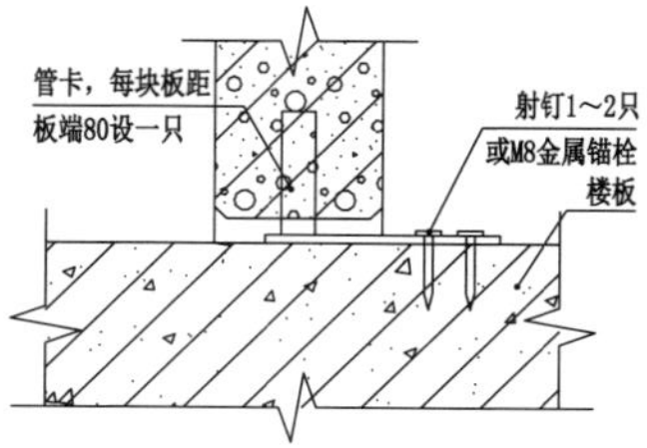

L=25mm射钉1~2只或M8金属锚栓
梁或楼板
10~20
管卡，每块板距板端80设一只

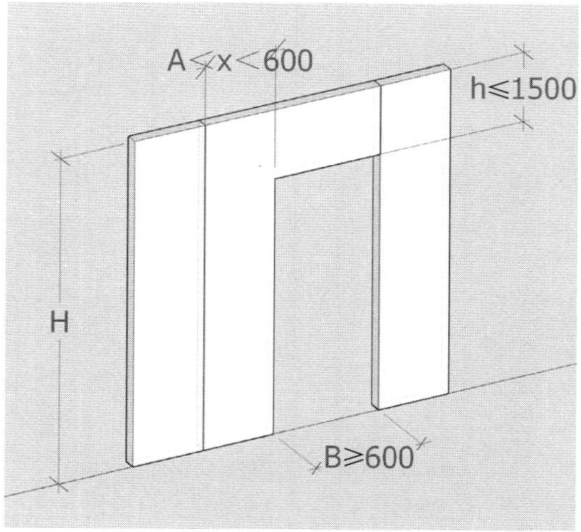

③ 条板与楼地面连接节点

射钉1~2只或M8金属锚栓
楼板
管卡，每块板距板端80设一只

轴测图

h≤1500
B≥600
A≤x<600
H

立面图

A≤h<1500
B≥600
H
①
②
③

注：A为根据ALC强度要求确定的最小宽度限制。

广州市建工设计院有限公司
GUANGZHOU ARCHITECTURAL ENGINEERING DESIGN INSTITUTE CO., LTD

蒸压加气混凝土强度级别	干密度级别	钢筋等级	连接方式	板材连接用钢材	焊条型号
A5.0	B06	HPB300级钢筋	管卡法	Q235B级，厚度≥3mm	E43、E50

第 10 章

装配式建筑外墙

10.1 装配式居住类建筑外墙概述

外墙是建筑物的主要组成部分，是建筑外围护系统中用于分隔建筑室内外环境的部品部件之一。外墙所使用的材料以及构造直接影响着建筑能耗指标和人类在室内居住的舒适度。

装配式居住类建筑外墙采用标准化设计、工厂数字化生产、现场装配化施工、工程化内装、BIM信息化管理、智能化应用，整个生产建设过程是现代工业化生产方式的发展方向。发展高质量外墙装配化、节能化应用系统，是我国实现住宅产业化和推广节能建筑的重要措施。根据国家标准《装配式住宅建筑设计标准》JGJ/T 398—2017中第7.1.5条的规定，装配式住宅外墙宜合理选用装配式预制钢筋混凝土墙、轻型板材外墙。本书将针对华南地区的居住类建筑，即住宅、宿舍、公寓，着重介绍装配式预制钢筋混凝土墙的标准化、系列化设计，以便更好地推广装配式建筑，提高外墙的装配化程度（图10-1）。

图10-1 装配式外墙成品

10.2 装配式外墙与现浇外墙的比较

钢筋混凝土现浇体系是湿法作业，现浇工法的缺点一是施工工艺粗放，建筑材料损耗大，工人手工浇筑、抹灰，黏合度低，精准性也低，而且每个工人的技术水平不同，施工质量差别大；二是施工现场较脏乱，空气污染大，特别是粉尘污染；三是使用大量模板，现场的作业量大，工期也较长。其优点是整体性好，刚度大，抗震抗冲击性好，防水性好，对不规则平面的适应性强，开洞容易。

装配式建筑外墙在工厂生产，其优点有：①工业化生产，即装配式建筑构件按照统一标准在现代化工厂内生产，墙体在平整度、精度、有效改善开裂与渗漏问题等方面都比现浇的

图10-2　装配式建筑（广州恒盛大厦）

质量好，而且工厂生产不受恶劣天气等自然环境的影响；②现场装配化施工，即通过现场装配作业，使得现场现浇作业减少，显著提高现场劳动生产率，既能保证施工质量，又能加快工程整体进度。其缺点主要是接缝处容易出现开裂、渗水等不良现象（图10-2）。

10.3 装配式外墙的材料及热工性能分析

10.3.1 夏热冬暖地区外墙隔热性能

依据《民用建筑热工设计规范》GB 50176—2016中建筑热工设计一级区划指标及设计原则，建筑隔热是夏热冬暖地区建筑外墙的热工性能主要要求，本地区外墙构造通常使用墙体自保温的做法，表10-1列举了常见的五种材料与结构不相同的典型墙体的对比。

常见的五种墙体材料及其热工参数　　　　　　　　　表10-1

材料名称	厚度δ（mm）	导热系数λ[W/(m·K)]	蓄热系数S[W/(m²·K)]	修正系数α	热阻R[(m²·K)/W]	热惰性指标$D=R \cdot S$
水泥砂浆	20	0.930	11.306	1.00	0.022	0.243
钢筋混凝土	200	1.740	17.060	1.00	0.115	1.961

续表

材料名称	厚度δ (mm)	导热系数λ [W/（m·K）]	蓄热系数S [W/（m²·K）]	修正系数 α	热阻R [（m²·K）/W]	热惰性指标 D=R·S
蒸压加气混凝土砌块密度 ρ₁=700	200	0.220	3.59	1.25	0.727	3.264
烧结煤矸石多孔砖	200	0.400	5.55	1.00	0.50	2.775
防潮石膏砌块	200	0.160	3.15	1.10	1.136	3.938
粉煤灰烧结多孔砖	200	0.500	7.82	1.10	0.40	3.128

对比表10.1所示墙体材料热工参数，蒸压加气混凝土砌块和石膏砌块两者蓄热系数较低，导热系数较低，其隔热性能较好；烧结煤矸石多孔砖和粉煤灰烧结多孔砖次之；而钢筋混凝土的隔热性能较差。

10.3.2 预制混凝土墙板性能与隔热节能措施

1. 预制混凝土墙板性能分析

对比120mm厚、200mm厚的预制钢筋混凝土墙板和200mm厚的加气混凝土的热工性能，三者内外侧均只做20mm厚水泥砂浆饰面，太阳辐射吸收系数取值为 $\rho_2=0.7$，按广州室外气象观测参数设置，西向建筑墙体空调系统工况与自然通风工况的隔热性能计算分析结果如表10-2所示。

几种墙体热工性能比较　　　　表10-2

外墙		是否满足节能标准	工况	外墙表面最高温度$\theta_{i.max}$（℃）	是否满足热工规范
120mm厚预制钢筋混凝土墙板	D=1.6	否	空调房间	34.44>26+3	否
	K=3.7W/（m²·K）		自然通风房间	40.25>37.6	否
200mm厚预制钢筋混凝土墙板	D=2.45	否	空调房间	32.07>26+3	否
	K=3.1W/（m²·K）		自然通风房间	38.06>37.6	否
200mm厚加气混凝土	D=3.326	是	空调房间	27.75<26+3	是
	K=0.79W/（m²·K）		自然通风房间	36.8<37.6	是

通过比较说明，120mm厚、200mm厚的预制钢筋混凝土墙板可满足墙体相关结构要求，但热工性能较差，不能满足相关热工标准的要求，需要采取相应的隔热措施才可能满足热工标准的要求。

2. 预制混凝土墙板隔热与节能措施

120mm厚、200mm厚的预制钢筋混凝土墙板要满足当地规范的隔热与节能要求，需要相应地采取增加隔热层或者外表面增加使用热反射隔热涂料的措施，抑或两种措施一起使用。夏热冬暖地区的建筑物隔热层一般采用膨胀玻化微珠保温砂浆、聚苯乙烯聚苯板、挤塑聚苯板，复合的方式可用于内、外保温。

建筑热反射隔热涂料保温系统具有保温隔热效果好、施工简单、工期短、环保、造价低等优点。采用建筑热反射隔热涂料系统，在大大降低建筑外墙的传热系数满足节能要求的同时也可以改善其外墙隔热保温性能。而隔热保温腻子具有较好的建筑隔热性能、柔韧性且强度高，还具备一定的保温防水性能。隔热保温腻子和热反射隔热保温涂料两者相互叠加可形成墙体保温隔热的双重效果，推荐使用在夏热冬暖地区的预制钢筋混凝土外墙板中。

隔热保温腻子和热反射隔热涂料保温系统构造如图10-3所示。

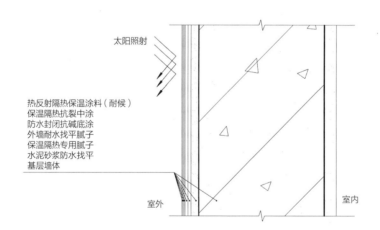

图10-3　隔热保温腻子和热反射隔热保温涂料系统构造

10.4 装配式预制混凝土外墙的生产

预制混凝土外墙板的模具主要为钢制。通常是钢筋按图纸加工后整体绑扎，再放到模具中安装，浇筑混凝土后整体养护。在这个生产过程中，其主体模具的零件清理、钢筋加工、窗框安装、预埋件固定、蒸汽模具养护、模具搬运等各工序均按工厂流水式工序标准生产（图10-4、图10-5）。

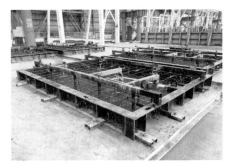

图10-4　钢筋笼入模图　　　　　图10-5　预制混凝土外墙生产模具

对比采用预制钢筋混凝土建筑外墙板施工与现浇混凝土施工，预制钢筋混凝土建筑外墙板结构要求构件的整体性、连续性，避免因不同类型的材料砖墙热胀和膨胀阻力系数值的差异而引起类似砖墙与预制混凝土外墙接缝处出现开裂、渗水等不良现象。

10.5　装配式外墙接缝处理及防水

预制混凝土外墙板之间为冷拼接，板墙之间的水平缝和竖向缝等接缝需要承受各种物理变化、风荷载、抗震等荷载变化的作用，很容易出现渗漏，因此装配式建筑技术的要点是拼接密封做法的选择。

常用的拼接密封方法有以下三种。

1. 面密封防水构造形式

外挂式预制外墙板通常设置三道防水措施，外墙的最外侧采用耐候防水硅胶密封，其后是减压空腔，最内侧则是预嵌防水橡胶条，在拼接压紧时起到防水隔绝作用。在墙面交接的十字接头处还需同时增设一道聚氨酯防水外层，对外层橡胶带与止水带相互之间错位移动可能产生的细微漏水缝隙也应进行严密封堵。如果需增强建筑防水的安全可靠性，可以将一层聚氨酯满涂在防水橡胶层或止水带内侧形成密封层以防水。其构造简单且成本较低（图10-6）。

2. 开放式防水构造形式

开放式预制外墙板设置企口型减压防水空间，内侧为压密式防水橡胶条，另外在这两道防水措施上，开放式预制外墙外侧利用幕帘状防水橡胶条上下配合、搭配连接来有效起到防水层的作用。该防水橡胶条的一端垂直预埋在墙板内，另一边两端垂直伸出到墙板外，同时，为有效平衡内、外侧的气压和防止排水，在最外侧的防水橡胶条两端间隔处还设置一个不锈钢导气槽。因为橡胶条为预埋,产品在专业工厂生产中质量的控制和现场检验都更加容易,而且工人在施工时无须在墙板外侧进行打胶,该工序上不需要高空作业,更加安全简便。

开放式预制外墙板的缺点是成品保护要求严格,因为其橡胶条为预埋,所以损坏后更换困难。开放式防水面板构造系统可以有效地满足防水面板较大的温度变形量,密封胶带和注胶系统能够从防水面板室内侧进行施工,操作过程更快捷,便于安全监管,适用于中高层装配式建筑防水,如图10-7所示。

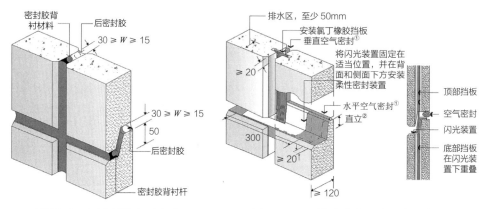

图10-6 面密封防水示意图

图10-7 开放式防水构造形式示意图

注:①空气密封可以是带衬杆、闭孔海绵
或含氯丁橡胶条的密封胶。
②通常为50mm,外露位置为75mm。

3. 压缩式防水构造形式

为有效处理外墙接缝防水,压缩式防水构造的墙板在外墙接缝中间部位巧妙地设计了一个内凹构造,密封胶注在其中一侧墙板的凹槽内。安装构件时,两个墙板相互挤压作用,使注入的密封胶充满封堵接缝,以此达到防水密封的效果。压缩式防水构造形式的施工安装更快速经济,适用于低层建筑,但此种构造方式的维护和更换比较困难。

10.6 装配式外墙填缝材料分析

发达国家采用装配式建筑已有比较完善的行业标准,装配式外墙防水广泛采用MS改性硅酮密封胶。例如,日本的装配式建筑有80%以上使用MS改性硅酮密封胶作为装配式建筑外墙密封材料。在20世纪80年代中期竣工的日本钟化大楼和大阪希尔顿大酒店已历经近40年，但MS改性硅酮密封胶密封的部位无明显起鼓、龟裂等老化现象。多数项目的实践证明，MS改性硅酮密封胶总体性能相比于其他传统的密封胶有较多优点，故推荐作为装配式外墙填缝材料。

根据标准《色漆和清漆人工气候老化和人工辐射暴露滤过的氙弧辐射》GB/T 1865—2009的要求，经相关试验验证，MS改性硅酮密封胶2000h人工加速橡胶老化后的密封性能明显衰减。相关的性能测试试验结果如图10-8所示。

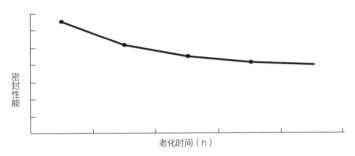

图10-8　MS改性硅酮密封胶人工加速老化试验结果

在上述测试中，MS改性硅酮密封胶样品的力学强度虽有持续衰减变化趋势，但衰减幅度随时间推移逐渐变小，拉伸曲线最终逐渐趋于平缓。测试试验结果表明，在长期的实际生产使用过程中，MS改性硅酮密封胶具有较优的耐高温、耐紫外线、抗老化、抗腐蚀性能，使用寿命可以长达15～25年。

装配式住宅外墙施工完成后，涉及产权及各家各户装修问题，外墙填缝胶的更换存在较大困难，只能通过表面重新打胶封堵，但是水是可以四处流动、无孔不入的，传统建筑防水中常用的"堵水"措施，在存在大量拼接缝的装配式建筑中并不合适，单纯地把雨水完全堵在室外不现实，而且成本也非常高，会造成不必要的资源浪费。因此，装配式建筑更有效的防水措施是通过合理的排水结构设计把拼接缝中可能渗入的水分通过技术手段引导至整体排水构造中，并能将其完全排出室外，阻断其进一步渗透到室内空间。只有在拼接缝处采取堵疏相结合的防水处理才是现代装配式建筑最佳的拼接缝防水处理办法。另外，选择正确、专业的密封材料施工方也是装配式密封胶工程质量的重要技术保证。如果施工单位和材料供应商对其施工和材料的知识理解与要求达到同一水平，那么，专业的施工与专业的材料搭配，再使用相应的专业工具施工，很多施工安全问题便可以有效避免。

10.7　装配式外墙与门窗的连接

装配式建筑由于门窗洞口安装施工的精度高，因此对建筑门窗的洞口安装提出了新的技术要求标准，同时也大大减少了很多传统门窗的安装问题。预制建筑门窗框与墙体的一体化技术是一种泛指将窗框、门框在预制构件工厂生产构件时，与混凝土墙体浇筑成为一体的现代化技术。这样到后期施工现场只需安装门窗扇、玻璃和各种五金件等。此方法大大提高了门窗施工的质量，有效防止洞口渗漏，缩短在现场的施工时间。

　　装配式混凝土墙板在现场施工安装门窗时，不存在安装困难，需要解决的是现场门窗如何快速与预制外墙安装的问题。其中一种处理方式是在预制混凝土墙板构件中预留安装件的槽口。同时配套一种L形的安装件。安装件由钢骨架和橡胶垫两部分组成。钢骨架和橡胶垫的安装目的是限位，防止其移动和有效隔断其传热通道，防止其形成冷桥。安装槽口位置如图10-9所示，L形安装件如图10-10所示。安装方法为根据装配式混凝土墙板上预留的填缝安装槽口的位置和安装固定件的位置，固定各种铝合金材质和规格的墙体门窗框，固定窗框后再对门窗框与墙体之间的缝隙进行填缝加固处理。

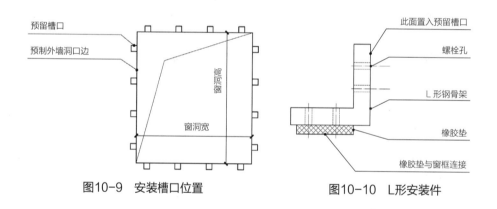

图10-9　安装槽口位置　　　　　　　图10-10　L形安装件

10.8 装配式建筑首层及女儿墙

10.8.1 装配式建筑首层

　　根据《装配式混凝土建筑技术标准》GB/T 51231—2016中第5.1.7条的规定，高层建筑首层通常宜采用现浇。当首层采用装配式建筑时，首层外墙和地面之间的防水结构尤为重要，其设计合理性直接决定了建筑的安全可靠性和密封防水性。

　　高层装配式剪力墙结构、装配式框架结构底部的加强部位或首层采用现浇结构的原因为：剪力墙结构底部加强区及框架结构首层通常是设计时的塑性铰区域，如果采用装配式，势必将塑性铰区域上移。剪力墙结构底部加强区及框架结构首层通常为商用，层高与标准层不同，如采用预制，可能需要单独制作模具，不经济。目前，装配式建筑首层外墙防水结构还存在一些缺陷，如墙板的下侧面采用平口形式，未设计构造防水，仅靠材料防水，导致防水性能先天不足；同时，材料防水方式不合理，容易开裂，从而导致防水性能不稳定；此外，首层外墙的防水缺乏一套完整的一体化结构设计，导致施工复杂、密封防水性能难以满足建筑要求。

10.8.2　装配式建筑女儿墙

依据国家标准图集《预制钢筋混凝土阳台板、空调板及女儿墙》15G368-1做法，装配式女儿墙主要由板、压顶构成（图10-11、图10-12）。

女儿墙泛水处的各种防水材料，会因长时间使用以及外界侵蚀作用而逐渐出现耐久性能大大降低的现象。因为建筑物中女儿墙所处的位置为屋顶的水平面之上，垂直约束较少，在较长的女儿墙中部位置或转角位置会因为混凝土的温度变形而导致出现裂缝渗漏现象。将建筑物的女儿墙与外墙进行比较，女儿墙因温差变化而产生变形的现象更为普遍。而预制女儿墙因其整体性能佳从而较好地避免了裂纹现象。

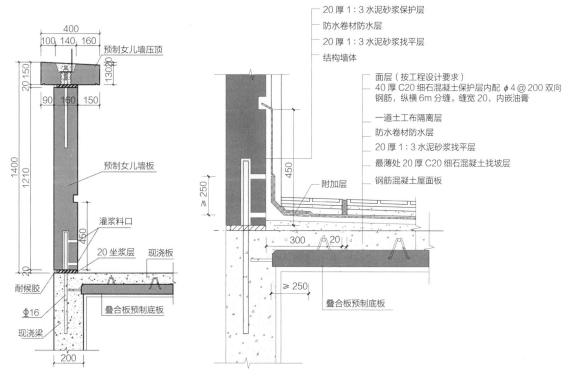

图10-11　装配式女儿墙构造　　　　图10-12　装配式屋面泛水构造

10.9 装配式外墙饰面材料的选择

装配式外墙饰面材料与现浇外墙的选择基本一致，都遵循以下原则。

首先是质感。不同的外墙装饰材料，其质感存在较大差异，体现在光泽、颜色、花纹和图案等方面，选择的材料不同，会给人带来不一样的感觉。不同质感的外墙装饰材料要考虑其装饰效果、建筑物造型与立面风格的搭配。对于高层装配式建筑物应考虑其重复性，以便减少模具，提高生产效率。

其次是线条。对于直线形、折线形和曲线形等轮廓，只有保证线条比例和谐，才能吸引人们的注意力，形成活泼、庄重等风貌，让人们得到美的享受。对此，在选择外墙装饰材料时，要充分考虑线条因素，可以合理搭配各种装饰材料，让线条比例达到和谐，这样才能让建筑显得更加美观、大方。但是装配式建筑因需要考虑其模具的重复使用性，以及运输、吊装过程中的成品保护，因此立面线条应尽量优化、统一或减少。

再次是功能性。外墙装饰材料还要有耐沾污性和易清洁性的特点，这样在建筑物长期使用过程中，才能保持清洁、整洁，避免对建筑物美感造成影响。同时，外墙装饰材料还要有耐磨性的优点，以保证材料的使用寿命。除此之外，还要选择具备一定强度的外墙装饰材料，并有良好的耐水、耐火和耐腐蚀等性能，使建筑物质量得到提升。

外墙外饰面层材料主要有涂料、真石漆、陶瓷面砖、大理石、花岗岩、金属、玻璃、彩色装饰砂浆、柔性饰面砖等多种。其中的大理石、金属、玻璃等材料的安装和施工过程比较复杂，而且造价高昂，多数适用于大型公共建筑或者对档次和技术要求较高的大型商业建筑。涂料、真石漆、陶瓷面砖的通用性相对较强，市场上的应用需求量较大，经常应用在居住类建筑立面。装配式建筑外墙也同样适用。

10.10 装配式建筑空调室外机的处理

当今的建筑通常会设置室内空调控制系统以充分满足人们对室内环境舒适性的要求。其中，酒店、办公及商业建筑通常采用中央空调系统，住宅和某些办公建筑则采用分体空调、VRF空调系统。不管采用何种空调形式，都需要考虑空调室外机机位的合理设置，对于装配式居住类建筑而言，因构件均在工厂提前生产，合理的空调室外机机位设置尤为重要。

1. 分体空调室外机设备平台

（1）通常分体空调室外机机位为外挑600mm，1300mm（宽）×1200mm（高）。

（2）分体空调设计要点：①不宜直接设置在阳台，因热风吹向阳台会影响住户的舒适感；②不宜直接布置在卧室的窗外，以便窗户开启、减少室内噪声。

（3）设备通风平台的室外百叶机组通风率一般应在85%以上，且室外百叶机组立面的百叶面积是室内机组百叶面积的2倍以上。设备室外通风平台安装时应设置地漏或预埋排水管，便于冷凝水排放。

2. 家用VRF空调室外机设备平台

（1）家用VRF空调产品因品牌、制冷量匹数不同，产品尺寸变化较大，因此需要根据实际使用位置采用合适的尺寸。

（2）家用VRF空调设计要点。

①机组四周与墙壁的最小间距：接管侧或操作侧≥300mm，非操作侧≥100mm。

②放置空调外机的设备平台必须保持通风良好，设置的进排风处百叶面积需满足：进风速度大于0.6m/s，排放废气的速度为1.5～2m/s。百叶的开口率一般要求大于85%，并应根据厂家要求合理设置空调导流管和风管。

③需要充分考虑室内配管的长度，以及室内环境温度的综合影响引起的室内外机容量的衰减，满足节能环保和规范的要求。

不管是分体空调还是VRF空调，空调室外机组均影响建筑外立面观感，通常设置百叶遮挡视线。常用的百叶有平直百叶和防雨百叶两种，如图10-13、图10-14所示。防雨百叶空调散热气流在通过格栅时受到影响，出风阻力较大，影响室外机组的散热；平直百叶格栅的室外吸排风流动阻力损失系数小，不易发生回流现象。空调散热百叶建议优先选用平直百叶。

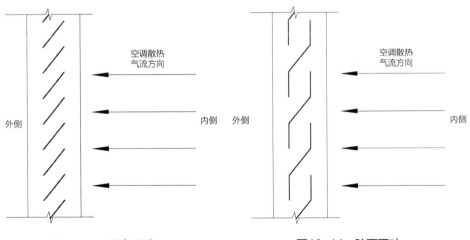

图10-13 平直百叶　　　　　　　　　　　图10-14 防雨百叶

10.11 装配式外墙与绿色建筑

装配式建筑是绿色环保节能建筑的一个重要典型和代表，包含在绿色建筑中。绿色建筑是一个更大的概念，可以简单表述为"装配式建筑<绿色建筑"。在《装配式混凝土建筑技术标准》GB/T 51231—2016总则第1.0.3条的条文说明中特别指出，装配式建筑的基本原则"强调了可持续发展的绿色建筑全寿命周期基本理念"。

传统现浇建筑施工的方式较粗放，施工过程中对生态环境各方面都会造成严重的环境污染影响。我国在建筑过程中垃圾的排放总量已经高达70亿t/年，且新建筑产生的大型建筑垃圾高达4亿t/年。而装配式建筑具有节能、节水、节材的显著特点，能大幅度减少建筑垃圾、保护环境。装配式建筑实现节能节源体现在两个主要方面：一方面为采用预制构件按设计现场组装施工避免了原材料长期堆放于现场受恶劣天气影响导致损害；另一方面，因为采用装配式建筑施工的方式可有效减少现场施工建筑过程中原材料的使用量，有效地减少和避免了现场原材料施工的建筑资源消耗和浪费，在木模板的综合使用量上尤为明显，如表10-3、表10-4所示。

装配式建筑相关环保指标（单位：mg/m^3）　　　　表10-3

环保指标	现浇	装配式
总悬浮颗粒物（TSP）	0.40	0.15
可吸入颗粒物（PM_{10}）	0.30	0.10

装配式建筑相关节能指标（单位：%）　　　　表10-4

建筑耗材	现浇	装配式/现浇
木材	100	44.60
保温材料	100	48.15
水泥砂浆	100	44.97
水	100	75.67
电	100	81.78

10.12　外墙系列部品库及构造大样

综合以上，装配式构件产品是连接构件厂和设计院的桥梁，是使二者能够共同工作沟通的语言。装配式建筑要大规模、快速建造的首要条件就是要将构件标准化，少规格、多组合。为能更好地推广装配式建筑，提高外墙的装配化程度，装配式外墙构件需要进行标准化、系列化设计，以便设计师及工厂都能进行标准化的引用。主要有嵌装外墙和外挂外墙两个系列。其编号示例如表10-5所示。

外墙板编号示例　　　　　　　表10-5

序号	安装形式	示意图	墙板类型	编号范例	编号说明
1	嵌装		无洞口外墙（现浇梁）	WQL（墙板）示例：WQL0628	其中，WQ为外墙板，L为现浇梁，06为板材适用宽度，28为板材适用高度
2	外挂	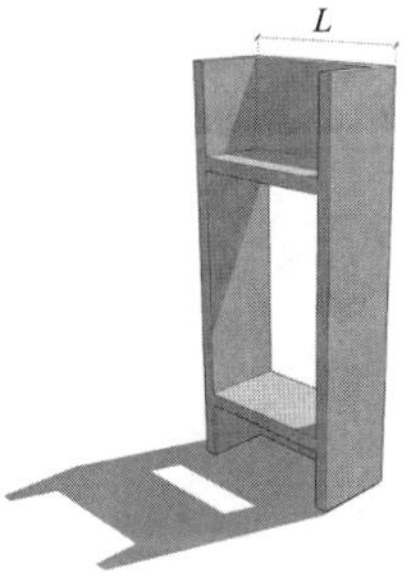	一个凸窗洞外墙外挂	TQW（墙板）-（洞口）示例：TQW1028-0616	其中，T为凸窗洞，Q为外墙板，W为外挂，10为板材适用宽度，28为板材适用高度，0616为窗洞口尺寸

10.12.1　嵌装系列

嵌装外墙系列部品库及构造大样如图10-15～图10-20所示。

10.12.2　外挂系列

外挂外墙系列部品库及构造大样如图10-21～图10-25所示。

图10-15 外墙系列部品库及构造大样（嵌装外墙一）

系列名称	层高 H(m)	宽度 W(mm)	厚度(mm)	适用抗震设防地区	竖向接缝方式	水平接缝方式	连接方式	生产方式
无洞口外墙QL	2.8/2.9/3.0	600~2000	200	烈度6~8度	套筒灌浆连接	整体式接缝	外挂	立式

预埋件统计

编号	名称	简图（形状）	数量	备注
YM1	吊装预埋件	⊐	2	
YM2	脱模兼支撑预埋件		4	
YM3	D40螺纹盲孔		2	

注：本表以WQL1130为例。

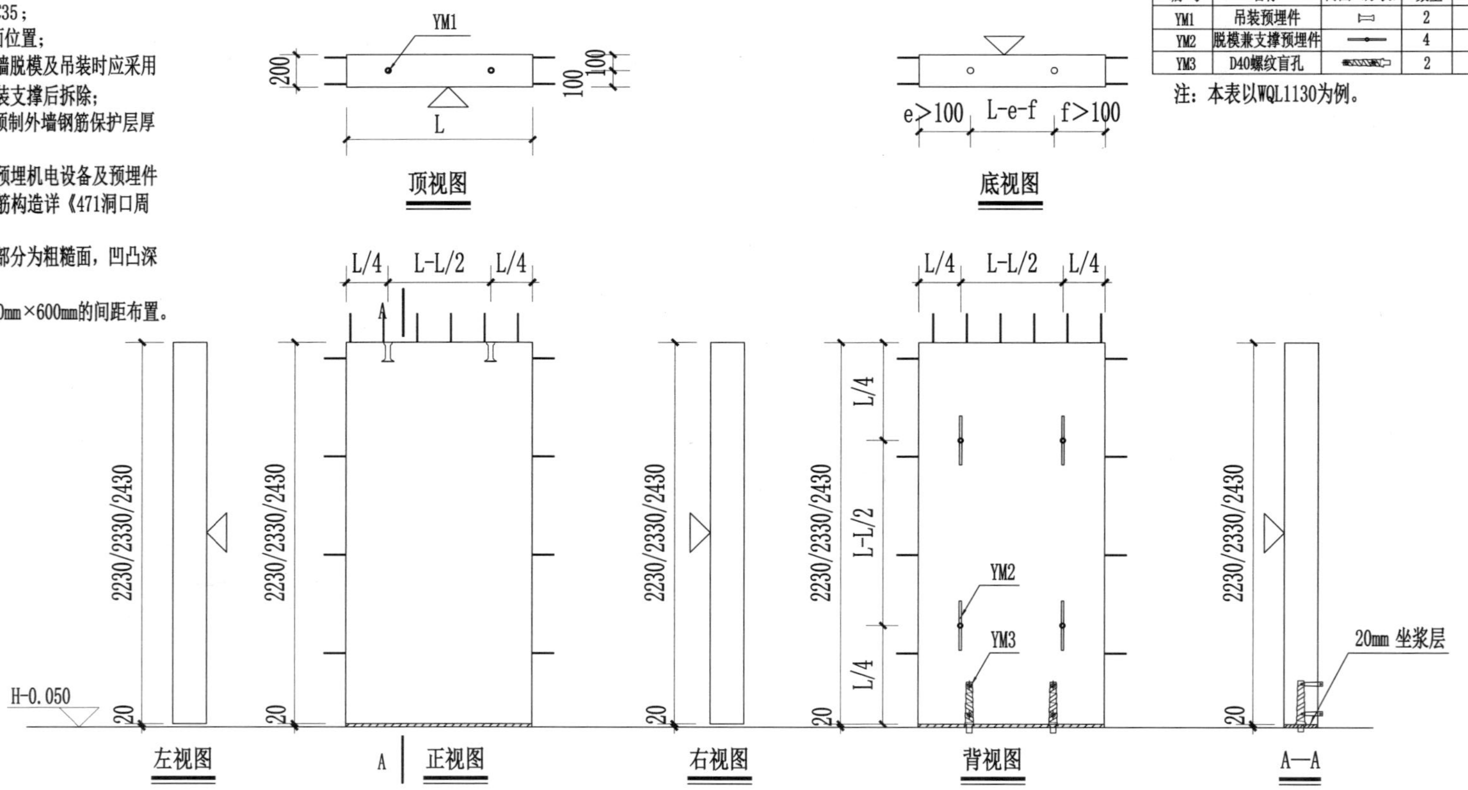

预制飘窗、预制外墙通用说明：
1. 混凝土强度等级均为C35；
2. "△"为Keyplan标识面位置；
3. 对预制飘窗、预制外墙脱模及吊装时应采用平衡梁，辅助吊在吊装及支撑后拆除；
4. 未标注的预制钢筋、预制外墙钢筋保护层厚度为15mm；
5. 预制飘窗、预制外墙预埋机电设备及预埋件开洞时，洞口周边配筋构造详《471洞口周边配筋构造详图》；
6. 预制外墙与现浇搭接部分为粗糙面，凹凸深度不小于6mm；
7. 拉筋直径为φ6按6按照600mm×600mm的间距布置。

顶视图　底视图　正视图　背视图　右视图　左视图　A—A

e>100　L-e-f　f>100

2230/2330/2430　20

L/4　L-L/2　L/4

YM1　YM2　YM3

20mm坐浆层

H-0.050

保温材料	建筑面层	混凝土强度等级	钢筋等级	预埋锚板	锚筋、锚板焊接	吊环、预埋螺母
保温腻子+热反射涂料	25mm	不低于C30	HPB300、HRB400	Q235-B级钢	埋弧压力焊	满足规范要求

广州市建工设计院有限公司
GUANGZHOU ARCHITECTURAL ENGINEERING DESIGN INSTITUTE CO.,LTD

图10-16 外墙系列部品库及构造大样（嵌装外墙二）

系列名称	层高 H（m）	厚度（mm）	适用抗震设防地区	水平接缝方式	竖向接缝方式	连接方式	生产方式
无洞口外墙WQL	2.8/2.9/3.0	200	烈度6～8度	整体式接缝	套筒灌浆连接	外挂	立式

钢筋统计

编号	直径	简图（形状）	数量
01	Φ6	180 130 2495	18
02	Φ6	1470	12
03	Φ6	2300	8
04	Φ6	30 30	2
05	Φ6	175 30	8

注：本表以WQL1130为例。

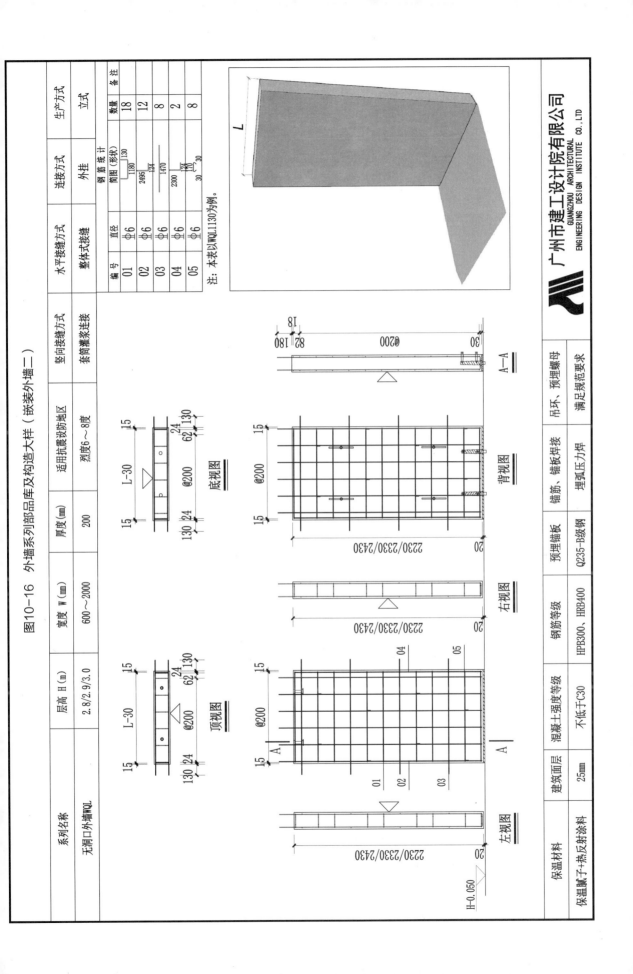

底视图

顶视图

背视图

右视图

左视图

A—A

保温材料	建筑面层	混凝土强度等级	钢筋等级	预埋锚板	锚筋、锚板焊接	吊环、预埋螺母
保温腻子+热反射涂料	25mm	不低于C30	HPB300、HRB400	Q235-B级钢	埋弧压力焊	满足规范要求

广州市建工设计院有限公司
GUANGZHOU ARCHITECTURAL
ENGINEERING DESIGN INSTITUTE CO.,LTD

图10-17 外墙系列部品库及构造大样（嵌装外墙三）

系列名称	层高 H (m)	宽度 W (mm)	厚度 (mm)	适用抗震设防地区	竖向接缝方式	水平接缝方式	连接方式	生产方式
无洞口外墙WQL	2.8/2.9/3.0	600~2000	200	烈度6~8度	套筒灌浆连接	整体式接缝	外挂	立式

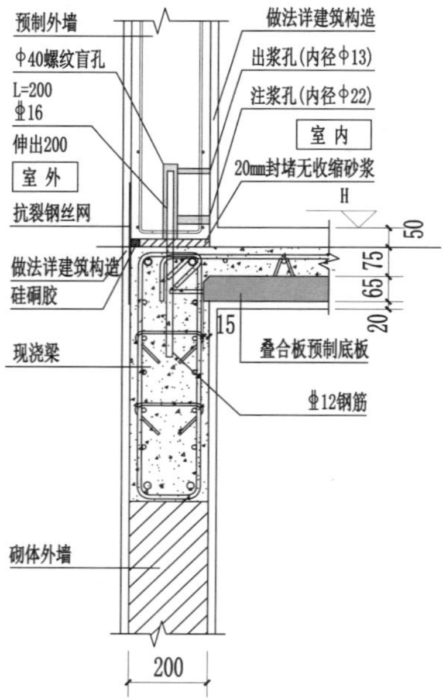

装配式外墙首层大样

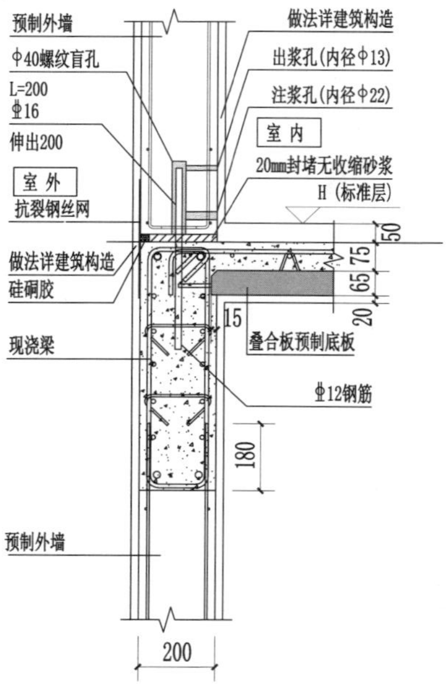

装配式外墙标准层大样

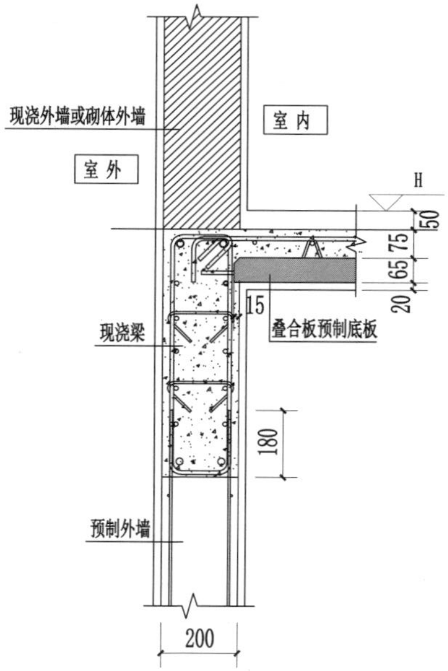

装配式外墙顶层大样

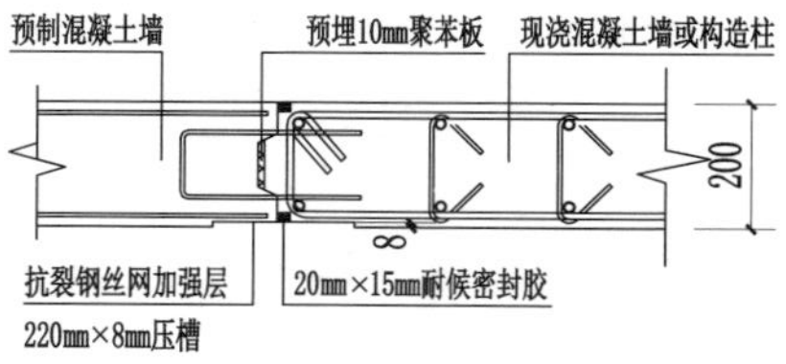

预制外墙竖缝俯视大样图

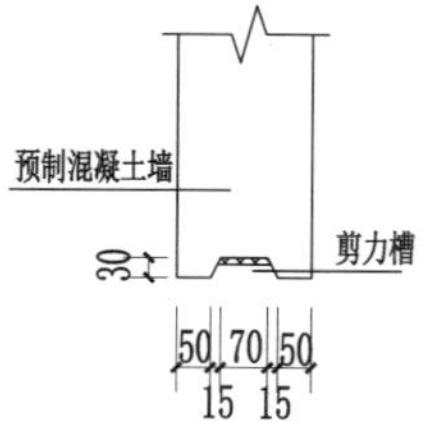

外墙剪力槽俯视大样图

外墙系列部品库及构造大样

保温材料	建筑面层	混凝土强度等级	钢筋等级	预埋锚板	锚筋、锚板焊接	吊环、预埋螺母
保温腻子+热反射涂料	25mm	不低于C30	HPB300、HRB400	Q235-B级钢	埋弧压力焊	满足规范要求

广州市建工设计院有限公司
GUANGZHOU ARCHITECTURAL ENGINEERING DESIGN INSTITUTE CO.,LTD

图10-18 外墙系列部品库及构造大样（嵌装外墙四）

系列名称	层高 H (m)	宽度 W (mm)	厚度 (mm)	适用抗震设防地区	竖向接缝方式	水平接缝方式	连接方式	生产方式
无洞口外墙WQL	2.8/2.9/3.0	600~2000	200	烈度6~8度	套筒灌浆连接	整体式接缝	外挂	立式

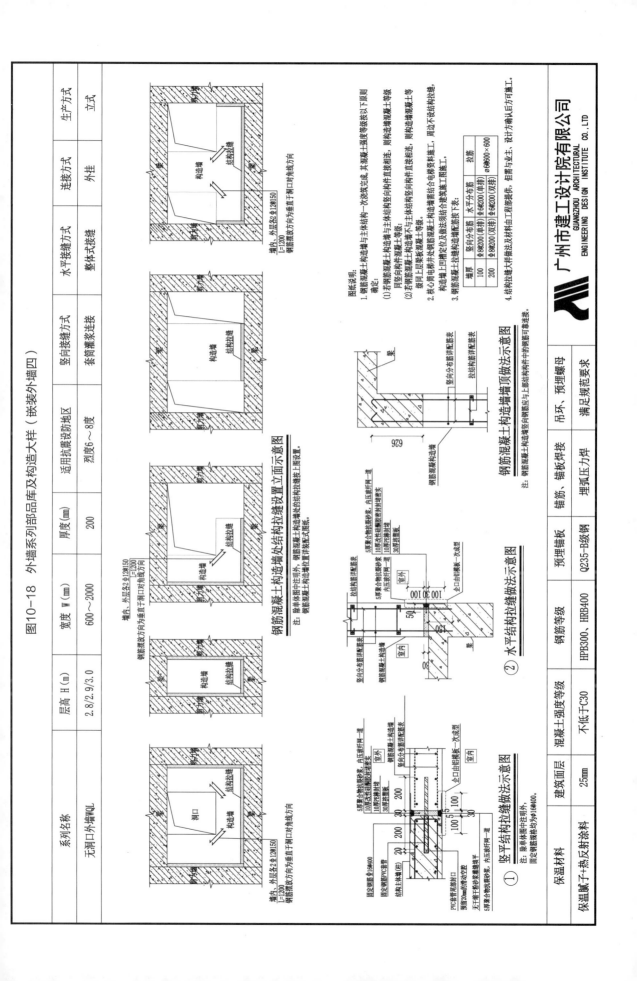

墙内、外层各2φ12@150
L=1200
钢筋放置方向为垂直洞口拐角线方向

墙内、外层各2φ12@150
L=1200
钢筋放置方向为垂直洞口拐角线方向
注：除单体图中说明外，钢筋混凝土构造墙处防震防火构造缝按此要求设置。

钢筋混凝土构造墙处结构拉缝设置立面示意图
注：钢筋混凝土构造墙拉缝位置详装配式图纸。

① 竖平结构拉缝做法示意图
注：除单体图中说明外，
固定钢筋规格均为φ6@400。

② 水平结构拉缝做法示意图

钢筋混凝土构造墙墙顶做法示意图
注：钢筋混凝土构造墙竖向钢筋应与上部结构构件中的钢筋可靠连接。

图纸说明：
1. 钢筋混凝土构造墙与主体结构一次浇筑完成，其混凝土强度等级按以下原则确定：
（1）若钢筋混凝土构造墙与主体结构竖向构件直接相连，则构造墙混凝土等级同竖向构件混凝土等级；
（2）若钢筋混凝土构造墙与主体结构竖向构件非直接相连，则构造墙混凝土等级须同上层楼板混凝土等级。
2. 核心筒电梯间处钢筋混凝土构造墙应结合电梯井资料施工，同立构造墙混凝土应符合建筑施工图。构造墙上凹槽定位及做法须结合各建筑设计图施工。
3. 钢筋混凝土拉缝构造配筋如下表：

墙厚	竖向分布筋	水平分布筋	拉筋
100	φ8@200（单排）	φ6@200（单排）	φ6@600×600
200	φ8@200（双排）	φ6@200（双排）	φ6@600×600

4. 结构连接大样做法及材料应由工程细部构造详图提供，但需与业主、设计方确认后方可施工。

						吊环、预埋螺母	满足规范要求
			预埋锚板	Q235-B级钢	锚筋、锚板焊接	埋弧压力焊	
		钢筋等级	HPB300、HRB400				
	混凝土强度等级	不低于C30					
建筑面层	25mm						
保温材料	保温腻子+热反射涂料						

广州市建工设计院有限公司
GUANGZHOU ARCHITECTURAL
ENGINEERING DESIGN CO.,LTD

图10-19 外墙系列部品库及构造大样（嵌装外墙五）

系列名称	层高 H (m)	宽度 W (mm)	厚度 (mm)	适用抗震设防地区	竖向接缝方式	水平接缝方式	连接方式	生产方式
无洞口外墙WQL	2.8/2.9/3.0	600～2000	200	烈度6～8度	套筒灌浆连接	整体式接缝	外挂	立式

YM1 吊装预埋件

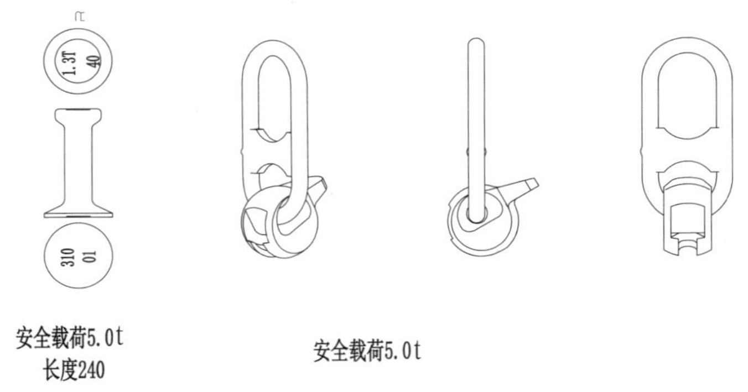

安全载荷5.0t
长度240

安全载荷5.0t

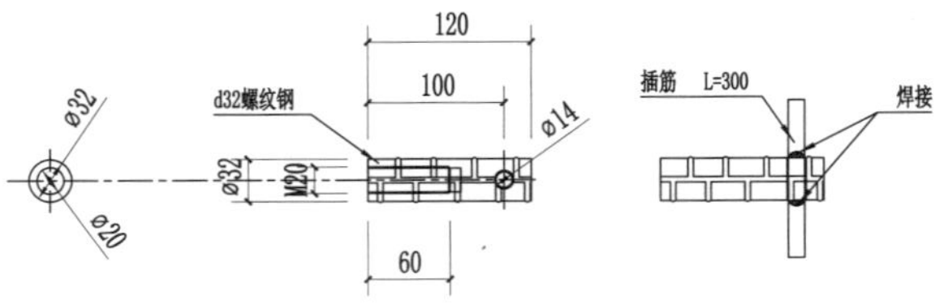

YM3 D40螺纹盲孔

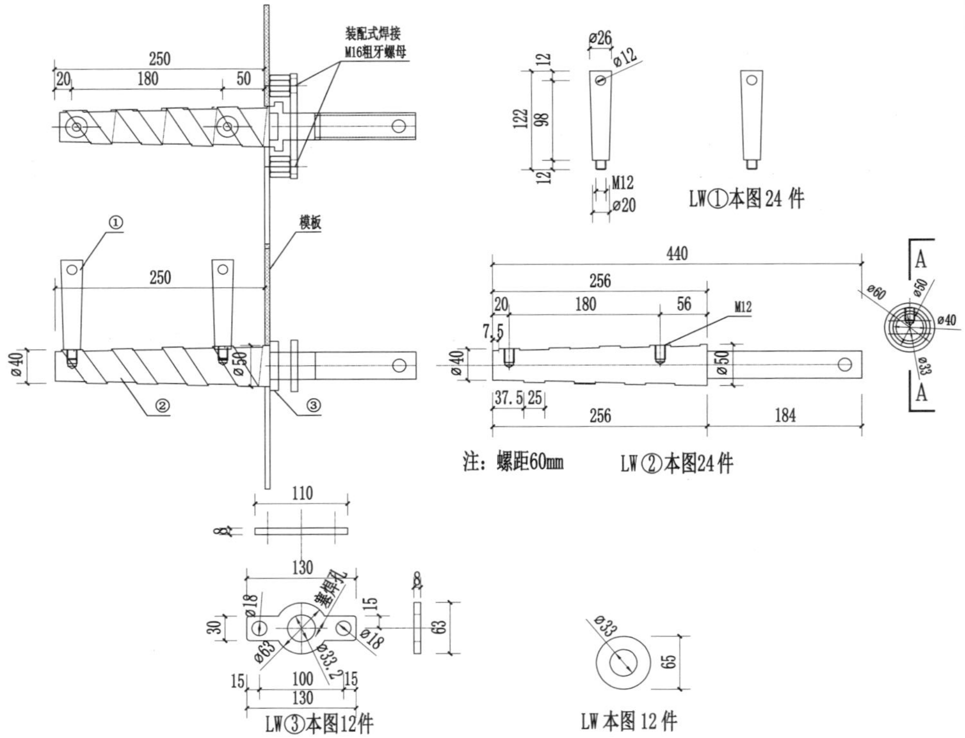

LW①本图24件

LW②本图24件

LW本图12件

注：螺距60mm

LW③本图12件

YM2 脱模兼支撑预埋件

M20(0) L=120

保温材料	建筑面层	混凝土强度等级	钢筋等级	预埋锚板	锚筋、锚板焊接	吊环、预埋螺母
保温腻子+热反射涂料	25mm	不低于C30	HPB300、HRB400	Q235-B级钢	埋弧压力焊	满足规范要求

广州市建工设计院有限公司
GUANGZHOU ARCHITECTURAL
ENGINEERING DESIGN CO.,LTD

图10-20 外墙系列部品库及构造大样（嵌装外墙六）

系列名称	层高 H(m)	宽度 W(mm)	厚度(mm)	适用抗震设防地区	竖向接缝方式	水平接缝方式	连接方式	生产方式
471洞口周边钢筋构造详图	2.8/2.9/3.0	1000~2000	200	烈度6~8度	套筒灌浆连接	整体式接缝	外挂	立式

保温材料	建筑面层	混凝土强度等级	钢筋等级	预埋锚板	锚筋、锚板焊接	吊环、预埋螺母
保温腻子+热反射涂料	25mm	不低于C30	HPB300、HRB400	Q235-B级钢	埋弧压力焊	满足规范要求

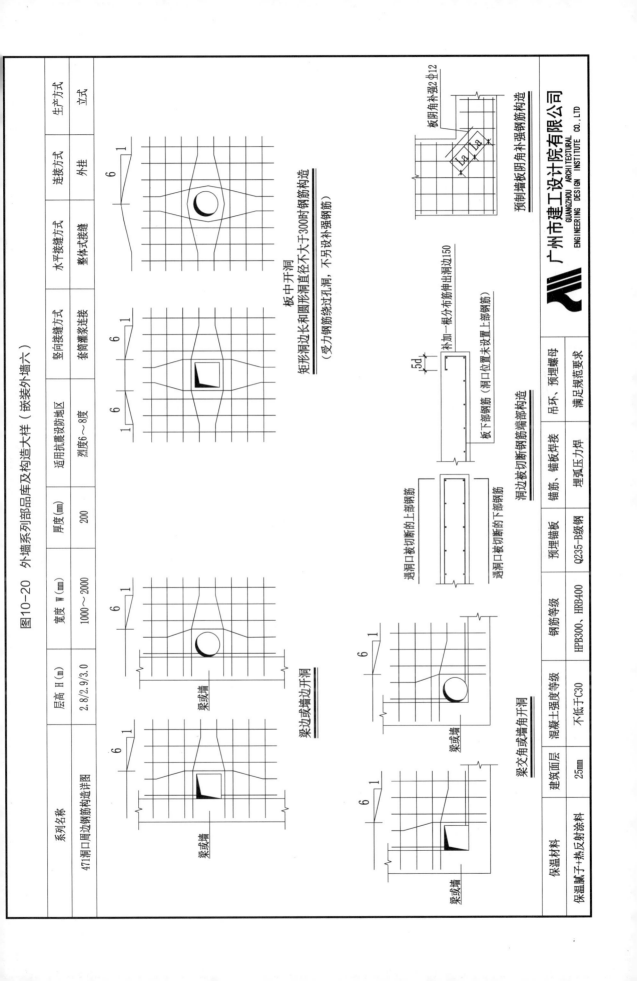

板中开洞
矩形洞边长和圆形洞直径不大于300时钢筋构造
（受力钢筋绕过孔洞，不另设补强钢筋）

梁边或墙边开洞

梁或墙

梁交角或墙角开洞

梁或墙

洞边被切断钢筋端部构造

遇洞口被切断的上部钢筋

遇洞口被切断的下部钢筋

板下部钢筋（洞口位置未设置上部钢筋）

补加一根分布筋伸出洞边150

板下部钢筋

5d

预制墙板阴角补强钢筋构造

板阴角补强钢筋2Φ12

广州市建工设计院有限公司
GUANGZHOU ARCHITECTURAL ENGINEERING DESIGN INSTITUTE CO.,LTD

图10-21 外墙系列部品库及构造大样（外挂外墙一）

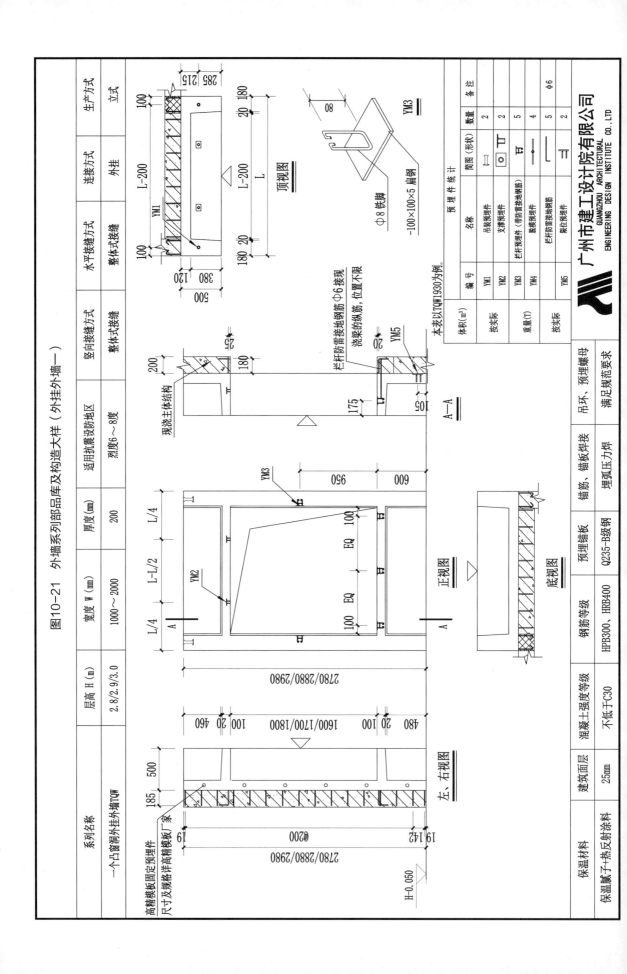

系列名称	层高 H (m)	宽度 W (mm)	厚度 (mm)	适用抗震设防地区	竖向接缝方式	水平接缝方式	连接方式	生产方式
一个凸窗调外挂外墙TQW	2.8/2.9/3.0	1000～2000	200	烈度6～8度	整体式接缝	整体式接缝	外挂	立式

预埋件统计			
编号	名称	简图（形状）	数量	备注
YM1	吊装预埋件	⊓	2	
YM2	支撑预埋件	⊡	2	
YM3	栏杆预埋件（带防雷接地钢筋）	⊟	5	
YM4	胶缝预埋件	—	4	
YM5	栏杆防雷接地钢筋	—	5	
	限位预埋件	⊐	2	Φ6

本表以TQW1930为例。

		按实际	
体积(m³)			
重量(T)		按实际	

广州市建工设计院有限公司
GUANGZHOU ARCHITECTURAL
ENGINEERING DESIGN INSTITUTE CO., LTD

| 保温材料 | 保温腻子+热反射涂料 | 建筑面层 | 25mm | 混凝土强度等级 | 不低于C30 | 钢筋等级 | HPB300、HRB400 | 预埋锚板 | Q235-B级钢 | 锚筋、锚板焊接 | 埋弧压力焊 | 吊环、预埋螺母 | 满足规范要求 |

高精模板固定预埋件
尺寸及规格详高精模板厂家

-100×100×5扁钢

Φ8铁脚

YM3

顶视图

A—A

正视图

底视图

左、右视图

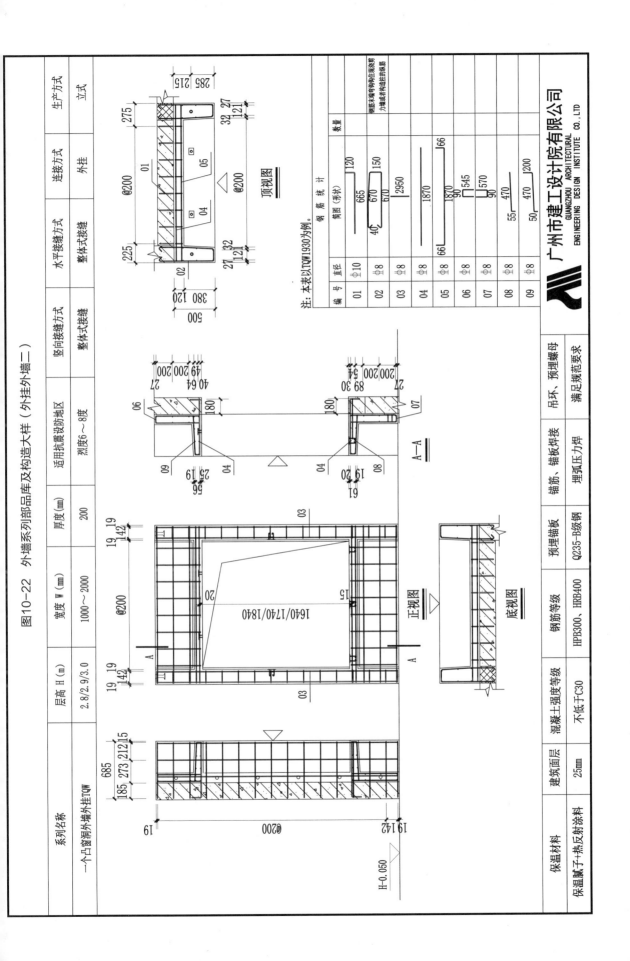

图10-22 外墙系列部品库及构造大样（外挂外墙二）

系列名称	层高 H（m）	宽度 W（mm）	厚度（mm）	适用抗震设防地区	竖向接缝方式	水平接缝方式	连接方式	生产方式
一个凸窗洞外墙外挂TQW	2.8/2.9/3.0	1000～2000	200	烈度6～8度	整体式接缝	整体式接缝	外挂	立式

保温材料	建筑面层	混凝土强度等级	钢筋等级	预埋锚板	锚筋、锚板焊接	吊环、预埋螺母
保温腻子+热反射涂料	25mm	不低于C30	HPB300、HRB400	Q235-B级钢	埋弧压力焊	满足规范要求

钢 筋 统 计

编号	直径	简图	数量
01	Φ10	665 120	
02	Φ8	670 670 150	
03	Φ8	2950	
04	Φ8	1870	
05	Φ8	1870 545 90	
06	Φ8	570 90	
07	Φ8	470	
08	Φ8	470 200 55	
09	Φ8	50 200	

注：本表以TQW1930为例。

钢筋末端弯钩锚固在现浇剪力墙或者构造柱拉筋端箍

广州市建工设计院有限公司
GUANGZHOU ARCHITECTURAL ENGINEERING DESIGN INSTITUTE CO., LTD

顶视图

A—A

正视图

底视图

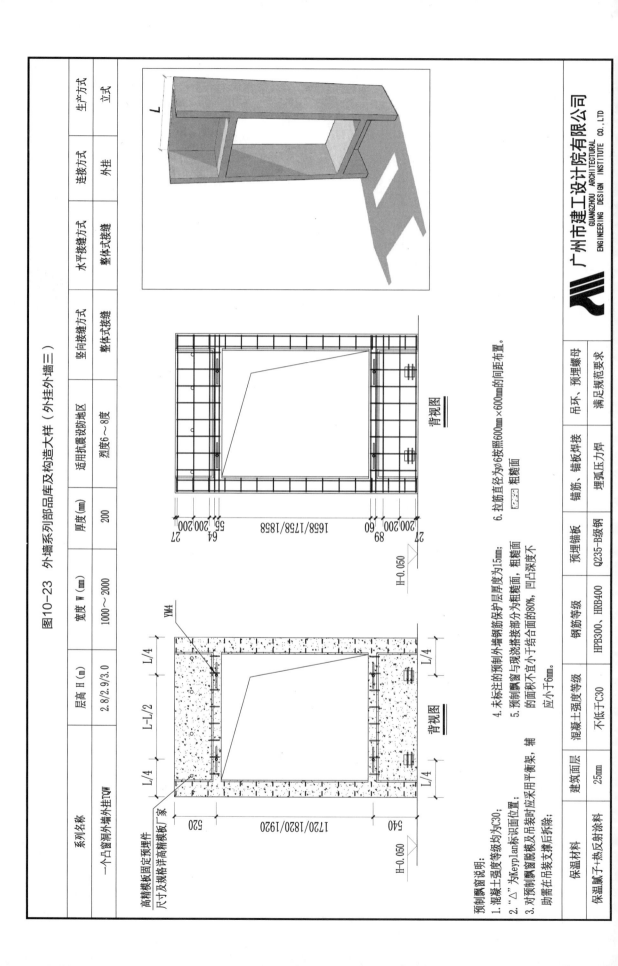

图10-23 外墙系列部品库及构造大样（外挂外墙三）

系列名称	层高 H (m)	宽度 W (mm)	厚度(mm)	适用抗震设防地区	竖向接缝方式	水平接缝方式	连接方式	生产方式
一个凸窗洞外墙外挂TQW	2.8/2.9/3.0	1000～2000	200	烈度6～8度	整体式接缝	整体式接缝	外挂	立式

预制飘窗说明：
1. 粗糙面混凝土强度等级均为C30；
2. "△"为Keyplan标识面位置；
3. 对预制飘窗脱模及吊装时应采用平衡架，辅助需在吊装支撑后拆除；
4. 未标注的预制外墙钢筋保护层厚度为15mm；
5. 预制飘窗与现浇搭接墙部分为粗糙面，粗糙面的面积不宜小于结合面的80%，凹凸深度不应小于6mm。
6. 拉筋直径为φ6按照600mm×600mm的间距布置。

保温材料	建筑面层	混凝土强度等级	钢筋等级	预埋锚板	锚筋、锚板焊接	吊环、预埋螺母
保温腻子+热反射涂料	25mm	不低于C30	HPB300、HRB400	Q235-B级钢	埋弧压力焊	满足规范要求

广州市建工设计院有限公司
GUANGZHOU ARCHITECTURAL ENGINEERING DESIGN INSTITUTE CO.,LTD

图10-24 外墙系列部品库及构造大样（外挂外墙四）

系列名称	层高 H（m）	宽度 W（mm）	厚度（mm）	适用抗震设防地区	竖向接缝方式	水平接缝方式	连接方式	生产方式
一个凸窗洞外墙外挂TQW	2.8/2.9/3.0	1000~2000	200	烈度6~8度	整体式接缝	整体式接缝	外挂	立式

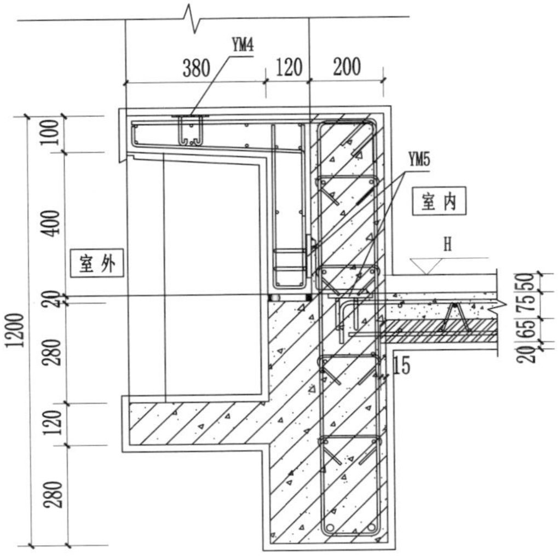

顶层飘窗大样

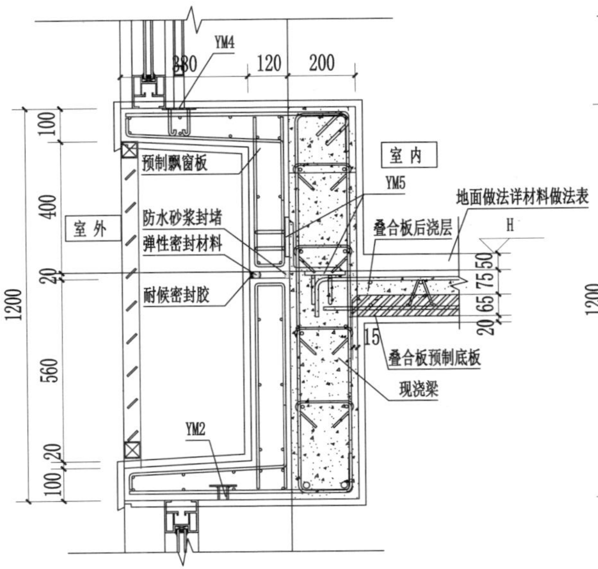

标准层飘窗大样

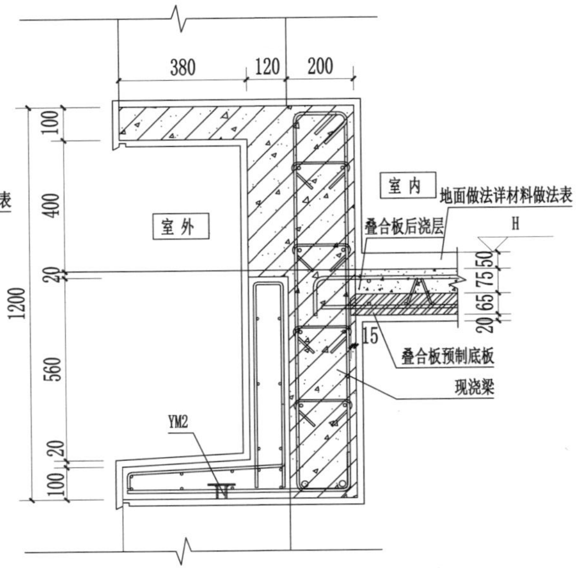

底层飘窗大样

保温材料	建筑面层	混凝土强度等级	钢筋等级	预埋锚板	锚筋、锚板焊接	吊环、预埋螺母
保温腻子+热反射涂料	25mm	不低于C30	HPB300、HRB400	Q235-B级钢	埋弧压力焊	满足规范要求

广州市建工设计院有限公司
GUANGZHOU ARCHITECTURAL
ENGINEERING DESIGN INSTITUTE CO.,LTD

图10-25 外墙系列部品库及构造大样（外挂外墙五）

系列名称	层高 H (m)	宽度 W (mm)	厚度 (mm)	适用抗震设防地区	竖向接缝方式	水平接缝方式	连接方式	生产方式
一个凸窗洞口外墙TQW	2.8/2.9/3.0	1000~2000	200	烈度6~8度	整体式接缝	整体式接缝	外挂	立式

YM1 吊装预埋件

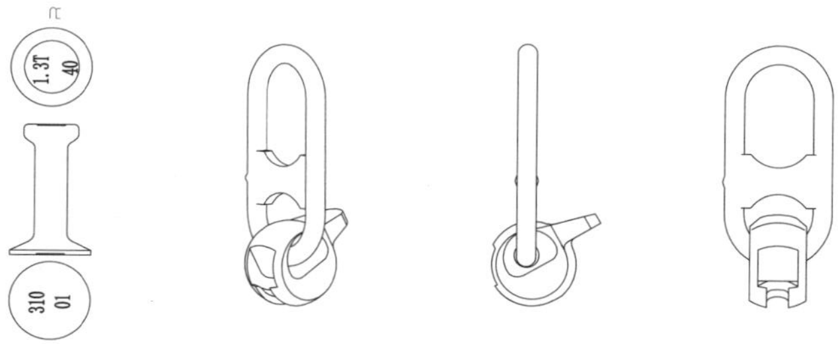

安全载荷5.0吨
长度240

安全载荷5.0吨

YM2 支撑预埋件

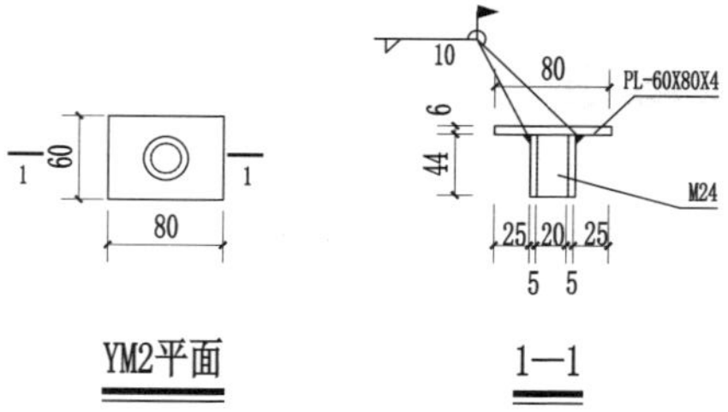

YM2平面

1—1

PL-60X80X4
M24
80

YM5 限位预埋件

YM5平面
2-Φ10

YM5侧面

2—2

L-150×150×12
现场施工与YM5焊接
YM5构件预埋、PL-120X120X12
YM5现场施工预埋
PL-120X120X12

YM4 脱模预埋件

M20(0) L=120
Φ32螺纹钢
M20

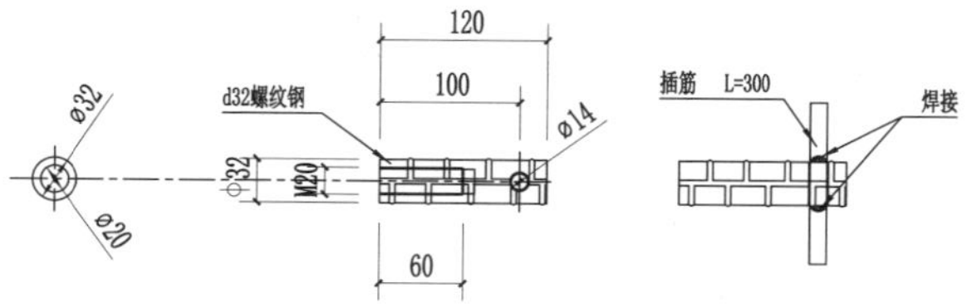

焊接
锚筋 L=300

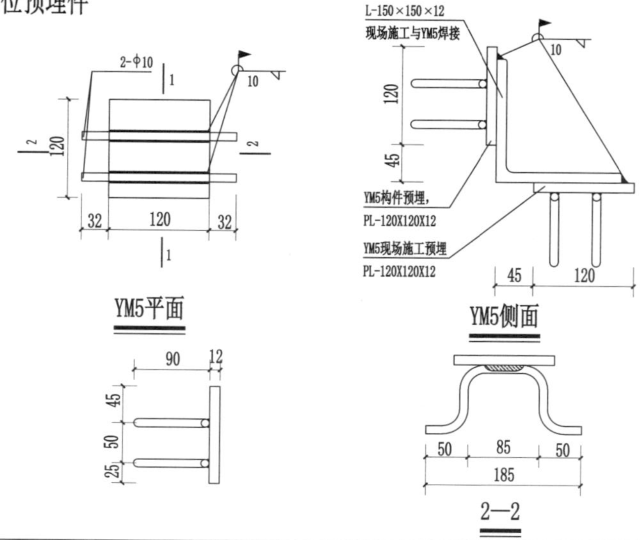

保温材料	建筑面层	混凝土强度等级	钢筋等级	预埋锚板	锚筋、锚板焊接	吊环、预埋螺母
保温腻子+热反射涂料	25mm	不低于C30	HPB300、HRB400	Q235-B级钢	埋弧压力焊	满足规范要求

广州市建工设计院有限公司
GUANGZHOU ARCHITECTURAL ENGINEERING DESIGN INSTITUTE CO.,LTD

第11章 装配式整体卫生间与厨房

11.1 装配式整体卫生间

装配式整体卫生间是将卫生间内各构件、配件、设备、设施等部件集成为建筑部品，以实现工厂化生产、现场装配化安装。

装配式整体卫生间是装配式装修的重要组成部分，其设计应遵循标准化、系列化、模数化和精细化的原则，与结构系统、外围护系统、设备与管线系统、内装系统进行一体化设计，并符合干式工法施工的要求，在制作和加工阶段全部实现装配化。相比于传统卫生间，装配式整体卫生间具有防滑、防潮、防水、易清洁、安全卫生、施工方便和品质优良等优点（图11-1）。

图11-1　装配式整体卫生间

11.1.1 装配式整体卫生间的选用原则

1. 卫生间的类型及选用

装配式整体卫生间充分考虑了卫生间空间的多样组合或分隔，包括多器具的集成卫生间产品和仅有盥洗、淋浴、盆浴或便溺等单一功能模块的集成卫生间产品。在选用功能组合时，应综合考虑套型面积、使用人数、服务对象、户内卫生间数量等因素，根据表11-1合理选用。

装配式整体卫生间类型功能　　　　　　表11-1

形式	类型	功能
单一 功能式	盥洗类型	供盥洗用
	淋浴类型	供淋浴用
	盆浴类型	供盆浴用
	便溺类型	供排便用
双功能 组合式	盥洗、便溺类型	供盥洗、排便用
	盥洗、淋浴类型	供盥洗、淋浴用
	盥洗、盆浴类型	供盥洗、盆浴用
	淋浴、便溺类型	供淋浴、排便用
多功能 组合式	盥洗、淋浴、便溺类型	供盥洗、淋浴、排便用
	盥洗、盆浴、便溺类型	供盥洗、盆浴、排便用
	盥洗、淋浴、盆浴、便溺类型	供盥洗、淋浴、盆浴、排便用

装配式整体卫生间按布置形式可分为以下四种。

（1）集合式布置：在一个较小的空间中紧凑布置盥洗、便溺及淋浴功能，功能之间没有明确的分隔，可用浴帘轻度分离干区和湿区，适用于面积较小的住宅（图11-2）。

（2）干湿分离式布置：干区和湿区之间设置玻璃隔断等构件，明确分隔区域（图11-3）。

 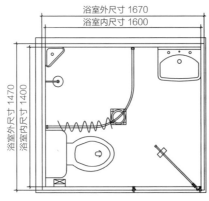

图11-2　集合式卫生间

图11-3　干湿分离式卫生间

（3）功能分离式布置：在干湿分离的基础上，将盥洗、便溺、淋浴及浴缸用玻璃隔断或墙体分隔，可供两种或三种功能同时使用，且互不干扰（图11-4）。

（4）无障碍布置：主要考虑轮椅的使用环境。

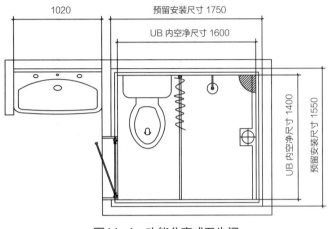

图11-4　功能分离式卫生间

2. 卫生间尺寸的选择

（1）卫生间平面尺寸的选择

装配式整体卫生间的内部净尺寸应与建筑空间尺寸相协调，应符合模数协调标准，卫生间内部净尺寸宜为基本模数100mm的整数倍，一般为1M或2M，并满足成套性、通用性和互换性的要求，满足卫生设备的更换维修要求。装配式整体卫生间平面净空尺寸可根据表11-2进行选用。

装配式整体卫生间平面净空尺寸选择（单位：mm）　　　　表11-2

方向	卫生间内部尺寸（系列）								
长向	1200	1400	1600	1700	1800	2000	2100	2400	2700
短向	1000	1200	1400	1500	1600	1800			
高度	≥2200								

（2）多功能组合式卫生间的常见平面尺寸

以盥洗、淋浴、便溺功能组合为例。

集合式卫生间：1200mm×1600mm、1200mm×1800mm、1400mm×1600mm、

1400mm×1800mm、1400mm×2000mm、1500mm×1700mm、1600mm×1800mm、1800mm×2100mm。

干湿分离式卫生间：1400mm×2100mm、1400mm×2400mm、1400mm×2700mm、1500mm×2100mm、1500mm×2400mm、1500mm×2700mm、1600mm×2100mm、1600mm×2400mm、1600mm×2700mm、1800mm×2100mm、1800mm×2400mm、1800mm×2700mm。

功能分离式卫生间：1000mm×1400mm+1400mm×1600mm、1000mm×1500mm+1500mm×1700mm、1200mm×1600+1600mm×2100mm、1200mm×1600mm+1600mm×2400mm。

无障碍卫生间：1800mm×2400mm、1800mm×2700mm。

（3）卫生间的预留安装尺寸

装配式整体卫生间的外围墙体、上下结构楼板、梁所围合的空间尺寸不应小于产品的安装尺寸。装配式整体卫生间常用预留安装尺寸可根据表11-3进行选用。

装配式整体卫生间常用预留尺寸设计（单位：mm）　　　表11-3

	室外完成面与降板结构面之间的距离（X）		顶板上表面与上方结构楼板下表面之间（Y）	
垂直方向	同层排水	异层排水	同层排水	异层排水
	后排（X）≥250 下排（X）≥300	≥100	≥200	≥350
水平方向	壁板外表面与外围墙体内表面之间			
	有安装管道一侧（a）	≥70	两侧共预留（a+b）	≥100
	无安装管道一侧（b）	≥30		

当整体卫生间设置外窗时，开窗洞口应开设在整体卫生间壁板范围内，窗户的最大外轮廓应比开窗面壁板的外轮廓至少内缩100mm，且不影响内部配件的安装及功能使用。如窗户高度需高出整体卫生间壁板时，应将窗户上部设计为固定扇，采用磨砂或覆膜处理。外围墙体窗洞口与壁板洞口采用窗套收口。

外围墙体门洞口预留宽度应为部品门框+50mm，预留高度不应小于壁板门洞高度。外围墙体门洞口与壁板洞口采用门套收口，防水盘与外部地面采用门头石收口。

装配式整体卫生间可设置管道井，将风道、通气管、排污立管、给水立管等设置在管道井内，可利用整体卫生间壁板作为隔墙，取消管井部分非结构性墙体，以节约空间及土建成本。装配式整体卫生间管道井尺寸一般为200mm×600mm、300mm×800mm等。

3.　卫生间材料的选用

装配式整体卫生间主体由防水底盘、壁板、顶板及各固定件组成。防水底盘是具有防水、防滑、防渗漏、排水与承载等功能的底部盘形组件，为工厂一体化模压成型、无拼接组件。地面宜采用架铺、干铺或薄贴工法，墙面宜采用干挂或薄贴工法。

根据生产工艺，装配式整体卫生间完成面常用的墙体材料有SMC复合材料、彩钢板（VCM）、瓷砖或石材（TUB/HUB）等。SMC复合材料是指不饱和聚酯玻璃纤维增强片状模塑料，经高温一次模压成型。彩钢板是指带有有机涂层的钢板，由带有PET彩色覆膜的镀锌钢板、保温隔声芯材、石膏背板一起复合而成。瓷砖或石材是指以镀锌钢板为底层，与高密度发泡、瓷砖或石材一体成型。装配式整体卫生间各部位材料可根据表11-4进行选用。

装配式整体卫生间墙体材料选择　　　　　　　表11-4

部件	SMC复合材料	彩钢板（VCM）	瓷砖或石材（TUB/HUB）
防水底盘	•		
壁板	•	•	•
顶板	•	•	

注：•为可选用。

4.　其他原则

（1）装配式整体卫生间宜采用结构局部降板的同层排水方式，避免由于横排管道侵占下层空间而造成产权不清晰、噪声干扰、渗漏隐患、空间局限等一系列麻烦，同层排水横支管不穿越楼层，管道维护在本层进行，不受预留孔洞限制，减少渗水概率。

（2）采用防水底盘时，防水底盘的固定安装不应破坏结构防水层；防水底盘与壁板、壁板与壁板、壁板与顶板之间应有可靠连接构造，并保证防渗漏和防潮的要求。

（3）装配式整体卫生间应根据厂家提供的净质量折算为楼面恒荷载进行设计，楼面设计活荷载为2.5kN/m²。

（4）装配式整体卫生间内禁止设置燃气热水器，当设置超过20kg的电热水器等重物时，其安装应直接受力于结构墙体、梁板，并采取有效的防潮、防锈蚀措施。

11.1.2 装配式整体卫生间的构造节点示意图

以下各构造节点示意图参考了《青岛海鸥福润达家居集成有限公司整体式卫浴产品手册》。

（1）防水底盘构造及壁板与防水底盘、顶板连接节点示意图（图11-5～图11-7）

（2）壁板之间连接节点示意图（图11-8、图11-9）

（3）开窗及窗套收口示意图（图11-10、图11-11）

（4）门套与卫生间连接节点示意图（图11-12）

（5）给水预留示意图（图11-13）

（6）同层排水及异层排水示意图（图11-14、图11-15）

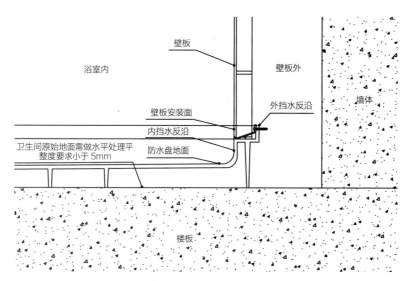

图11-5　防水底盘构造示意图

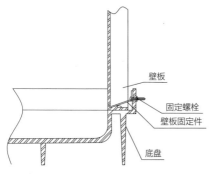

图11-6　壁板与防水底盘连接节点示意图

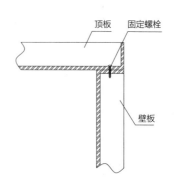

图11-7　壁板与顶板连接节点示意图

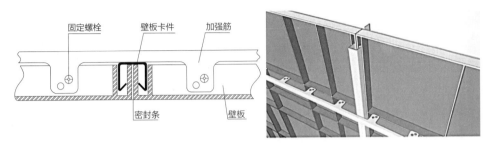

图11-8　壁板间连接节点示意图

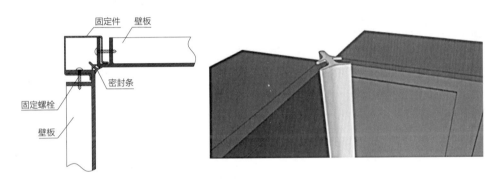

图11-9　壁板间（转角处）连接节点示意图

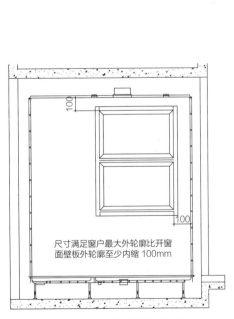

图11-10　壁板开窗示意图

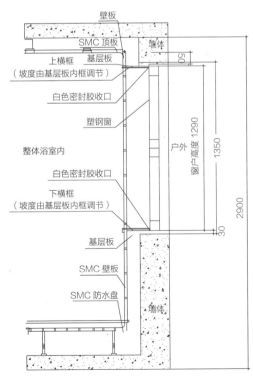

图11-11　窗套收口示意图

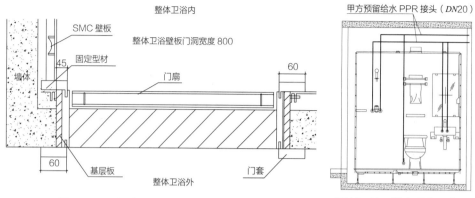

图11-12 门套与卫生间连接节点示意图 图11-13 给水预留示意图

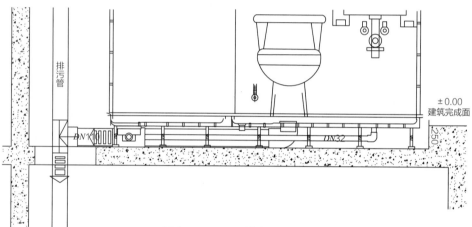

图11-14 同层排水示意图

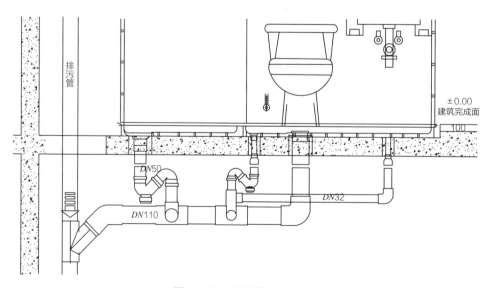

图11-15 异层排水示意图

11.1.3　装配式整体卫生间的安装

装配式整体卫生间的安装分为现场装配式（干式工法安装）及整体吊装式两种。

1.　现场装配式整体卫生间

（1）现场装配式整体卫生间宜按下列顺序安装：按设计要求确定防水底盘标高；安装防水底盘，连接排水管；安装壁板，连接管线；安装顶板，连接电气设备；安装门、窗套等收口；安装内部洁具及功能配件；清洁、自检、报验和成品保护。

（2）防水底盘的高度及水平位置应调整到位，防水底盘应完全落实、水平稳固、无异响现象。当采用异层排水方式时，地漏孔、排污孔等应与楼面预留孔对正。

（3）排水管接头位置、排水管与预留管道的连接部位应密封处理。在未粘结之前，应将管道试插一遍，各接口承插到位，确保配接管尺寸准确；管件接口粘结时，应将管件承插到位并旋转一定角度，确保胶粘部位均匀饱满。

（4）应按设计要求预先在壁板上开好各管道接头的安装孔，各壁板间拼接处应表面平整、缝隙均匀，安装过程中应避免壁板表面变形和损伤。壁板之间的压条长度应与壁板高度相一致，应先中缝压线，再壁板角压线，最后顶盖压线。

（5）当给水管接头采用热熔连接时，应保证所熔接的接头质量；给水管道安装完成后，应进行打压试验，并应合格。

（6）顶板安装应保证顶板与顶板、顶板与壁板间安装平整、缝隙均匀。

2.　整体吊装式整体卫生间

整体吊装式整体卫生间宜按下列顺序安装。

（1）将工厂组装完成的整体卫生间，经检验合格后，做好包装保护，由工厂运至施工现场。

（2）吊装应设置引导绳，待整体厨房下放至距楼面0.5m处，根据预先定位的导向架及控制线微调，微调完成后缓慢下放。由两名专业操作工人手扶引导降落，降落至100mm时，一名工人通过观察红外线定位点校正。

（3）拆掉整体卫生间门口包装材料，进入卫生间内部检验有无损伤，通过调平螺栓调整好整体卫生间的水平度、垂直度和标高，待各项目合格后固定。

（4）完成整体卫生间与给水、排水、电路预留点位连接和相关试验。

（5）拆掉整体卫生间外围包装保护材料，由相关单位进行整体卫生间外围合墙体的施工。

（6）安装门、窗套等收口。

（7）清洁、自检、报检和成品保护。

11.1.4 装配式整体卫生间的厂家目录

（1）广州鸿力复合材料有限公司。

（2）苏州科逸住宅设备股份有限公司。

（3）青岛海鸥福润达家居集成有限公司。

（4）青岛普集智能家居有限公司。

11.1.5 装配式整体卫生间产品库

装配式整体卫生间产品库如表11-5所示。

<table>
<tr><td colspan="5" align="center">装配式整体卫生间产品选择</td><td align="right">表11-5</td></tr>
<tr><td>类型</td><td>功能</td><td>布置
形式</td><td colspan="2">示意图</td><td>尺寸规格
（建筑完成面净尺寸）（mm）</td></tr>
<tr><td rowspan="3">有外窗
卫生间</td><td>盥洗
便溺</td><td>集合式布置</td><td colspan="2"></td><td>1200×1600、1400×1600、
1400×1800、1500×1700、
1600×1800</td></tr>
<tr><td rowspan="2">盥洗
便溺
淋浴</td><td>集合式布置</td><td colspan="2"></td><td>1200×1800、1400×1600、
1400×1800、1400×2000、
1500×1700、1600×1800</td></tr>
<tr><td>干湿分离式
布置</td><td colspan="2"></td><td>1400×2100、1400×2400、
1400×2700、1500×2100、
1500×2400、1500×2700、
1600×2100、1600×2400、
1600×2700、1800×2100、
1800×2400、1800×2700</td></tr>
</table>

续表

类型	功能	布置形式	示意图	尺寸规格 （建筑完成面净尺寸）（mm）
有外窗 卫生间	盥洗 便溺 淋浴	功能分离式 布置		1000×1400+1400×1600、 1000×1500+1500×1700、 1200×1600+1600×2100
	盥洗 便溺 淋浴 盆浴	集合式布置		1500×2100、1500×2400、 1500×2700、1600×2100、 1600×2400、1600×2700、 1800×2100、1800×2400、 1800×2700
		干湿分离式 布置		1500×2100、1500×2400、 1500×2700、1600×2100、 1600×2400、1600×2700、 1800×2100、1800×2400、 1800×2700
		功能分离式 布置		1000×1400+1400×1600、 1000×1500+1500×1700、 1200×1600+1600×2100、 1200×1600+1600×2400
无外窗 卫生间	盥洗 便溺	集合式布置		1200×1600、1400×1600、 1400×1800、1500×1700、 1600×1800
	盥洗 便溺 淋浴	集合式布置		1200×1800、1400×1600、 1400×1800、1400×2000、 1500×1700、1600×1800

续表

类型	功能	布置形式	示意图	尺寸规格 （建筑完成面净尺寸）（mm）
无外窗卫生间	盥洗 便溺 淋浴	干湿分离式布置		1400×2100、1400×2400、 1400×2700、1500×2100、 1500×2400、1500×2700、 1600×2100、1600×2400、 1600×2700、1800×2100、 1800×2400、1800×2700
		功能分离式布置		1000×1400+1400×1600、 1000×1500+1500×1700、 1200×1600+1600×2100
	盥洗 便溺 淋浴 盆浴	集合式布置		1500×2100、1500×2400、 1500×2700、1600×2100、 1600×2400、1600×2700、 1800×2100、1800×2400、 1800×2700
		干湿分离式布置		1500×2100、1500×2400、 1500×2700、1600×2100、 1600×2400、1600×2700、 1800×2100、1800×2400、 1800×2700
		功能分离式布置		1000×1400+1400×1600、 1000×1500+1500×1700、 1200×1600+1600×2100、 1200×1600+1600×2400

11.2　装配式整体厨房

装配式整体厨房是将厨房内各构件、配件、设备、设施等部件集成为建筑部品，以实现工厂化生产、现场装配化安装。

装配式整体厨房是装配式装修的重要组成部分，是居住类建筑中工业化程度比较高的内装部品。装配式整体厨房的设计应符合干式工法施工的要求，采用标准化、模块化的设计方式设计制造标准单元，通过标准单元的不同组合，适应不同的空间大小，以达到标准化、系列化、通用化的目标。

装配式整体厨房由墙板系统、顶板系统、地面系统构成整体框架，并配置橱柜模块、台面模块及电器模块。装配式整体厨房具有标准化生产、快速安装、防渗漏等多种优点，可在最小的空间内达到最佳的整体效果（图11-16）。

图11-16　装配式整体厨房

11.2.1　装配式整体厨房的选用原则

1. 厨房的类型及选用

厨房按使用功能不同可分为操作厨房（K型）、餐室厨房（DK型）和起居餐室厨房（LDK型）三种类型。操作厨房按布置形式分为 I 形（单排形）、II 形（双排形）、L形、U形及壁柜式五种类型，按平面设计分为有阳台厨房及无阳台厨房两种形式。

I 形布置适合两种厨房，一种是面积小的狭长厨房，如一边是门，另一边是生活阳台，还要保证活动空间，只能设计为一字形，动线比较长，沿着一面墙摆开，后期在厨房的工作也是基于这条直线展开。此类型厨房常用于紧凑户型的住宅中。还有一种是开放式厨房，多用于公寓等居住类建筑中；另外 I 形厨房加上中岛，就是一个中岛式开放厨房。

II 形厨房是 I 形的升级版，适合狭长形，也适合方正形，在保证活动空间的前提下，做成通道式，狭长形可以两个人一起下厨，方正形可以最大限度地利用空间，但此种类型对厨房净宽尺寸要求较高。

L形厨房工作区以墙角为原点，双向展开，充分利用拐角空间，是目前公认的标准厨房布局，活动空间比较大，比 II 形更适合两个人同时活动。此布置形式是最为常见和最经济实用的类型。

U形厨房是L形厨房的升级版，布局较大，呈方形，操作动线短，形成最合理的厨房工作三角区，操作效率高。如果两边长、中间短，可把水槽放在中间位置，两边分别是储藏区和加工烹饪区；如果两边短、中间长，那就把灶台放在中间，两边分别是储藏区、水槽和备餐加工区。这类厨房的基本功能最合理，可放置更多厨房电器，并且能够容纳多人共同备餐。

2. 厨房尺寸的选择

（1）厨房平面尺寸的选择

装配式整体厨房的内部净尺寸应与建筑空间尺寸相协调，应符合模数协调标准，厨房内部净尺寸宜为基本模数100mm的整数倍，一般为1M或3M，并满足成套性、通用性和互换性的要求，满足厨房家具和设备的更换维修要求。

厨房当采用Ⅰ形（单排形）布置形式时，厨房内部净宽尺寸不应小于1500mm；当采用Ⅱ形（双排形）布置形式时，两排厨房家具之间的净距不应小于900mm。

由卧室、起居室（厅）、厨房和卫生间等组成的住宅套型的厨房使用面积不应小于4.0m²，由兼起居的卧室、厨房和卫生间等组成的住宅最小套型的厨房使用面积不应小于3.5m²。厨房净高尺寸不应小于2200mm。

装配式整体厨房平面净空尺寸可根据表11-6进行选用。

装配式整体厨房平面净空尺寸选择（单位：m²）　　表11-6

宽度净尺寸（mm）	长度净尺寸（mm）							
	2100	2400	2700	3000	3300	3600	3900	4200
1500	—	3.60	4.05	4.50	4.95	5.40	5.85	6.30
1800	—	4.32	4.86	5.40	5.94	6.48	7.02	7.56
2100	4.41	5.04	5.67	6.30	6.93	7.56	8.19	8.82
2400	—	—	6.48	7.20	7.92	8.64	9.36	10.08
2700	—	—	—	8.10	8.91	9.72	10.53	11.34
3000	—	—	—	—	9.90	10.80	11.70	12.60

（2）各类型厨房的常见平面尺寸（图11-7）

装配式整体厨房常见平面尺寸选择（单位：mm）　　表11-7

厨房类型	常见平面尺寸
Ⅰ形	1500×3600、1800×3000、1800×3600
Ⅱ形	2100×2100、2100×2400、2400×2700、2400×3000
L形	1800×2700、1800×3000、1800×3600、1800×3900、2100×2700、2100×3000、2100×3600、2100×4200、2400×3000、2400×3600
U形	1800×2700、1800×3000、2100×3000

（3）厨房的预留安装尺寸

装配式整体厨房的外围墙体、上下结构楼板、梁所围合的空间尺寸不应小于产品的安装尺寸。装配式整体厨房常用预留安装尺寸可根据表11-8进行选用。

装配式整体厨房常用预留尺寸设计（单位：mm）　　　　表11-8

垂直方向	当采用吊顶系统时，顶板上表面与上方结构楼板下表面之间			
	手持电钻安装顶板		无需手持电钻安装顶板	
	200~350		100~150	
水平方向	当采用架空墙面做法时，墙板外表面与外围墙体内表面之间			
	有安装管道一侧（a）	≥40	两侧共预留（a+b）	≥60
	无安装管道一侧（b）	≥20		

装配式整体厨房开窗洞口应开设在整体厨房墙板范围内，窗户的最大外轮廓应比开窗面墙板的外轮廓至少内缩100mm，且不影响内部配件的安装及功能使用。如窗户高度需高出整体厨房墙板时，应将窗户上部设计为固定扇，采用磨砂或覆膜处理。外围墙体窗洞口与墙板洞口采用窗套收口。

外围墙体门洞口预留宽度应为部品门框+50mm，预留高度不应小于墙板门洞高度。外围墙体门洞口与墙板洞口采用门套收口；当采用架空防水底盘地面时，防水底盘与外部地面采用门头石收口。

3. 厨房材料的选择

（1）墙面架空系统主要材料有软性石材、陶瓷薄板、铝蜂窝芯瓷砖复合材料等。

（2）地面架空系统主要材料有SMC防水底盘、复合地板地砖等。

（3）吊顶系统材料主要有SMC一体模压新型扣板、铝扣板等。

4. 其他原则

（1）厨房设计除应满足一般居住使用要求外，还应根据需要满足老年人、残疾人等特殊群体的使用要求，各种类型的厨房均可设置为无障碍厨房。

（2）装配式整体厨房应根据厂家提供的净质量折算为楼面恒荷载进行设计，楼面设计活荷载为2.5kN/m²。装配式整体厨房内当设置超过20kg的热水器等重物时，应采取专门的悬挂措施。

（3）整体厨房的给水管道可沿地面敷设，当采用架空地面时，宜敷设在架空地面内，竖向支管沿墙面敷设，用橱柜板方式隐藏；也可沿墙上沿敷设，用吊顶或吊柜板方式隐藏，竖向支管剔墙敷设。

（4）整体厨房的排水管应同层敷设，在本层内接入排水立管和排水系统，当采用架空地面时，宜敷设在架空地面内。

（5）整体厨房的电气线路宜沿吊顶敷设，排烟管道暗藏在吊顶内。

11.2.2 装配式整体厨房的构造节点示意图

以下各构造节点示意图参考了《广州鸿力复合材料有限公司整体式厨房产品手册》。

（1）墙体板构造示意图（图11-17）

（2）墙体板间连接节点示意图（图11-18~图11-22）

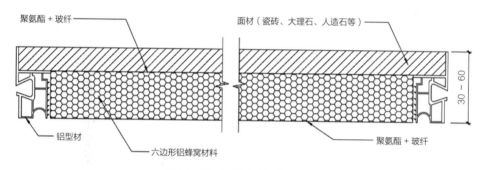

图11-17 墙体板构造示意图

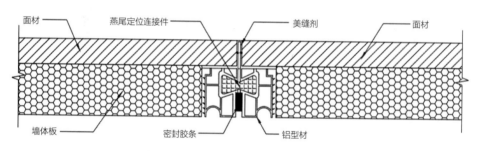

图11-18 墙体板间连接节点示意图

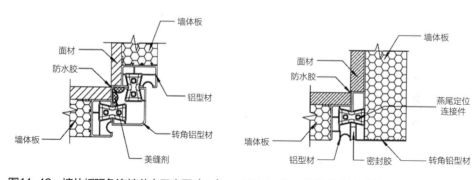

图11-19 墙体板阴角连接节点示意图（一）　图11-20 墙体板阴角连接节点示意图（二）

（3）顶板构造示意图及顶板间连接节点示意图（图11-23～图11-25）

（4）地板与墙体板、顶板与墙体板连接节点示意图（图11-26、图11-27）

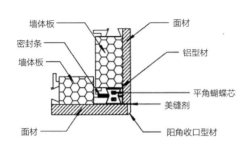

图11-21　墙体板阳角连接节点示意图（一）　　图11-22　墙体板阳角连接节点示意图（二）

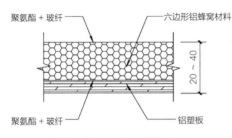

图11-23　顶板构造示意图

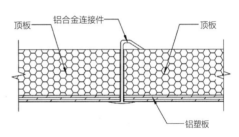

图11-24　顶板间连接节点示意图（一）

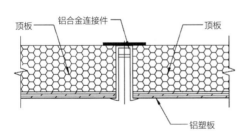

图11-25　顶板间连接节点示意图（二）

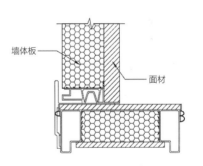

图11-26　地板与墙体板连接节点示意图

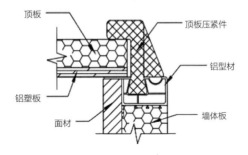

图11-27　顶板与墙体板连接节点示意图

11.2.3 装配式整体厨房的安装

装配式整体厨房的安装分为现场装配式（干式工法安装）及整体吊装式两种，其施工工艺可参考"11.1.3装配式整体卫生间的安装"的相关内容。厨房内各部品及设施的安装应满足现行国家标准要求。

装配式整体厨房采用无龙骨装配式墙面做法时，其对土建基层环境要求较高，要求墙面平直，平整度不大于3mm，角度为90°±0.5°。

11.2.4 装配式整体厨房的厂家目录

（1）广州鸿力复合材料有限公司。
（2）苏州科逸住宅设备股份有限公司。

11.2.5 装配式整体厨房产品库

装配式整体厨房产品库如表11-9所示。

装配式整体厨房产品选择　　　　　　　　　　　　表11-9

类型	布置形式	示意图	尺寸规格（建筑完成面净尺寸）（mm）
有阳台厨房	I形布置		1500×3600、1800×3000、1800×3600
	II形布置		2100×2100、2100×2400、2400×2700、2400×3000

续表

类型	布置形式	示意图	尺寸规格 （建筑完成面净尺寸） （mm）
有阳台 厨房	L形布置		1800×2700、1800×3000、 1800×3600、1800×3900、 2100×2700、2100×3000、 2100×3600、2100×4200、 2400×3000、2400×3600
无阳台 厨房	I形布置		1500×3600、1800×3000、 1800×3600
	II形布置		2100×2100、2100×2400、 2400×2700、2400×3000
	L形布置		1800×2700、1800×3000、 1800×3600、1800×3900、 2100×2700、2100×3000、 2100×3600、2100×4200、 2400×3000、2400×3600

续表

类型	布置形式	示意图	尺寸规格 （建筑完成面净尺寸） （mm）
无阳台 厨房	U形布置		1800×2700、1800×3000、 2100×3000

第12章

管线综合

12.1 装配式建筑的管线系统

装配式建筑的管线系统包括电气系统（强电系统、弱电智能化系统、防雷系统等）、给水排水及消防系统（建筑给水排水、消防栓灭火系统、自动喷淋灭火系统等）、建筑暖通及防排烟系统、燃气供给系统的设备、管线、安装支吊架等。机电管线的作用是用于保护电气线路畅通，是传输水、气、废水等人们生活所需或产生的物质的通道。随着工业产品标准化推进，目前机电安装管线及材料均已达到工厂标准化、系列化生产，仅有非标的通风、排烟管道还需要现场加工制作。标准化、系列化生产带来的好处就是用户可根据需要选用符合设计要求的标准化产品。例如，电气桥架、线槽的规格遵循一定的模数要求，有较为丰富和相对固定规格的产品，可以灵活地适应安装需求；给水排水管路根据传输介质的温度、压力、腐蚀性等特性也可在常规使用的标准化管道部件中找到符合设计要求的产品，在施工现场实现快速安装。标准化产品的应用也使得第三方产品可以有效对接并应用于项目中。目前由于机电管线产品具备了较为完备的标准部件库，因此机电安装工程基本实现了装配化施工。

12.2 装配式建筑管线系统设计的一般原则

在策划与设计阶段，应根据装配式居住类建筑特点，结合项目实际，综合考虑建筑、结构、装饰装修设计的要求；科学规划机电设备选用、布置，以及管线走向、安装实施方案等。选用合适的部件与外围护构件、内装构件，使其生产、安装相互协调；充分考虑在建筑全生命周期中管线的安装、维护和更新需要，实现建筑安全耐久、易维护。

机电管线设计时应该结合设备末端的分布情况，优化各系统管线走向和敷设方式；机电预埋件在同一构件上埋设时位置尽量统一，提高构件加工效率，保证管线安装规范、快捷。

《装配式建筑评价标准》GB/T 51129—2017中把管线分离率作为装配式建筑的一个重要评价项，管线分离具体指：对于裸露于室内空间及敷设在地面架空层、非承重墙体空腔和吊顶内的管线应认定为管线分离，而对于埋设在结构构件内部（不含横穿）或敷设在湿作业地面垫层内的管线通常认定为未实施管线分离。管线安装方式还应结合建筑内装修的实际状况确定，如吊顶内明敷、ALC板开槽布管等均可算作管线分离安装。

设备与管线系统应结合BIM技术进行管线综合设计，并精确定位管槽、套管、孔洞等的预留。利用信息化技术手段实现各专业间管线施工的协同配合，从而实现设计与生产、施工安装等环节的有效衔接。

12.3 装配式建筑管线系统设计要点

12.3.1 电气管线设计要点

1. 强弱电系统管线

装配式居住类建筑的管线按区域可分为公共区域管线和户内管线，按照敷设方向分为竖向管线和水平管线。对于高层装配式住宅建筑而言，核心筒区域一般采用传统的现浇模式，套内建筑墙体及楼板以装配式预制构件为主。基于上述建造原则，在住宅电气设计中，总配电房、通信机房通常设置于首层或地下一层，标准层核心筒区域设有强电、弱电配电间与管道井合用（图12-1）。核心筒区域内的水平电气管线宜在吊顶内敷设，当受条件所限需做暗敷时，可敷设在现浇楼板内。电气

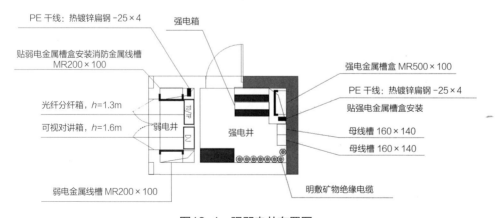

图12-1 强弱电井布置图

竖向管线通常集中敷设在预留的管道井内，垂直电缆桥架及管线在管井内明装，电气管线与结构实现分离。竖井内的楼板需要提前预留好孔洞。

住宅户内管线设计是装配式建筑管线设计的重点和难点，如何规划好管线的走向、定位，保证构件的标准化，提高构件生产效率，是户内管线设计的研究重点。

装配式住宅户内至少设置一个配电（线）箱，宜暗装在套内走廊、门厅或起居室等便于维护处的隔墙上。由于户内配电（线）箱进出管线较多、箱体尺寸较大，为确保结构的安全性，应尽量将配电（线）箱设置于非承重、非预制的墙体上；如果建筑的预制率较高，必须将其设于预制墙体上，在设计时应根据内装修情况确定好配电（线）箱的尺寸、位置、进出线方向，做好底盒、洞口、埋管的设计。装配式叠合楼板现浇层厚度有限，因其内敷设的电气线路较多，要对强弱电管线分层、错位布置，以减少交叉，避免造成混凝土浇筑空腔或配管外露，通常照明管路在本层顶板现浇层敷设、插座和弱电回路在本层底板现浇层敷设。

在叠合楼板上安装的照明灯具底盒、消防探测器底盒需要采用深型接线盒，以便与叠合楼板现浇层内的管线相连接，接线盒的具体位置在构件深化过程中做精确定位（图12-2）。

内隔墙上安装的电气开关、插座等接线盒需结合装修以及家具布置进行定位，为减少预制构件生产的预留、预埋工作，管线尽量设置在非预制或可后期开槽的墙板上。目前室内隔墙多采用可后期开槽的隔墙板，提高了管线安装的灵活性。如装配式建筑中使用到预制墙体且其上需设置插座、开关、弱电、消防设备等，在加工构件时应预埋好接线盒、电线保护管，预埋盒的埋设位置应遵循预制件的模数要求，在构件上准确定位，不能布置在构件连接处。预制墙体与楼板交接处预留管线接驳操作空间，如图12-3所示。

2. 防雷接地系统钢筋的连接

装配式住宅建筑防雷措施以及接地做法与非装配式住宅建筑大致相同，均是优

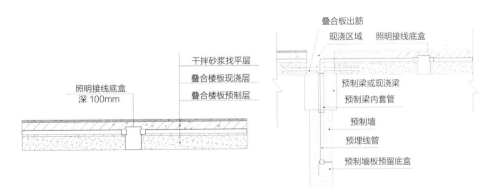

图12-2　叠合楼板电气埋管做法大样图

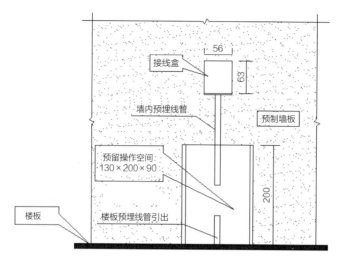

图12-3　预制内墙板与楼板管线连接示意图

先利用混凝土中的钢筋作为防雷装置。其区别主要在于，防雷引下线的连接方式与均压环的具体做法有所不同。

在防直击雷措施方面，装配式建筑与非装配式建筑相同，均在屋顶外延设置接闪器，利用结构柱内或剪力墙内钢筋作为防雷引下线，借用建筑物基础内的钢筋作为接地极。

装配式框架结构中，框架柱的纵筋连接采用套筒灌浆连接；装配式剪力墙结构中，预制剪力墙竖向钢筋的连接可根据不同部位采用套筒灌浆连接或浆锚搭接连接。套筒灌浆连接与浆锚搭接连接做法大体相同，即一侧柱体端部为钢套筒，另一侧柱体端部为钢筋，钢筋插入套筒后注浆，钢筋与套筒之间隔着混凝土砂浆。由于钢筋之间不连接，不能满足电气贯通的要求，因此连接处需采用同等截面积的钢筋进行跨接，以达到电气贯通的目的。具体做法如图12-4所示。

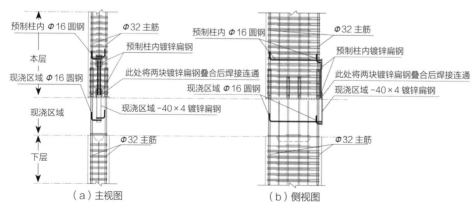

图12-4　竖向构件防雷连接做法大样图

　　在防侧击雷措施方面，非装配式住宅一般采用结构圈梁内主筋连通作为均压环；装配式住宅可利用叠合圈梁现浇层中满足防雷要求的主筋连接作为均压环，建筑外立面的金属门窗、金属护栏就近与均压环做等电位连接（图12-5）。

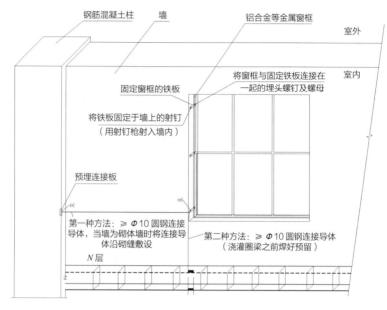

图12-5　金属门窗连接圈梁做法大样图

12.3.2　给水排水、消防系统管线的设计要点

1. 给水管

　　装配式居住建筑中给水立管和干管通常敷设在专用管井、管廊内。管井通常设置在非预制区域。给水支管管径不大于25mm的可敷设在吊顶、建筑垫层内，或者沿墙敷设在管槽内。穿越预制构件的水管应在结构梁、板上预留好套管，并结合装修工程对不可暗敷的管路进行包覆装饰。

　　高层住宅建筑给水立管设置在核心筒区域的专用管井内，以30层的住宅建筑为例，需要配置4根给水立管，铺设结构模板时在各层管井底板预埋4个*DN*150套管（图12-6）。

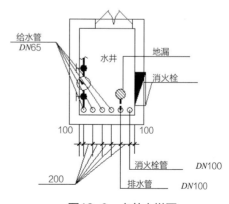

图12-6　水井大样图

入户DN25给水管在核心筒区域采用两种敷设方式：一种为吊顶装修，支管通过吊顶从管井引入户内；另外一种为无吊顶装修，支管采用建筑垫层暗敷方式从管井引入户内。入户后根据户内装修情况采用吊顶内敷设或建筑垫层内暗敷方式引至用水点，吊顶内敷设可实现管线分离，当穿越结构梁时，梁上预埋DN50套管。

设于柱边、梁边、墙角处的管道要靠梁、靠柱、靠墙角敷设，便于后期装饰。

住宅户内用水点在卫生间、厨房、阳台，给水主管为DN20，用水配管要求如表12-1所示。

住宅卫生设备竖向给水支管要求　　　　　　　　　　　　表12-1

卫生设备	竖向给水支管（含热水）				
	水管数量	管中心距（m）	管开槽尺寸（m）	支管或角阀标高（m）	管径（mm）
洗脸盆	2	0.15	0.04×0.04	0.45	15
坐便器	1	—	0.04×0.04	0.15	15
浴盆	2	0.15	0.04×0.04	0.63	15
淋浴器	2	0.15	0.04×0.04	1.15	15
洗衣机	1	—	0.04×0.04	1.05	15
污水盆	1	—	0.04×0.04	1.00	15
洗菜盆	2	0.15	0.04×0.04	0.50	15
热水器	2	0.15	0.04×0.04	1.3	20

目前整体卫浴技术在装配式建筑中得到广泛应用，生产厂家配置好整体卫浴内部所有支管及管件，现场与主体预留干管组装连接即可。主体设计时在卫生间预留直径为20mm的PPR主冷热水管、接头、截止阀，高度可根据采购整体卫浴厂家标准确定。其中，冷热水管可选用塑料管、金属管或者复合管。住宅中的整体卫浴一般立管采用衬塑钢管，螺纹连接；支管采用PPR管，热熔连接。整体卫浴的应用使卫生间给水管线实现完全分离（图12-7）。

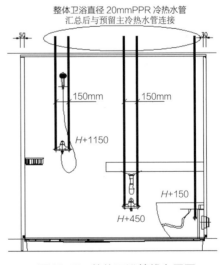

整体卫浴直径20mmPPR冷热水管
汇总后与预留主冷热水管连接

150mm　　　150mm

H+1150

H+150

H+450

图12-7　整体卫浴管线布置图

2. 排水系统

住宅建筑的排水系统由排水立管、地漏和支管组成，管道分布在管道井、卫生间、厨房、阳台。管道井内有 DN100 立管和 DN50 地漏；卫生间排水由污水立管、废水立管、通气立管组成，管径均为100mm；厨房排水设一根废水立管，管径为100mm；阳台排水采用 DN100 废水立管和 DN50 地漏；室外设有空调冷凝水立管，管径为50mm。各排水主管预埋安装要求如表12-2所示。

排水主管预埋安装要求   表12-2

管道位置	DN100立管数量（根）	排水方式	刚性防水套管尺寸	止水节预埋套管	DN50地漏数量（个）	孔洞尺寸（mm）	止水节预埋套管
管道井	1	下层排水	DN150	DN100	1	150	DN50
卫生间	3	沉箱或整体卫浴	DN150	DN100	—	—	—
厨房	1	上层排水或整体厨房	DN150	DN100	1	150	DN50
阳台	1	下层排水	DN150	DN100	—	—	—

卫生间排水可采用同层排水或异层排水，目前装配式住宅建筑多采用现浇沉箱实现同层排水（图12-8）。

采用整体式卫浴时，生产厂家配置好整体卫浴内部所有支管及管件和洁具，现

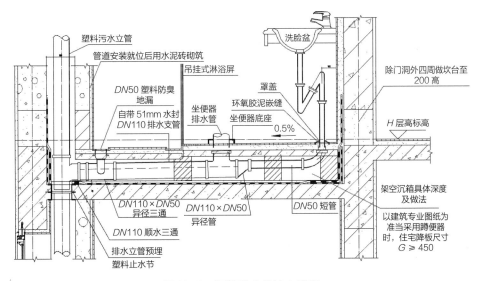

图12-8　沉箱排水做法大样图

场拼装时与主体预留排水立管组装连接即可。主体设计时在卫生间布置3根立管，用于排污、排废、通气，预留DN100三通接口，高度可根据卫浴厂家标准确定。整体卫浴的应用使卫生间排水管线实现完全分离（图12-9）。

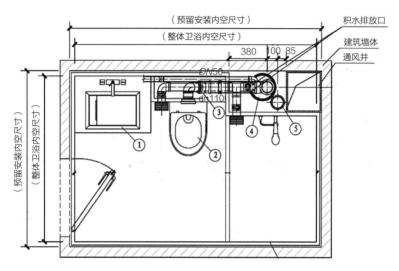

编号	名称	规格	材料
①	洗脸盆	—	—
②	坐便器	落地后排水	—
③	单承口伸缩三通	DN110	PVC-U
④	排水汇集器（立管安装）	DN110	PVC-U
⑤	预埋防漏套	DN110	PVC-U

图12-9 装配式整体卫浴同层排水平面图

厨房和阳台排水立管有两种连接方式，一种需要预留孔洞和刚性防水套管；另一种采用止水节预埋套管（新工艺），止水节套管与构件同时预制成型，既是套管，又是立管接头，后期可直接接管实现管道连接，并且可以具有自动排漏的功能（图12-10）。

排水管可采用硬聚氯乙烯管（PVC-U），承插粘结，对于柔性接口机制铸铁排水管，采用卡箍连接。塑料套管采用四面钢钉直接固定到模板上，钢套管焊接到钢筋上固定。

3. 消火栓系统

装配式居住建筑中消防立管通常设置在给水排水专用管井内或建筑核心筒等非预制区域，消防立管为DN100，楼板预留DN150钢套管，套管中心距离墙面不少于100mm。消防箱可采用明装或暗装，暗装或半暗装时应安装在后砌防火墙上，其背面应有厚度不小于100mm的加气混凝土砌块或厚度不小于3mm的双面刷有防火涂料、耐火极限不小于3h的钢板进行封堵。具体做法如图12-11所示。

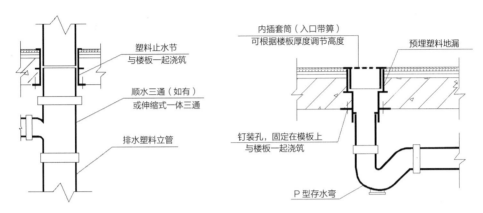

图12-10　止水节套管连接做法大样图

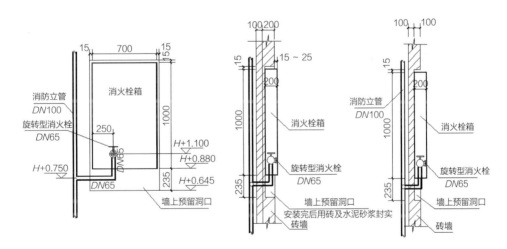

图12-11　单栓室内消火栓箱暗装和半暗装示意图

12.3.3 暖通、防排烟、燃气系统管线的设计要点

1. 分体机空调预留孔洞

居住类建筑户内多采用分体式空调。内、外机冷媒连接管需穿外墙，过墙处应预留DN80套管，并应向外倾斜10°。壁挂机预留空调套管中心高度离结构地面2300mm，柜机预留空调套管中心高度离结构地面200mm。一般情况下，空调预

留孔洞距墙面阴阳角不得小于150mm，当空调管为侧出时，需预留不少于 200mm 的墙垛（不含空调机位侧板厚度）。在预制外墙或梁上预留套管采用DN80薄壁（2.5mm厚）钢管（注：PVC-U管在混凝土浇筑时很难定位固定，薄壁钢管可以焊接在钢筋上定位固定）；在砌体上预留时可采用DN80 PVC-U管，如图12-12所示；当在预制构件上预留时，采用DN80薄壁（2.5mm厚）钢管预留，如图12-13所示。

2. 空调室外机位尺寸

装配式建筑中，空调室外机安装板可与外墙预制加工，安装板的大小应和空调外机尺寸相匹配，空调外机的两侧及上部均需预留进风及散热空间。其中，两侧至少留150mm，上部至少留300mm，空调冷凝水外排水管需用空间200mm（表12-3）。

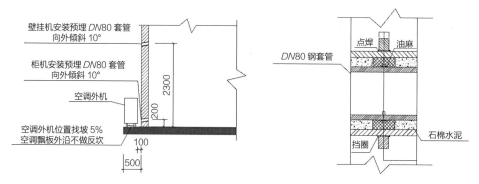

图12-12　U-PVC管砌体预留示意图　　图12-13　钢套管在构件上预埋示意图

分体空调室外机安装空间　　　　　　　　　　　表12-3

机型容量	1匹	1.5匹	2匹	2.5匹	3匹
适用面积（m²）	10～17	15～25	25～35	35～45	35～50
外机尺寸（宽×深×高）（mm）	848×320×570	848×320×570	860×378×700	980×420×805	1080×412×840
无排水管时最小净尺寸（mm）	1150×500×900		1150×500×1000	1300×500×1100	1400×500×1150
有排水管时最小净尺寸（mm）	1350×500×900		1350×500×1000	1500×500×1100	1600×500×1150

当多台空调机平行摆放时，每增加一台空调机，空调板增加长度不小于950mm；空调板上方封板时，空调板之间的净尺寸应大于850mm，且上方板预埋ϕ80孔洞，方便下面空调外机穿冷媒管。

3. 燃气、燃气热水器排烟管道预留孔及预埋件

住宅建筑燃气管道一般沿建筑外墙，经梁下引入户内厨房。入户燃气管采用DN15钢管，穿墙处采用DN32套管保护，根据规范要求，燃气管不允许暗敷于墙体内，故户内管线只能采用明装方式接至用气点。燃气热水器通常安装在厨房、生活阳台等处，目前市售燃气热水器采用DN65排烟管。穿墙处采用DN80套管保护，安装后做封堵。

4. 加压送风井预留孔洞

住宅建筑高度小于或等于100m时，其防烟楼梯间、独立前室、共用前室、合用前室及消防电梯前室应采用自然通风系统；当不能设置自然通风系统时，应采用机械加压送风系统。

当防烟楼梯间及独立前室、合用前室分别加压送风时，核心筒内预留加压风井净面积要求如表12-4所示。

加压风井面积1　　　　　　　　　　表12-4

类型	高度（m）	位置	加压送风井净面积（m²）
30层住宅	小于100	楼梯间	1
30层住宅	小于100	楼梯间前室和合用前室	0.85
30层住宅	小于100	消防电梯前室	1.2

当楼梯间自然通风时，楼梯间前室和合用前室预留加压风井净面积要求如表12-5所示。

加压风井面积2　　　　　　　　　　表12-5

类型	高度（m）	位置	加压送风井净面积（m²）
30层住宅	小于100	楼梯间前室和合用前室	1.44

当前室不送风时，楼梯间预留加压风井净面积要求如表12-6所示。

加压风井面积3　　　　　　　　　　　表12-6

类型	高度（m）	位置	加压送风井净面积（m²）
30层住宅	小于100	楼梯间	1.44

　　矩形钢板风管结构板预留洞口要求：结构预留洞口应方便安装，预留孔洞四边尺寸应大于风管尺寸100mm，如图12-14、图12-15所示。

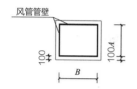
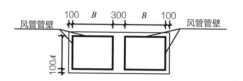

图12-14　矩形单风管结构留孔示意图　　图12-15　矩形多风管结构留孔示意图

注：加压风管常见风管边长尺寸详见12.6机电部品系列库。

5. 装配式排气道

　　居住类建筑的厨房排烟通常采用成品排气道，该产品可用于装配式建筑中，通常每层设置一节成品排气道，加工长度为层高-6mm；材质为钢丝网水泥或玻璃纤维网以及其他增强材料水泥制品。排气道耐火等级应大于1h。市售抽油烟机油烟管口径一般是180mm，厨房排气道上预留直径250mm或者200mm×200mm的洞口。油烟道位于吊顶下时，中心高度为2150mm；当位于吊顶内时，中心高度为2650mm。烟道止回阀材质必须要确保能够防火。装配式建筑厨房区域楼板采用叠合楼板时，应预留烟道空洞，具体尺寸及做法如表12-7，图12-16、图12-17所示。

成品烟道安装尺寸　　　　　　　　　　　表12-7

位置	系列	截面尺寸（a×b）（mm）	楼板预留洞口尺寸（mm）	制品厚度（mm）	适用层数		使用层高（m）
					等截面	变截面	
厨房	A	500×400	600×450	15	≤35	—	2.8～3.3
厨房	B	500×500	550×550	15	≤36	28～36	2.8～3.3
厨房	C	450×550	500×600	15	≤35	—	2.7～3.2
厨房	D	500×500	550×550	20	≤35	29～35	2.8～3.3

资料来源：国家建筑标准设计图集　住宅排气道（一）：16J916-1[S]. 北京：中国计划出版社，2016.

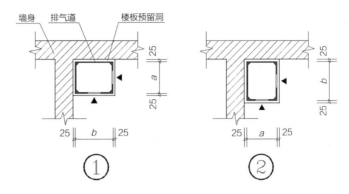

图12-16 排气道楼面预留洞布置

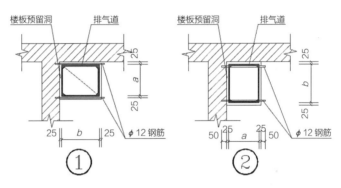

图12-17 排气道楼面承托节点大样

12.4 预埋套管在构件生产中的处理

12.4.1 套管要求

穿越屋面楼板的防水套管顶部应高出屋面结构面400mm以上，且应高出屋面建筑完成面不小于50mm；穿越楼板的防水套管顶部应高出装饰地面20mm；穿越卫生间和厨房内的防水套管顶部应高出装饰地面50mm；防水套管的底部应与楼板底面齐平；安装在墙壁、梁内的套管其两端与装饰面齐平（图12-18）。

室内排水塑料管道穿越墙体、楼板的预留孔洞修复、室内及阳台内楼板预留孔洞的修复、空调外机板的预留孔洞修复如图12-19所示。

室内给水管道穿越楼板时一般应预留套管，当不保温给水管道穿越非承重墙、楼板，预留孔洞的尺寸及立管中心与墙面（完成面）的距离要求如表12-8所示。

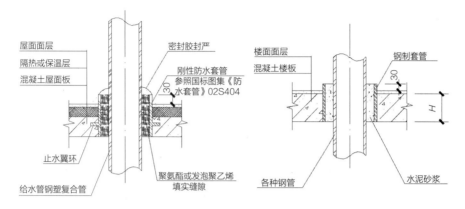

图12-18 给水管道穿越墙体、楼板的预留孔洞大样图

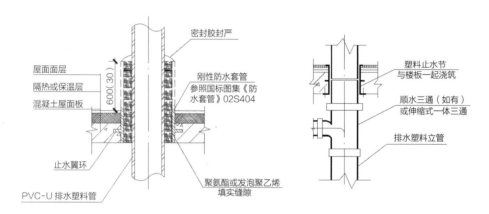

图12-19 排水管道穿越墙体、楼板的预留孔洞大样图

预留孔洞的尺寸及立管中心与墙面（完成面）的距离要求　　表12-8

给水立管DN（mm）	50	65～80	100	125	150	200
给水立管中心与墙面的距离（mm）	60	65～80	100	125	130	150
消防立管DN（mm）	—	—	100	125	150	—
消防立管中心与墙面的距离（mm）			130	150	170	
排水立管DN（mm）	50	75	100	125	150	200
排水立管中心与墙面的距离（mm）	—	—	110	150	180	200
楼板孔洞尺寸	100	150	180	200	250	300

　　建筑机电管线在穿越楼板、墙体、梁等结构时均需穿套管保护。对于穿越无防水要求的普通墙体及楼板时，可设钢套管或者塑料套管，穿越防火墙、基础、梁等应设金属材质套管，如图12-18所示；穿越天面水池、地下室外墙、立面外墙、天面楼板、卫生间等有防水要求的地方需预埋刚性防水套管，如表12-9、图12-20所示；穿越人防墙及人防楼板应设刚性密闭套管，如表12-10、图12-21所示。

刚性防水套管管径尺寸选用参照表　　　　　　　　　表12-9

管道公称直径D （mm）	0～25	32～50	65	80	100	125	150	200	250
套管公称直径D_0 （mm）	50	80	100	125	150	175	200	250	300
套管外径D_1 （mm）	60	114	121	140	159	180	219	273	325

刚性密闭套管管径尺寸选用参照表　　　　　　　　　表12-10

管道公称直径D （mm）	0～25	32～50	65	80	100	125	150	200
套管公称直径D_0 （mm）	50	80	100	125	150	175	200	250
套管外径D_1 （mm）	60	114	121	140	159	180	219	273

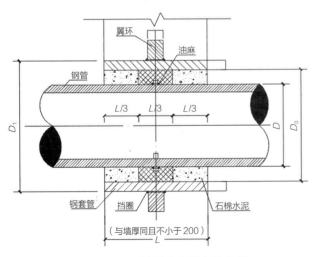

图12-20　刚性防水套管穿墙大样

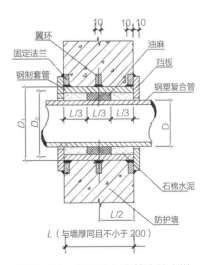

图12-21　刚性密闭套管穿墙大样

12.4.2　水、暖、电管线的相互关系

装配式居住建筑中水、暖、电管线中的干管（线）分别布置在不同的管道竖井内，较少存在交叉。水平布管（线）中则需要进行管线布置的综合考虑，在有限的吊顶空间或现浇层内如何合理布置各类管线，既要满足规范对安装工艺、间距的要求，又要充分考虑后期维护的便捷性。

居住建筑核心筒区域水平管线主要是从竖井引出的入户电源线、弱电系统入户线，以及公共区域的照明、消防报警系统管线，入户给水管，消火栓支管。上述管线通常敷设在核心筒区域的吊顶内，实现管线与结构体分离。若核心筒区域没有吊顶，由于管线相对较少，可敷设在现浇层或建筑垫层内。

宿舍建筑公共走廊区域管线布置较为集中，主要包含强弱电系统水平桥架、公共区域的照明、消防报警系统、弱电系统管线、冷热给水管、消火栓系统支管、喷淋系统支管、通风风管等。上述管线采用明敷或走廊吊顶内暗敷，由于管线较多，需要综合考虑各系统管线走向，同时还应对各专业的施工顺序、避让原则予以确定。其基本原则如下：

①热介质管在上，冷介质管在下。

②无腐蚀介质管线在上，腐蚀介质管线在下。

③气体介质管线在上，液体介质管线在下。

④高压管线在上，低压管线在下。

⑤金属管线在上，非金属管线在下。

⑥电气管线在上，给排水管线在下或另一侧。

⑦综合考虑施工、维修操作空间。

12.4.3　公共走廊区域机电管线的排布措施

（1）各类管线尽量采用单层排布，电气干线桥架与给水排水管分别在走廊通道的两侧敷设；消防主管贴临消火栓箱放置侧的墙敷设；喷淋支管、照明线管、消防报警线管、弱电线管可在中间区域敷设。

（2）当走廊宽度较小，无法满足单层排布时，强弱电桥架和给水排水管分别在走廊两侧分层排布。强电桥架在上层，弱电桥架在下层；大水管在上层，小水管在下层；金属管在上层，非金属管在下层；热水管在上层，冷水管在下层。

（3）梁底、强电桥架、弱电桥架之间的上下间距至少留100mm，预留操作空间。

（4）管线交叉时，可充分利用梁间区域上翻绕行，当出现电气支线与给水排水支管交叉时，电气线管应在水管上敷设。

（5）空调风管在公共走廊中间区域敷设，当与电气、给水排水管线发生交叉，且梁下空间较小时，可在梁间区域进行交叉，电气、给水排水管线在风管上敷设（图12-22）。

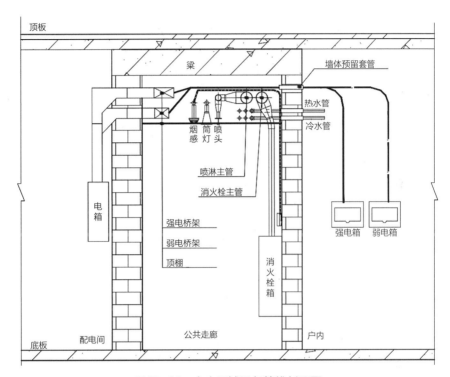

图12-22　走廊区域设备管线剖面图

12.4.4　住宅户内水、暖、电管线预埋实例

本住宅装配式方案采用叠合楼板，PC预制外墙，ALC内隔墙和现浇梁、柱与剪力墙做法，照明线路在楼板现浇层预埋敷设，灯具安装位置在预制层中预留底盒，过楼板处预埋套管，强电箱及沿墙部分线路可后期在ALC墙板上开槽敷设（图12-23）。

本住宅装配式方案采用叠合楼板，PC预制外墙，ALC内隔墙和现浇梁、柱与剪力墙做法，插座线路在楼板现浇层预埋敷设，强电箱及沿墙部分管线、插座底盒后期在ALC墙板上开槽敷设（图12-24）。

本住宅装配式方案采用叠合楼板，PC预制外墙，ALC内隔墙和现浇梁、柱与剪力墙做法，弱电线路在楼板现浇层预埋敷设，弱电箱及沿墙部分管线、弱电插座底盒后期在ALC墙板上开槽敷设（图12-25）。

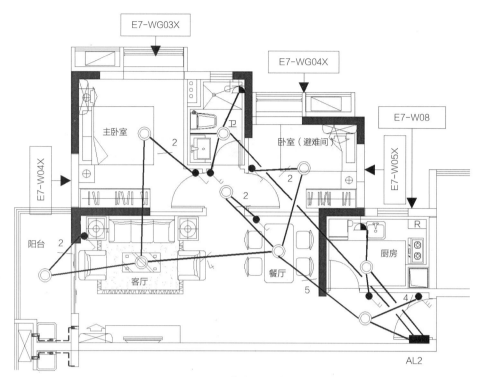

图12-23　户内照明布置图

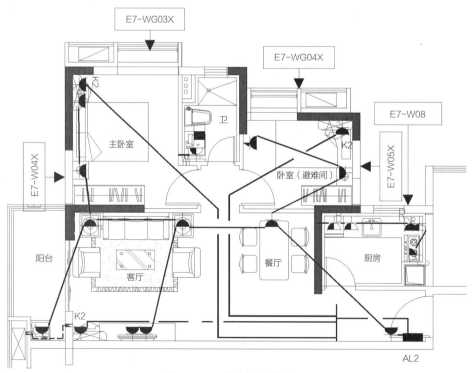

图12-24　户内插座布置图

图12-25 户内弱电布置图

（1）本项目梁、柱及剪力墙为全现浇，楼板采用叠合楼板，外墙为预制PC外墙，内隔墙采用ALC墙板。

（2）户内配电箱安装在ALC隔墙上，户内弱电箱设置在强电箱正下方，ALC隔墙可后期开槽，插座线路在地面现浇层中埋管敷设，弱电管线应错开强电插座出线埋管。

（3）弱电线路、剪力墙插座在现浇时预埋底盒及套管。墙内暗敷时可在ALC隔墙中开槽埋管敷设。

（4）排水立管及地漏采用止水节预埋套管。

（5）给水管线路全部在地面找平层中埋管敷设，洁具支管后期在ALC隔墙中开槽埋管敷设。

（6）混凝土剪力墙预制构件分体空调套管$DN80$，材质采用薄壁（2.5mm厚）钢管；砖墙预制构件分体空调套管$DN80$，材质采用PVC-U管。

（7）厨房排油烟采用成品预制烟道，楼板预留洞口和成品油烟管道尺寸可参考图集《住宅高性能排气道系统》粤14JT906或《住宅排气道》16J916-1，成品油烟道与楼板预留洞口应留50mm操作边距。

（8）当厨房和卫生间采用成品预制构件时预留DN185换气扇安装孔（图12-26、图12-27）。

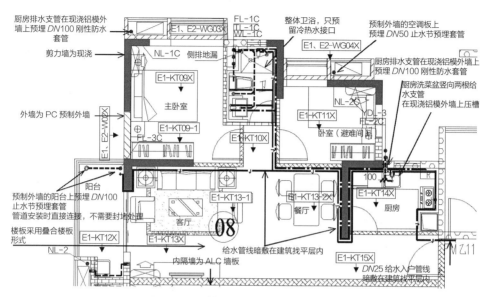

图12-26　给水排水管线户内预埋图

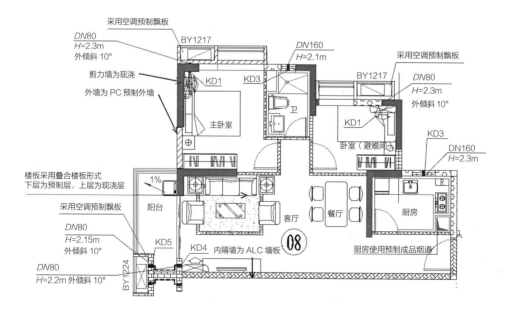

图12-27　分体空调套管户内预埋图

12.5 机电专业如何提升装配式建筑的经济性

PC生产线的工效直接决定了构件生产的成本，在构件加工过程中需要对暗敷在结构体中的管线进行定位和预理，预留的机电管线孔洞数量多、位置变化多，便会大大降低生产效率，增加人工成本。因此，在设计阶段需结合建筑物的预制情况，合理规划布置管线的走向和设备的安装位置，减少预制构件中的预留工作，并结合一体化装修提高管线分离率。同时，机电管线应遵循模数化、标准化、系列化的原则，满足通用性和互换性要求，以达到更加经济，快速生产、安装的目的。

利用BIM可视化技术，优化管线敷设路径，有效地减少管线交叉，优化空间，提高空间利用率，减少对层高的要求，可降低建筑物整体造价。同时，可以根据三维模型，把风管、抗震支吊架等图纸模型拿到工厂进行预制化加工，减少现场加工，实现现场快速组装，提高安装效率，缩短工期和减少人力成本。

12.6 机电部品系列库

常用机电部品规格及尺寸如表12-11~表12-17所示。

常用住宅强电户内配电箱　　　　　　　　　　表12-11

箱体总位数	排数	标准箱尺寸（长×宽×厚）(mm)
16位	1	405×240×100
20位	1	475×240×100
32位	2	405×415×100

常用住宅弱电户内分线箱　　　　　　　　　　表12-12

箱体规格	标准箱尺寸（长×宽×厚）(mm)
小号	280×100×100
中号	350×300×100/300×200×100
大号	400×300×100

常用电线管材质及规格尺寸　　　　表12-13

PC线管	管厚（mm）	SC线管	管厚（mm）	JDG线管	管厚（mm）	MT线管	管厚（mm）	PVC线管	管厚（mm）
20	2.1	15	2.8	16	1.6	16	1.6	25	2.5
25	2.2	20	2.8	20	1.6	20	1.8	32	2.5
32	2.7	25	3.2	25	1.6	25	1.8	40	3.0

常用预埋接线底盒规格尺寸　　　　表12-14

86底盒（长×宽×厚）（mm）	118底盒（长×宽×厚）（mm）	暗装灯头圆盒（内径×深）（mm）
86×86×50（常规型）	100×62×50（常规型）	60×60（常规型）
86×86×100（深型）	100×62×100（深型）	60×100（深型）

住宅常用户内配电箱及箱体内开关元件表　　　　表12-15

户型大小 / 断路器个数	＜60m²	60~90m²	90~140m²	＞140m²
断路器C16A/1P 数量	1	1	1	2
漏电断路器C16A/1P+N/30mA 数量	4	4	5	6
漏电断路器C20A/1P+N/30mA 数量	1	2	2	2
断路器C40A/2P 带自恢复式过欠电压保护数量	1			
断路器 C50A/2P 带自恢复式过欠电压保护数量		1		
断路器 C63A/2P 带自恢复式过欠电压保护数量			1	1
规格模数	15个模数选用16位1排标准箱	17个模数选用20位1排标准箱	19个模数选用20位1排标准箱	22个模数选用32位2排标准箱

常用电缆桥架及线槽材质与规格尺寸　　　表12-16

型号及常用尺寸（MR）	厚度（mm）	型号及常用尺寸（CT）	厚度（mm）
50×50	1.2	200×60	1.2
100×50	1.2	200×100	1.2
200×100	1.2	200×150	1.2
300×100	1.2	300×100	1.5
300×150	2.0	300×150	1.5
400×150	2.0	400×100	1.5
400×200	2.0	400×200	1.5
600×150	3.0	600×150	2.0
600×200	3.0	600×200	2.0

加压风管常见风管边长尺寸（单位：mm）　　　表12-17

320	800	2000	4000
400	1000	2500	—
500	1250	3000	—
630	1600	3500	—

第 13 章

装配式建筑的标准化与多样化

13.1 标准化与多样化的矛盾统一

没有标准化就谈不上多样化，反之亦然。在建筑领域，多样化不仅是指不同的建筑具有丰富多彩的形态，它更多地是指在同一个功能或类型相近的建筑中形式与空间的丰富多样。

但是，只有多样化而没有标准化，不符合工业化大生产的特质，不符合经济规律，不利于在短时间内解决社会需求。

标准化来自于人类的模仿天性，也符合生产需求的实际情况。中国宋朝《营造法式》中的斗栱、西方古典建筑中的柱式都是早期标准化的代表。到了现代工业革命之后，机器化大生产要求必须提高效率，以满足人们不断增长的物质需要。就连农业这种传统产业，都要以机械化来提高产量，而机械化的前提一定是标准化。

放眼当今世界，所有的工业产品都是采用标准化来实现的。汽车、电视、冰箱、洗衣机等，其根本原因在于人们对同样的产品需求数量巨大（图13-1）。

同样，多样化也是人类天性的另一面，世界上没有两个完全相同的人，自然界本身就是一个多样化的世界。从审美角度来说，完全相同的东西总会使人疲劳，疲

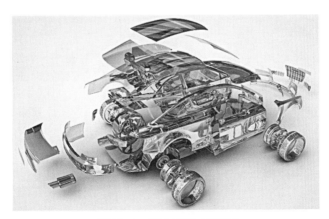

图13-1 工业产品（汽车）

劳就意味着不健康，不利于身心发展。对于一个社会来说也是如此。因此，多样化的建筑，不同的空间、形式会给人以不同的感受和使用上的愉悦。丰富多彩，千变万化，各领风骚，是人们追求的目标。

很显然，标准化与多样化这一对矛盾是相互依存又彼此对立的。如何来解决这样的矛盾冲突，是我们在建筑设计、建造上需要直面的重大问题。

构件产品的系列化，就是解决这一矛盾的有效方法之一。

系列化是标准化与多样化的桥梁，是使二者能够和谐共存的合理手段。系列化通过对标准化产品的分类，从"型"和"数"两个方面使标准化产品丰富多样，它给标准化插上了翅膀。

但是系列化必须要在标准化和多样化之间找到平衡，过于标准化就会使产品单一呆板，适应度低；过于多样化则会使产品层次过多、效率低下。如何解决这两者之间互相依存、互相矛盾的关系，要在二者合理使用的度上加以把握。

如果我们设计加工许许多多的构件，以供建设工地使用，那我们就失去了工业化生产的意义，等于回到秦砖汉瓦的年代，那还不如在工地直接加工生产，没有必要投产厂房、车间、生产线来预制各种构件。但是我们设计生产的构件如果只为了强调标准化而种类数量过少，则无法实现工业化生产的经济高效。

测算好这样一个天平，是需要从各方面来加以分析计算的，不是简单模糊处理就能解决好的。

本书中，通过对装配式居住建筑的分析，总结了一定数量的构件产品。在这些产品中，绝大部分可以满足基本的建筑设计和加工生产需求，其中一部分的使用频率很高，而有一些则应用范围较小，但也是不可或缺的。

运用这些构件，可以组合成任何一个居住建筑空间（前提是使用模数体系），同时其外部形式也可以在其他辅助措施的帮助之下做到丰富多彩（图13-2）。

由此，标准化和多样化的矛盾统一问题得以解决。

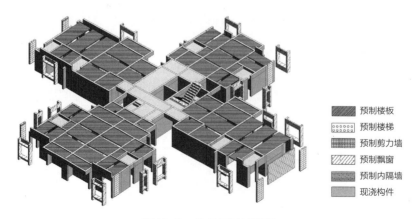

预制楼板
预制楼梯
预制剪力墙
预制飘窗
预制内隔墙
现浇构件

图13-2　构件组装轴测图

13.2　标准化与多样化矛盾的其他解决办法

13.2.1　规划方面

在居住小区的规划上，首先要在空间的组织上想办法使群体空间丰富多样。对于点式住宅来说，在满足采光通风的前提下，可以利用疏密相间的手法使建筑空间富有张力，利用收放、流动、分隔等手法，使整个建筑群充满变化。摒弃行列式布局、等距离分布的呆板手法。

在可能的条件下，既满足容积率的要求，又不降低开发效益，争取将建筑体量做成高低错落，具有丰富的天际线变化，也便于各单体建筑的识别。

对于公寓式建筑来说，可以采取折线或曲线形式，以围合外部空间的手法使建筑群体空间充满趣味。连续之中又有断开、空隙、开敞空间等。线形布局与点状布局相互交织，点线结合，动静相融、对比变化。

利用用地的自然条件，如高差、水面、道路等现有条件，使建筑空间在适应基地基本环境的同时，自然而然地得到丰富的外部空间和群体之间的不同力场。

运用大面积集中或分散布置的绿化、绿地将建筑群体进行分隔。

将小区的功能性建筑合理布局，如商场、会所、球场、餐厅、亭廊等各不同的功能，布局在既合理又能使群体建筑有张有弛的位置，以减少标准化建筑过多地集聚在一起所引起的审美疲劳（图13-3）。

图13-3　规划布局图

13.2.2 造型方面

　　穿插是建筑空间常见的一种处理手法，黑川纪章在20世纪60年代设计的东京舱体住宅是最著名的代表之一。在该项目中，他利用单一盒子在xy轴的平面中沿着四个方向旋转，同时在z轴上不断升起，这是一个很明确的逻辑构成，由此而获得优美的建筑造型。从外观上看似各体块相互穿插组合，实际上是笛卡儿坐标系的简单应用。同样，有些建筑仅仅只是通过在一个方向上的不同距离的出挑，即获得了丰富的空间造型。当然，它的代价是外墙构件连接节点、悬挑梁构件和承重柱的受力都有改变，在此方面，要事先进行计算和构件系列的局部变化（图13-4、图13-5）。

　　另一种穿插是当一栋建筑在某一方向展开时，另一个体块从一个垂直角度或者任意角度与之相交，然后突出。这种做法完全可以用已有的构件系列实现，并不需要增加其他工作。总之，是在三维坐标系中把构件运用起来。

　　留白是国画中一种常用的创作手法，运用在建筑造型的处理中，首先需要满足功能的需求，而不是一味地为了形式而形式，以至于牺牲经济效益，这是不可取的。在建筑中的所谓留白，大多是指在空间或形体的某一处什么都不做，而是留出一块空间，作为建筑的某种功能用途，如交往空间、空中泳池、空中花园，或者是在公寓宿舍等建筑中留出来的晾晒之处等。这样的空间在建筑造型中会起到突然变化的作用，使本来的一个实体开了一个洞口，透过它可以看到另一个景象，等于在建筑立面中融合进了一个造型要素。

　　与之相应，在群体建筑中，同一类或同样的建筑，由于每栋建筑的留白大小位置不同，也会给建筑以丰富的变化，尤其是在留空之处施之以不同的色彩或其他吸睛之物——树木、雕塑、灯光等，则建筑的变化就更加使人愉悦。

　　体量大小的控制与变化也是群体设计时应该加以应用的一种方法。但是体量的大小根本依据是功能性要求，在适当的情况下可以加以利用。

图13-4　穿插的建筑体块（一）

图13-5　穿插的建筑体块（二）

13.2.3 立面的处理

建筑风格一直是居住建筑中所要面对的重要问题之一。在商品住宅中,我们经常看到所谓的欧洲风、南美风等。实际上,真正的建筑风格是古典与现代、西式与中式的基本差别。古典有中式的,也有西式的。西式以各种建筑立面上的装饰线脚和柱式来表现,中式则多在女儿墙和檐口上作文章。这些如果要在装配式建筑中采用,则会给工厂的预制模具带来极其严格的要求,也会增加很多异形模具的生产,在经济层面并不是非常好的选择。而现代建筑样式简洁明确,即便是有很多细部处理,也是通过材料、色彩等手段来实现,对模具本身要求不高,重在后期处理。

当然,各种风格都可以使用,主要取决于建筑的主要用途是什么。

立面材料的变化是多样化的另一个表现形式。对钢筋混凝土、玻璃、木材、钢材进行合理使用,并在构图美的前提下加以各种组合。

对于同一个构件,可以用不同的饰面材料来丰富其饰面形式。目前在工厂的预制构件中,尚不主张直接把某些饰面做好,因为施工精细化要求程度太高,很容易导致在现场组装时,一些垂直、水平线对不上。这是施工现状的问题,也是设计精细化的问题。

有一些混凝土饰面,由于面材没有过多细分,还是可以采用预制阶段即做好外立面,但是对立面分割线还是要十分小心。

在构图方面,装配式建筑立面设计还是大有可为的,可以通过对比、统一、大小、虚实等各种手法进行设计。例如,窗户与空调室外风机的相互关系,就可以有多种不同的组合方式,在构件加工生产之前,可以对系列化产品进行分析选用,在此基础上进行变形,但不影响基本的模具尺寸,只是做一些微调即可。

现代的构图审美涉及许许多多的领域,在工业设计、艺术品设计、包装广告中都有大量应用,我们可以汲取这些营养来丰富建筑立面,而不是想当然地认为装配式建筑就一定是千篇一律、千人一面的刻板呆滞(图13-6、图13-7)。

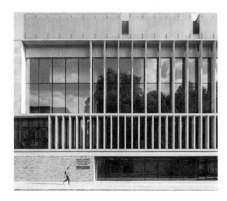

图13-6 建筑立面的变化(一)

图13-7 建筑立面的变化(二)

13.2.4 构件方面

在构件的多样化方面，可以做的工作更多。

首先，无论是在平面设计还是立面处理上，都应该有意识地留意相同构件的具体位置以及构件之间的相互关系。在构件组合时，要充分运用组合韵律来使造型发生变化，疏密相间是最为普遍的做法。不管是水平构件还是垂直构件，如果可能的话，尽量避免分布的均值化。

错位，可以上下之间错位，也可以水平错位布置，甚至上下、左右互相错位，都是构图的一种形式。构件本身并没有任何变化，只是由于位置的不同而带来视觉上的丰富。

留白，这个留白与上面说到的空间体量上的留白不同，这个留白是指在构件之间留出空隙，或大或小，以呈现其他材料形成的立面。例如，大面积的玻璃窗或者实体墙面等。

相同的构件如果采用不同的表面色彩和材料，其质感和明度、对比度都会带来丰富的视觉感受。

柯布西耶早年在巴黎马赛公寓的设计中，就在窗间墙上运用了不同的色彩，使得较为单一的洞口造型立即活跃起来。霍尔在哈佛大学学生公寓的设计中，同时使用了留白和色彩变化两种手法来处理窗户的造型。这些都是值得我们学习借鉴的范例（图13-8～图13-10）。

图13-8　构件色彩、材料和韵律的
变化（一）

图13-9　构件色彩、材料和韵律的变化（二）

图13-10　构件色彩、材料和韵律的
变化（三）

13.3 其他装配式建筑的多样化案例

其他装配式建筑的案例还有木结构建筑、钢结构建筑、盒子建筑、竹子建筑等，如图13-11~图13-14所示。

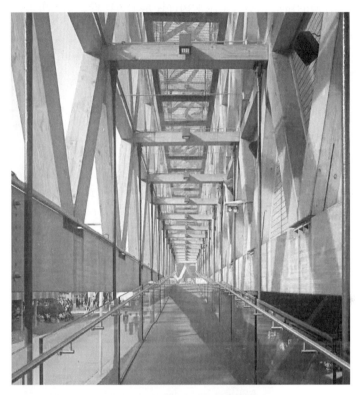

图13-11 木结构建筑

图13-12 钢结构建筑

图13-13　盒子建筑

图13-14　竹子建筑

第14章 地下建筑装配式技术应用

14.1 市政地下工程装配式结构应用概况

国内外装配式地下工程以市政类的装配式地下综合管廊及装配式地下隧道较为常见。从国内外预制技术的发展现状看，预制装配式结构分为全部构件预制和部分构件预制两类。全部构件预制又可分为结构整体预制和结构分块预制。部分构件预制主要是预制构件和现浇方式结合使用，形成完整的地下工程结构。地下工程的预制拼装结构不同于地上建筑，地下工程施工环境及工艺复杂，对结构防水及抗震性能要求苛刻，但装配式仍是地下工程结构发展的趋势和潮流。

14.1.1 装配式地下综合管廊应用

目前国内外应用的装配式地下综合管廊技术基本上均采用明挖预制装配法，装配类型又可细分为预制节段拼装、叠合装配技术、分块预制拼装、单舱组合多舱等方法（图14-1～图14-4）。

预制节段拼装适用于支线管廊，长度不宜太大，其特点是质量大，单舱可超

图14-1 预制节段拼装

图14-2 叠合装配技术

20t，运输困难，但现场施工方便、结构简单。叠合装配技术适用于支线或干线管廊，其特点是自重小、方便运输，但现场操作麻烦、工序多。分块预制拼装适用于支线或干线管廊，其特点是长度及质量适中，施工较方便、结构较简单，但防水节点多。单舱组合多舱适用于干线管廊，其特点是质量大、运输困难，但现场施工方便、结构简单。

近年国内也出现了某些新型装配式地下综合管廊，如分体预制管廊：上下分体三舱管廊、左右分体四舱管廊和上下分体双层管廊（图14-5～图14-7）。

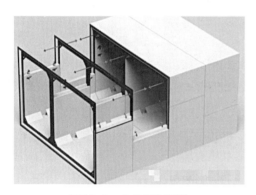

图14-3　分块预制拼装

图14-4　单舱组合多舱

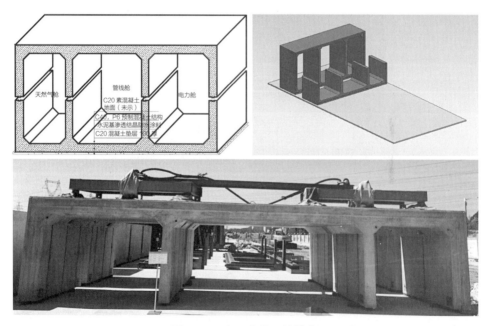

图14-5　上下分体三舱管廊

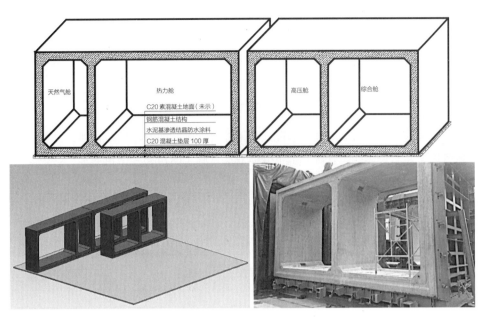

图14-6 左右分体四舱管廊

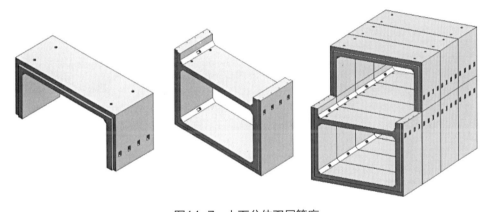

图14-7 上下分体双层管廊

14.1.2 装配式地下隧道应用

装配式地下隧道按施工方式分为明挖法和暗挖法。装配式明挖隧道采用预制+现浇方法装配施工，其中大部分采用预制构件，预制构件工厂化生产、蒸汽养护，可有效缩短生产时间和工期，且工程质量容易控制。最大限度地采用预制构件，现场以干拼作业为主，产生的工程垃圾少，对环境污染小，降低社会成本，现场人员投入量减少，降低用工成本。竖向构件有L形及倒T形自立式预制构件，顶板部除节点现浇连接外，采用预制板直接搁置于竖向构件上，无需支撑，模板使用量几乎为零，降低成本（图14-8～图14-12）。

图14-8 装配式地下隧道

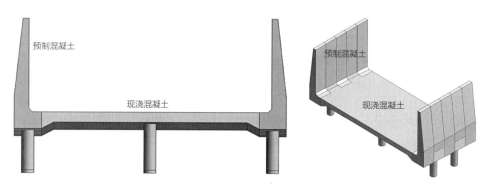

图14-9 装配式U形槽正面图　　　　　图14-10 装配式U形槽轴测图

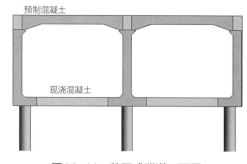

图14-11 装配式隧道正面图

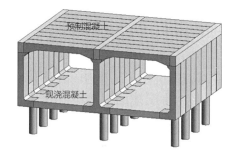

图14-12 装配式隧道轴测图

　　盾构法是暗挖法施工中的一种全机械化施工方法，它是将盾构机械在地下推进，通过盾构外壳和管片支承四周围岩，防止发生往隧道内的坍塌，同时在开挖面前方用切削装置进行土体开挖，通过出土机械运出洞外，靠千斤顶在后部加压顶进，并拼装预制混凝土管片，形成一种装配式地下隧道（图14-13）。

图14-13　盾构法装配式暗挖隧道

14.2　民用地下建筑装配式技术探讨

14.2.1　装配式地下室外墙做法探讨

　　国内外民用地下建筑采用装配式的做法较为鲜见，装配式地下综合管廊及装配式地下隧道的一些做法能否运用于民用地下建筑，值得行内从业者思考。有民用地下室车库项目的外墙采用了叠合板技术，实质上就是参考了装配式地下综合管廊叠合装配技术。叠合式墙板由两层预制板与格构钢筋制作而成，外墙外侧的预制板厚80mm，外墙内侧的预制板厚60mm，叠合板的宽度1200～3000mm。现场安装就位后，在两层板中间浇筑混凝土，提高整体性，共同承受竖向荷载与水平力作用。实践证明该技术与传统现浇地下室外墙相比，便于质量控制，建造速度快，对环境污染小，造价低，工业化生产水平高，是一种极具市场前景的绿色施工体系（图14-14）。

图14-14　地下室外墙叠合板

14.2.2 装配式地下室梁板柱做法探讨

对于民用地下室的其他部位，为保证地下室结构的抗震性能，笔者认为塔楼相关范围（塔楼外扩2跨）应采用现浇楼板，而其余纯地下室区域标准化高、预制构件规格少，可采用装配式预制构件。为便于框架柱的预制，采用单向板—梁楼盖结构平面布置，地震作用全部由剪力墙承受，竖向荷载通过横向框架梁传递给框架柱，此体系受力明确，曾有上部结构工程（4层车库）实例经受了大地震的考验，未发现结构破坏，现用于地下车库，结构体系可靠。车库柱网及层高标准化是其优势，并建议条件成熟时编制地下车库预制构件标准图。另外，单向框架梁布置也有利于楼面下水、电、暖管线布置，主要管线沿次梁方向布置，并可在预制大梁的腹板预留孔处穿管线，可降低层高，请设备专业的设计同行进一步探讨。框架梁跨度一般在8.4m以下，预制梁长小于8m。梁采用叠合梁，两侧出筋。预制楼板由于跨度较大，建议采用带桁架双 T 板或混凝土叠合板（KT板）；顶板有抗渗问题，应采用连续板布置、计算和构造（简支板不能满足抗渗裂缝控制要求），且应采用抗渗混凝土（图14-15）。

图14-15　装配式预制梁柱

14.2.3 装配式地下室防水抗渗探讨

民用地下室采用装配式技术，防水抗渗问题是相对于上部结构的主要弱点，解决了这个问题就抓住了地下车库采用装配式的技术关键点。目前对于预制装配式结构的防水措施主要集中在以下几点：①提高混凝土构件的防渗等级，充分利用混凝土构件的自防水性能；②接缝部位加强配筋，采用微膨胀混凝土，以减少裂缝的发生；③在接缝部位预留注浆孔，拼装施工完成后利用注浆孔对接缝部位进行注浆处理。对于防水材料的选择不仅要从止水性方面考虑，还要考虑施工方面的要求，即保证施工中密封材料的形状、尺寸对拼装精度不造成不利影响。按照《地下工程防水技术规范》GB 50108—2008，地下车库外墙和顶板应采用防渗混凝土，厚度不应小于250mm。现用于叠合楼板，抗渗混凝土厚度取值是有待探讨的问题。地下车库超长问题是普遍存在的，采用装配式来应对超长问题是有利措施，其后浇带间距也可比现浇结构适当加大。个别区域可采用加强柔性防水的方法，这符合设计措施相辅相成的原则。

14.3 民用地下建筑装配式前景分析

改革开放以来中国建筑业经历了高速发展的过程，我国建筑业已成为国民经济的重要支柱产业之一。但相比于已逐步实现自动化、智能化生产的制造业，我国建筑业仍处于传统建造、粗放管理的阶段却是不争的事实。高产值、多人力、低效率和弱素质状态成为整个建筑产业升级的最大障碍。国务院于 2015 年颁发了《建筑产业现代化发展纲要》，使建筑产业向着生产工业化、产品绿色化、建造精益化、产业集成化、管理专业化、工人技能化发展，有利促进节能减排和提高建筑产业经济效益。2016年9月27日，国务院办公厅发布《关于大力发展装配式建筑的指导意见》（国办发〔2016〕71 号），提出坚持标准化设计、工厂化生产、装配化施工、信息化管理、智能化应用，提高技术水平和工程质量，促进建筑产业转型升级。

随着城市地下空间建设的不断发展，预制化、工业化水平的不断提高，民用地下建筑装配式结构也必将成为地下工程的发展趋势。笔者认为，预制装配式结构的发展和推广应用前景体现在以下几方面。

（1）预制装配式结构的发展离不开设计理论的完善，尤其是针对预制构件结构形式的选择、搭接的防水处理以及抗震性能等重点、难点问题，直接关系到预制装配式结构的安全性与稳定性，因此仍需开展大量的研究工作。

（2）预制装配式结构的完善离不开新材料的研发。随着工业化水平的提高，将不断有新材料产生，如新型的防水材料、抗震材料等，这同样有助于提高工程的整体稳定性。

（3）预制装配式结构的发展离不开构件工厂化、自动化生产效率的提升，现阶段仅仅是将预制构件挪到工厂制作，生产模式仍离不开手工制作，成本居高不下，也并没有达到节能减排的目的，是阻碍预制装配式结构的重要因素。但随着工厂自动化水平的提高，这些问题将慢慢得到解决。

（4）大力推行预制装配式结构，离不开大量匹配的装配式产业工人，国家逐步加大对建筑产业工人的培养，是保证装配式建筑质量的关键。

基于现在的装配式设计技术、构件制造能力、施工技术，地下空间结构采用装配式结构仍面临着许多亟待解决的技术难点。但笔者认为，这并不代表预制装配式在地下室的应用没有未来。大型地下室结构的装配式构件通用性、统一性带来的标准化生产和施工简易性是必然的发展趋势，在推崇节能减排、建筑产业转型升级的大环境下，其必然具有大好前景。

第15章

建筑模板

15.1 建筑模板的定义

建筑模板是建筑施工过程中一种临时性支护结构板材。其按设计要求制作，使混凝土结构和构件按设计规定的位置、几何尺寸成型，保持其正确位置，并承受建筑模板自重及作用在其上的外部荷载。进行模板工程的目的是保证混凝土工程质量与施工安全、加快施工进度和降低工程成本。

混凝土结构工程现场施工用的建筑模板结构分别由面板、支撑结构和连接件三部分组合而成：①面板，指直接接触现浇混凝土的承力板；②支撑结构，指支承面板、混凝土和施工荷载的临时结构系统，保证建筑模板结构牢固地组合，做到不变形、不破坏；③连接件，指将面板与支撑结构连接成整体的配件（如对拉螺杆）。

建筑模板是混凝土浇筑成型的模壳和支架，按材料的性质可分为建筑木模板、组合钢模板、铝合金模板、塑料复合模板等（图15-1～图15-4）。其中，强度高、精度高、安装便捷、可重复利用的组合钢模板，铝合金模板，塑料复合模板统称为高精度模板。高精度模板的误差允许范围均在3mm以内，焊缝误差允许范围在5mm以内。

图15-1　木模板

图15-2　钢模板

图15-3 铝合金模板　　　　　　　　图15-4 塑料复合模板

15.2 高精度模板的种类和特点

15.2.1 组合钢模板

组合钢模板以钢材为主要材料，由钢模板和配件两大部分组成。钢模板经专用设备压轧成型并焊接，采用配套的通用配件，能组合拼装成不同尺寸的板面和整体模架，满足混凝土工程施工的模板需要。其特点为：①自身刚度和强度高；②稳定性强；③拼接缝严密；④装拆灵活；⑤搬运方便；⑥可重复利用。

15.2.2 铝合金模板

铝合金模板是以铝合金型材为主要材料，经过机械加工和焊接等工艺制成的适用于混凝土工程的模板。铝合金模板按结构形式分为平面模板、转角模板和组件。其中，转角模板包括阳角模板、阴角模板和阴角转角模板，组件包括单斜铝梁、双斜铝梁、楼板早拆头、梁底早拆头。其特点为：①硬度高；②自重小；③稳定性强；④拼接缝严密；⑤组合多样、装拆灵活；⑥搬运方便；⑦可重复利用。

15.2.3 塑料复合模板

塑料复合模板是由热塑性树脂添加增强复合材料和助剂，经热塑成型加工而成的，可回收处理并再生利用的建筑模板。塑料复合模板可分为平面模板和带肋模板，平面模板又可分为夹芯模板、空腹模板等。其特点为：①自重小；②通用性强；③装拆灵活；④接缝严密；⑤便于实施及支撑；⑥允许多次周转使用；⑦使用环境要求在-10～75℃。

15.3 高精度模板的发展和应用情况

2016年2月6日《中共中央国务院关于进一步加强城市规划建设管理工作的若干意见》中提出，10年内，我国新建建筑中，装配式建筑比例将达到30%。换句话说，我国未来每年将建造几亿平方米的装配式建筑，这个规模和发展速度在世界建筑产业化进程中也是前所未有的。

随着国家装配式建筑技术不断提升，原有粗放型建造方式向精细化发展，建筑界面临巨大的转型和产业升级压力。建筑模板工程作为建筑行业的一员也出现了新的机遇。工程模板的更新迭代也见证着建筑工业化时代发展历程。从早期应用最广泛的普通木模板、高精度木模板、组合大钢模板，到现在推广应用的铝合金模板、塑料复合模板，都印证了建筑工业不断向前的步伐。

目前，我国建筑高精度模板应用较多的主要为铝合金模板。因为相对于钢模板而言，铝合金模板更轻、更便于操作；相对于塑料复合模板而言，铝合金模板强度更高，可适用于全气候条件。铝合金模板具有施工周期短、周转率高、实用性强、精度高、稳定性好、承载力高等技术特点，施工操作简单、固定，使得过程管理简化。由于其特点鲜明，因而具有更高的性价比和明显的成本优势，产生了巨大的经济效益。结合居住建筑产品户型相对稳定、门窗等部品标准化程度高的特点，铝合金模板应用的可复制性、可推广性更加突出，最终达到质量、工期、成本的三赢之势。下面将以铝合金模板作为例子进行详细介绍。

15.4 铝合金模板系统介绍

铝合金模板自1962年在美国诞生以来，已有五十多年的应用历史，在美国、加拿大等发达国家，以及像墨西哥、巴西、马来西亚、韩国、印度这样的新兴工业国家的建筑中，均得到了广泛应用。铝合金模板在中国发展了仅仅几年，便已经受到许多建筑商的青睐，像万科集团、中建集团等在国内较早使用铝合金模板，铝合金模板应用技术也日趋成熟。我国房地产发展已从黄金时代过渡到白银时代，各大房地产开发商拼的不仅仅是资金、时间，同时还有新技术的应用。正是因为看中铝合金模板的快捷、高效，如今国内各大开发商争相推广铝合金模板的应用。

铝合金模板系统主要由四大部分组成：①模板，构成混凝土结构施工所需的封闭面，保证混凝土浇灌时建筑结构成型；②配件，即模板的连接构件，使单件模板连接成系统，组成整体（如销钉、销片、螺栓等）；③紧固件，用以保证模板成型的结构宽度尺寸，在浇灌混凝土过程中不产生变形，模板不出现胀模、爆模现象（如背楞、斜撑等）；④支撑件，在混凝土结构施工过程中起支撑作用，以保证楼面、梁底和悬挑结构的稳固（图15-5）。

图15-5　铝合金模板

15.5　铝合金模板的优势及特点

15.5.1　铝合金模板的优势

（1）铝合金模板质量小、拆装灵活。

（2）刚度高、使用寿命长、板面大、拼缝少。

（3）精度高，浇筑的水泥平整光洁。

（4）施工对机械依赖程度低，能降低人工和材料成本。

（5）应用范围广、维护费用低。

（6）施工效率高、回收价值高等。

15.5.2　铝合金模板解决传统木模板施工的问题

（1）铝合金模板克服了传统木模板的装拆困难，不依赖具有长期经验的模板技术工人，普通员工经1h简单培训即可上岗独立操作，为企业节省了人工费用，且操作简单、快捷。

（2）与使用木模板相比，铝合金模板不会在施工中产生大量建筑垃圾，拆模后现场无任何垃圾，不生锈，无火灾隐患，安装工地无一铁钉，无电锯残剩木片、木屑及其他施工杂物，施工现场整洁。

（3）铝合金模板解决了由于传统木模板自身刚度、强度差的原因而导致建筑工程主体质量差的问题，以及该现象造成装饰抹灰层厚度增加所造成的资源浪费。其免抹灰工艺不仅解决了空鼓开裂等隐患，还降低成本、提升效率、缩短工期，真正实现了"两提一减"，即提升质量、提升效率、减少人工。

15.5.3 铝合金模板构件简单说明

铝合金模板构件说明如表15-1所示。

铝合金模板构件说明	表15-1

铝合金模板：配置宽度100～400mm不等，50M模数，代号P	梁底板，封头板：配置板宽度为200mm，代号P

梁支撑头：钢支撑的支撑节点，代号DT	板支撑头：钢支撑的支撑节点，代号Z

YJ型工具式钢支撑：与梁板支撑头配合使用，代号YJ	横梁主龙骨：两边接支撑头，代号L

续表

角模：配置长150mm、120mm、130mm、100mm，短边都为150mm，代号E（墙柱阴角）	水平转角模：边角收口，代号E

加固背楞：横向支撑体系，代号A	边模：是铝合金模板阳角连接的主要构件，代号EC

主横梁连接件：连接支撑头和主龙骨，代号BB条	专用销钉、楔片：用于BB条处连接

高强对拉螺杆：用于铝合金模板之间的连接	穿墙套管及塞子：置于成形模板内侧，塞子可以重复利用

续表

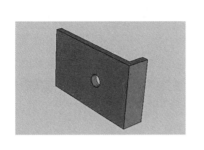	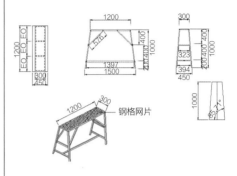
加固压片：用于PC构件和铝合金模板结合处加固	操作马凳：铝合金模板施工过程中的辅助工具

15.5.4　铝合金模板适用范围

铝合金模板特别适用于标准层超过25层且外墙设计为内保温的混凝土结构楼栋，层高宜小于3.3m。

15.5.5　不适宜应用铝合金模板的范围（表15-2）

不适宜应用铝合金模板范围　　　　　　　表15-2

序号	不适宜项目	原因
1	层高大于3.8m	斜撑杆件过长，不易于控制竖向结构垂直度；立杆之间需要增加水平拉杆，造价增加；立杆直径需增大，自重增加，不易操作，影响工效
2	复式结构	层高较高，结构变换多，标准构件少，增加造价
3	标准层少于20层	模板周转次数少，造价高
4	展示区等工期要求较高的部位	前三层施工进度较慢，较难满足工期要求
5	高支模及高大模板的部位	立杆直径需增大，间距需加密，施工难度大，模板需要专门配置，周转率低，造价高

15.5.6 配套外架形式

配套外架特别适合与附着式升降脚手架（即爬架）配合施工，能有效减少结构留洞，组织各工序穿插施工（外墙门窗、栏杆、腻子等随主体从下往上逆做法施工），实现外墙免抹灰，提高工程质量，加快施工工期，提升施工现场形象。

铝合金模板在与型钢悬挑钢管外脚手架配套使用时，需在悬挑层重新配模，降低了铝合金模板的整体性，混凝土成型效果较差，铝合金模板加工对工字钢的预留位置的精度要求高，施工难度大，影响施工工期，且外墙为全混凝土墙结构，不易于采取设置连墙件、钢丝绳卸荷等措施，将影响结构施工，且不利于施工质量的控制及安全保障。故不建议采用型钢悬挑钢管外脚手架。

15.5.7 铝合金模板设计

1. 设计流程（图15-6）

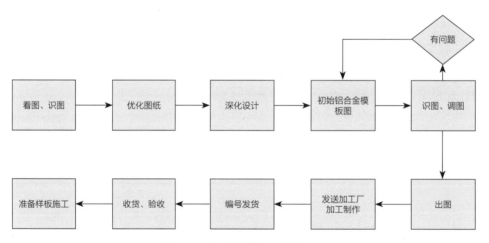

图15-6 铝合金模板设计流程图

2. 建模设计

（1）看图、识图

在铝合金模板建模进行设计之前，需要提前对正式的设计图纸，以及结构、建筑、安装的图纸进行仔细查看与分析，图纸需经审查，甲方签字认可。从层高、板厚、梁高等方面初步确定模板加工的标准尺寸和非标准尺寸，对拉螺杆的间距、主龙骨间距、立杆间距等进行受力计算，找出专业之间的冲突，如节点、风烟道洞口在建筑与结构上有无差别等。

（2）图纸优化

因铝合金模板的可塑性与加工周期与成本的原因，不能像木模板可以随意裁切、修补，所以需要将构件从上到下基本统一；同时，铝合金模板的安装相对简单，可以将原木模板施工难度较大的墙垛等同时施工，为此需要结合实际进行图纸优化。

①对于厚度小于或等于200mm的墙垛，如果采用木模板一次浇筑，加固难度较大，通常放到二次结构施工，铝合金模板相对来说配模方便，采用与一次结构一次性浇筑，模板配置时予以考虑。

②所有门顶墙体均深化，随结构一次现浇。

③对标准层存在暗柱、剪力墙等尺寸不一致的地方，通过与设计方协商使标准层完全一致，避免配置多套模板。

④对外立面局部楼层的造型，诸如外圈线条等，采用后植筋的办法，二次施工；或者取消，采用GRC等轻质构件代替，目前这种工艺很成熟。

⑤通常屋面板设计较标准层板厚度大，层高不变时，局部会增加框梁，从而造成此层铝合金模板不能施工，为此通过变更，将顶层根据楼板厚度增高，梁改为上返梁。

⑥传料口尽量放置在板跨较小的房间或靠近墙体的一侧，可减少洞口加筋的长度，同时相比于跨度和板厚大的房间，更能保证结构板的相对安全。

（3）深化设计

对其他影响铝合金模板配置的方案，如悬挑工字钢、连墙件等，将图纸交由铝合金厂家深化设计部，按照先墙板、再梁板、再楼梯、最后节点的顺序，进行铝合金模板的深化设计。

深化设计时需要考虑到铝合金模板的周转使用，确保一套铝合金模板可以适用于不同层高的工程。标准墙模板为2700mm×400mm，配合不同高度的角模，可直接适用于2.9~3.1m层高的住宅工程（住宅结构标高通常在此范围）；写字楼等商用楼层较高的工程，只需要另外配置上部增加高度的铝合金模板即可。标准的楼板模板为1100mm×400mm，保证立杆间距为1.2m；标准对拉螺杆采用T16，标准主背楞采用60mm×40mm双方通；标准立杆支撑内管为ϕ48mm，壁厚3mm，外管为ϕ60mm，壁厚2.5mm，只是根据层高需要在立杆上增加盘扣和水平杆。

（4）初始模板图

通过初步建模，铝合金模板深化设计部设计出初始模板图，交技术部进行比对。

（5）识图、调图

技术部收到初始模板图后，根据图纸及优化设计要求进行仔细比对，找出错误，及时反馈给设计部进行调整修改。此过程可反复进行，同时可分部进行，先墙板后梁板。

（6）出图

根据几番识图、调图，最终确定模板加工图，发送加工厂，进行铝合金模板的加工制作。

（7）加工制作

铝合金模板加工制作周期为2～3个月，标准板大约2个月，非标准板3个月（如飘窗、吊模等）。故要求，铝合金模板设计必须提前进行，收到正式图纸后即刻进行铝合金模板的设计，设计周期仅限地下室施工时间。铝合金模板加工1套（包含所有梁板墙柱）；下沉式卫生间及楼梯间根部需要增设K板，故为2套；支撑体系根据情况确定，通常楼面支撑3套、梁底支撑4套、悬挑支撑6套。

（8）编号发货

根据配模图，编号捆绑发货，货单上必须注明轴线号、梁号，封装粘贴在货物上，对零星构件，如BB条、插销等，必须成袋、成捆。

（9）验货

根据规范及合同要求，清点发货数量、质量，如模板的壁厚、尺寸等。

（10）准备样板施工

样板施工，或预拼装，对工人进行必要的培训，看视频、看操作。

3. 铝合金模板整体体系

（1）标准模板系统组成如图15-7所示。

（2）楼面处铝合金模板固定体系如图15-8所示。

图15-7 标准模板体系组成示意图

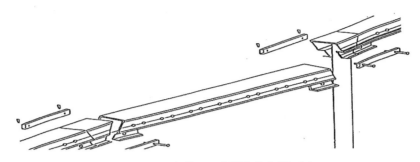

图15-8　主龙、顶支撑的节点单元图

15.5.8 铝合金模板施工工艺

1. 工艺流程（图15-9）

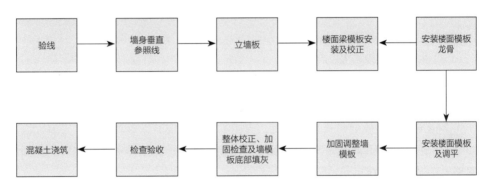

图15-9　施工工艺流程图

2. 施工工艺

（1）验线

①复核放线人员投射的轴线和墙线是否正确。

②目测墙身钢筋是否在墙线内，并留有相应的保护层，超出范围的钢筋立刻处理。

③使用水平仪测量本层标高是否在控制范围内，超过设计标高10mm范围（设计时内侧墙身板提高10mm），需要做相应的找平处理。

（2）墙身垂直参照线及墙角定位

①工程施工时，在水平结构上放出主控线，由主控线引出的分线作为墙身垂直定位参照线，参照线在墙线外200mm处。

②在剪力墙转角处焊接限位筋，该工序直接影响墙面的垂直度，应专人检查。

（3）立墙板

①项目部通知钢筋验收合格后，安装内撑件，严格要求内撑表面上、下方向水平，左、右方向与墙线呈直角。该工序直接影响墙面的平整度、垂直度，应专人检查。

②墙板安装前表面应清理干净，涂抹适量脱模剂。

③依据墙定位控制线，从端部封板开始，两边同时逐件立墙板。

④墙板立好，临时固定后，进行梁板安装。

（4）梁模板安装及校正

①墙身立完后进行楼面梁底板模板安装。

②楼面梁模板应先安装底模，校正水平、垂直后安装侧模。

（5）安装楼面模板龙骨

①检查所有部位线锤都指向墙身垂直参考线后，开始安装楼面龙骨。

②龙骨安装关系楼板面平整，在安装期间一次性用单支顶调好水平。

③校对本单位楼面板对角线。

（6）安装楼面模板及调平

①楼面对角线检查无误时，开始安装楼面模板。为了安装快捷，楼面模板要平行逐件排放，先用销子临时固定，最后统一打紧销子。

②每个单元模板全部安装完毕后，应用水平仪测定其平整度及本层安装标高，如有偏差通过模板系统的可调节支撑进行校正，直至达到整体平整及相应的标高。调平方法如图15-10所示。

③楼板浇筑时预埋可调斜拉杆的固定环（采用ϕ12钢筋即可，独立马凳形状）。并按照模板图纸所示安装可调节拉杆，可调节拉杆的上端安装在第4道背楞上。

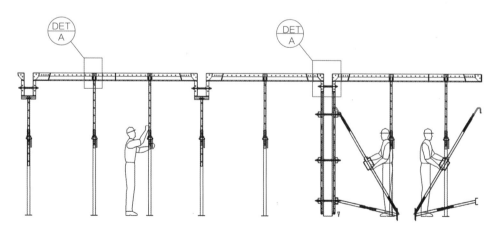

图15-10　模板调平方法示意图

（7）加固调整墙模板

①楼面板安装完成后，进行墙模板的加固。

②安装过程中遇到墙拉杆位置，需要将胶管及杯头套住拉杆，两头穿过对应的模板孔位。

③墙模板安装完毕后，需用临时支撑固定，再安装两边背楞加固，拧紧对拉螺杆。对拉螺杆的螺母拧紧力量应适度，以保证墙身厚度。

④在墙模板顶部转角处，固定线锤自由落下，线锤尖部对齐楼面垂直度控制线。如有偏差，可调节斜撑，直到线锤尖部和参考控制线重合为止。

（8）整体校正、加固检查及墙模板底部填灰

①每个单元的水平及标高调整完毕后，需对整个楼面做一次水平和标高的校核。

②检查墙身对拉螺杆是否拧紧。

③检查混凝土墙身模板底部是否用素混凝土填实。

④把楼面板及梁板清洁干净后刷脱模剂。

（9）浇筑前需检查的项目

①确保墙模板按放样线安装。

②检查全部开口处尺寸是否正确并无扭曲变形。

③检查全部水平模板（顶模板和梁底模板）的水平。

④保证板底和梁底支撑钢管是垂直的，并且支撑钢管没有垂直方向上的松动。

⑤检查墙模板和柱模板的背楞与斜支撑是否正确，检查对拉螺杆、销子、楔子保持原位且牢固。

⑥把剩余材料及其他物件清理出浇筑区。

（10）混凝土浇筑

①将润管砂浆均匀铺设，先浇筑飘窗等未封闭部位的剪力墙，防止漏浆；再浇筑其他部位的剪力墙柱；最后浇筑梁板。

②混凝土浇筑期间至少要有两名操作工随时待命在正在浇筑的墙两边检查销子、楔子及对拉螺杆的连接情况。

③销子、楔子或对拉螺杆滑落会导致模板的移位和损坏，受到这些影响的区域需要在拆除模板后修补。

（11）混凝土浇筑注意事项

①混凝土浇筑时应先剪力墙柱后梁板，坍落度控制在（180±20）mm，高度在50m以上可适当增大坍落度。

②所有柱及剪力墙需分2次、相隔2h、从下至上分层浇筑，确保每次浇筑不超过1.4m，并振捣均匀，振捣时间相对于木模板较长。

③楼梯位分3次浇筑，每次浇筑时必须打开踏步板上的透气口，以防止气泡和

蜂窝产生。

④双层窗台板浇筑时需上下分开浇筑，以防止窗台板浇筑时内部气体过多而起拱。

⑤垂直混凝土泵管不能和铝合金模板硬性接触，必须在工作面以下的两层固定泵管，在楼面上的泵管需要用胶垫防振。固定详图如图15-11所示。

（12）浇筑完成后的验收

混凝土浇筑完成后应按《混凝土结构工程施工质量验收规范》（GB 50204—2015）的要求进行检查验收（图15-12）。

3. 铝合金模板的拆除

（1）拆模前的注意事项

铝合金模板底模拆除前，混凝土强度应达到表15-3所示要求。

底模拆除前混凝土强度 表15-3

构件类型	构件跨度（m）	达到设计的混凝土立方体抗压强度标准值的百分率
板	≤2	≥50%
	>2，≤8	≥75%
	>8	≥100%
梁、拱、壳	≤8	≥75%
	>8	≥100%
悬臂构件	—	≥100%

注：根据《模板早拆施工技术规程》DB 11/694—2009，在支撑间距为2m的情况下，混凝土强度达到10MPa时，强度等级大于C20的楼板实施模板早拆是安全可靠的。支撑杆的拆除根据留置的同条件拆模试块来确定拆除时间。

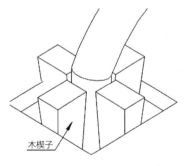

（a）泵管穿楼板固定详图　　　　（b）操作层泵管固定详图

图15-11　固定详图

（a）墙柱模板安装　　　　　（b）梁模板安装　　　　　　（c）窗洞安装

（d）门洞安装　　　　　（e）墙柱交叉处连接　　　　（f）墙模板阴角模板安装

（g）墙体　　　　　　　（h）楼面钢支撑　　　　　　（i）楼梯安装

（j）采光井　　　　　　　（k）阴角连接　　　　　　　（e）模板

图15-12　铝合金模板实物图

（2）拆除墙模板

①根据工程项目的具体情况决定拆模时间，一般情况下（天气正常）12h后可以拆除墙模板（特别注意：过早拆除会造成混凝土粘在铝合金模板上，影响墙面质量）。

②拆除墙模板之前保证以下部分已拆除：所有钉在混凝土板上的垫木、横撑、背楞、模板上的销子和楔子。在外部和中空区域拆除销子和楔子时要特别注意安全问

题。另外，在拆模期如果不够重视收集材料，则会在短时间内丢失大量的销子和楔子。

③拆除墙模板应该从墙头开始，拆模前应先抽取对拉螺杆。

④外墙脚手架必须封闭，确保铝合金模板操作工人安装安全。外墙拆除对拉螺杆及相关配件必须全部放在结构内，防止高空坠物。

⑤所有部件拆下来以后立即进行清洁工作。

⑥对拉螺杆从墙上拆除的时间越早越容易拆除，可以减少损坏。

⑦首层模板支设好后进行编号，如图15-13所示。把模板转移到另一个地方时，做好标识并合理堆放在适当的地方，方便下次墙模板的安装，并且可防止工作出现混乱。操作工人拆除外墙时要系好安全带，物件要抓牢，采取两人一组，配合作业，严防高空坠物。

（3）拆除顶模板

拆除顶模板时的特别注意事项为：顶模板拆除时，每次每块模板都需用人先托住模板，在拆除销钉，模板往下放时，应小心轻放，严禁直接使模板坠落到楼面。

①拆除时间根据每个工程项目的具体情况来设定，但拆模时混凝土的强度不得小于10MPa。

②拆除工作从拆除梁板开始，拆除132mm销子和其所在的梁板上的梁模连接杆，紧跟着拆除梁板与相邻顶板的销子和楔子，然后可以拆除梁底板。

③每一单元的第一块模板被搁在墙顶边模支撑口上时，要先拆除邻近模板，然后从需要拆除的模板上拆除销子和楔子，利用拔模工具将相邻模板分离开来。在没有梁板、模板是从一墙跨到另一墙的地方，要先拆除有支撑唇边的墙顶边模。顶模板比墙模板与混凝土接触时间更长，浇筑之前必须进行清洁和涂油工作，否则顶模板不易脱开。拆除下来的模板应立即进行清洁工作。拆除后按安装顺序摆放好。

（4）支撑系统的特别注意事项

拆除楼顶板、梁顶板时，严禁碰动支撑系统的杆件，严禁拆除支撑杆件后再回顶。

（5）清洁、运输及叠放模板

①所有部件拆下来以后立即用刮刀和钢丝刷清除污物。钢丝刷只能用于模板边框的清洁。

②耽误清洁时间越长，清洁越困难。必须在拆除的地方立即进行清洁工作。

（6）传送模板

现场依据具体情况，按就近、统一的原则选择以下两种方法向上传递模板及相关物料。

①通过楼梯、电梯井、采光井转运。

②通过顶板上的预留孔洞，转运完模板后再浇筑混凝土封堵。

图15-13　铝合金模板简易编号图

（7）模板堆放

清除完的模板运到下一个安装点以后，按顺序叠放在合理的地方。分类合理地堆放模板，以方便下一层模板安装，防止模板混乱。

重复上述步骤即可完成一层楼的模板施工，施工流程如图15-14所示。

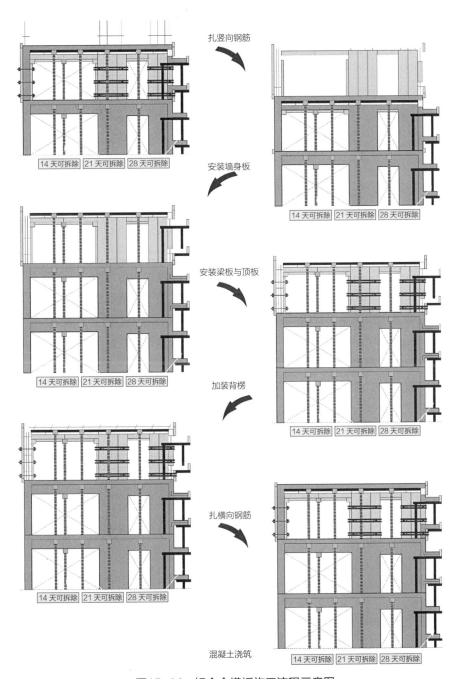

图15-14　铝合金模板施工流程示意图

15.5.9 铝合金模板与木模板的经济对比

铝合金模板与木模板的经济对比如表15-4所示。

木模、铝合金模板购买/租赁费用一览表（元）　　　　表15-4

材料	30次	60次	90次	150次
木模板	802350	1604700	2407050	4011750
铝合金模板（购买）	1975000	2284000	2410000	2500000
铝合金模板（租赁新模板）	1125000	2250000	3375000	5625000
铝合金模板（租赁旧模板）	990000	1980000	2970000	4950000

铝合金模板如果购买，单一项目周转使用58次，在成本方面才能与木模板持平（包括铝合金模板不用后当废料处理）

15.5.10 结语

（1）铝合金建筑模板相较于其他模板，在施工工期、成本造价、混凝土整体质量等方面，理论上的确有很大优势。

（2）但是铝合金建筑模板也有它的缺点以及局限性，同时选择建筑模板考虑的因素较多，如建筑目的、建筑质量、工艺技术要求、价格等。

（3）通过铝合金模板系统在既往工程中的使用经验，铝合金模板的应用应该建立在适宜的环境和合适的项目，以及专业的铝合金模板公司的指导下，才能真正体现出它的优势所在。

（4）铝合金模板的成本优势是建立在循环使用多次的基础上，适用于30层以上同时标准层数量多的建筑物上。所以标准层数较多的经济性住房、超高层建筑、连排别墅、公共建筑更适合铝合金模板系统的使用。

一、恒盛大厦（装配式国标A级）

项目概况　项目位于广州市白云区北太路1633号民营科技园内，项目用地7600m²，总建筑面积44036m²。项目地上19层，地下3层，建筑高度78.65m。其功能有配套商业和办公，地下室为机动车及非机动车与设备用房。装配式BIM技术在恒盛大厦装配式建筑项目中设计阶段的应用，荣获2018年度广东省第二届BIM应用大赛三等奖。

结构形式　六层以下为普通现浇结构，六层及以上采用装配式整体式混凝土结构技术。

预制构件范围　预制柱、预制主梁、预制次梁、预制叠合楼板、预制楼梯、预制整体式阳台、预制剪力墙。

装配率　预制率达到50%以上，装配率达到67%以上（国标A级）。

图1　恒盛大厦效果图

图2　恒盛大厦吊装预制叠合楼板实景

图3　恒盛大厦鸟瞰图

图4　BIM模型模拟

图5　恒盛大厦外立面实景

二、燕岭公交站场（钢框架支撑结构）（装配式国标A级）

项目概况　项目位于广州市天河区燕岭路，总建筑面积64770m²，地下1层，地上8层，建筑高度44m。地下一层为小型车停车库，二～八层及天面层，为公交车停车库。

结构形式　钢框架支撑结构。

预制构件范围　预制柱、预制梁、预制钢桁架楼板、预制楼梯、预制外墙板。

装配率　68%（国标A级）。

图6　燕岭公交站场效果图（装配式高层公交站场）

图7　燕岭公交站场鸟瞰图

图8　燕岭公交站场项目实景

三、石丰路保障房项目（国标装配率52%）

项目概况　项目位于广州市白云区，总建设用地面积 64182m²，总建筑面积 288815.7m²，塔楼采用装配式建筑设计。本项目深化设计、构件生产与施工一体化。C户型建筑面积约为20000m²。广州市政府第一个装配式保障房项目。

结构形式　剪力墙结构。

预制构件范围　预制主梁、预制次梁、预制叠合楼板、预制楼梯、预制整体式阳台。

装配率　52%（国标基本级）。

图9　石丰路保障房项目效果图

图10　石丰路保障房项目建造实景

图11　石丰路保障房项目吊装预制构件实景

四、华工国际校区（装配式国标A级）

项目概况　　华南理工大学广州国际校区是国内首个"中方为主，国际协同"的大学国际性示范校区，总
建筑面积50万m²。是广州首个在设计、施工、运营全过程使用BIM技术的项目。作为广州第
一个装配式建筑面积最大且达到A级评价标准的项目，华工装配式建筑BIM技术将为广州建筑
加快打造装配式建筑技术体系"广州模式"，成为引领华南地区建筑产业现代化发展的"风向
标"，为广东省、广州市的创新驱动发展提供了新模式。

荣获国家第八届龙图杯全国BIM大赛三等奖。

图12　华工国际校区效果图

图13　华工国际校区鸟瞰图

图14　华工国际校区实景

五、广州大学基础设施建设项目（装配式省标A级）

项目概况　广州大学建设高水平大学新增基础设施建设项目教师宿舍A区位于广州市番禺区小谷围广州大学城广州大学校内，总建筑面积为70492m²，其中地上6栋15层宿舍楼，共58424m²，地下一层车库及设备用房，共12068m²。建筑最大高度为47.5m，建筑类型为公共建筑。

结构形式　剪力墙结构形式。

本项目地上6栋宿舍楼均采用装配式建筑设计，均要求满足省标A级装配式建筑要求。

图15　广州大学基础设施建设项目效果图

图16　广州大学基础设施建设项目鸟瞰图

图17　广州大学基础设施建设项目建造实景（运输、吊装）

六、沙亭岗项目（装配式省标基本级）

项目概况　建筑面积为100.17万m^2，项目共需建设安置房682920m^2，约7317套，共2.3万人；公建配套设施面积约318745.2m^2，主要包括市政公用、文体教育、行政管理、地下停车库等。这一民生项目建成后，将有效改善群众的居住条件和生活质量。

结构形式　装配整体式钢结构—现浇剪力墙结构；

预制构件范围　预制柱、预制梁、预制叠合楼板、预制楼梯。

装配率　51%~74.21%（省标基本级、A级）。

图18　沙亭岗项目效果图

图19　沙亭岗项目鸟瞰图

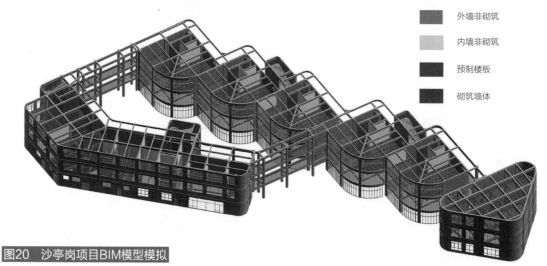

图20　沙亭岗项目BIM模型模拟

外墙非砌筑

内墙非砌筑

预制楼板

砌筑墙体

七、萝岗保障房项目（装配式省标基本级）

项目概况　本项目位于广州市萝岗区水西路北（西侧），总建筑面积约100万m²，包含33栋高层住宅（其中6栋为安置房，非本次设计范围内），建筑高度99.9m共33层，地下2层，4栋公建配套及商业，地上3~5层，地下室2层。其中地上部分均采用装配式建造方式，高层住宅要求满足基本级装配式建筑，公共建筑要求满足A级装配式建筑。

图21　萝岗保障房项目效果图

图22　萝岗保障房项目鸟瞰图

图23　沙亭岗项目BIM模型模拟

生产线	1条钢筋加工线+2条自动流水线+3条固定台模线+1座环保搅拌站。
	基地生产产品种类齐全，目前可以生产：预制外墙、楼梯、阳台、剪力墙、柱、叠合梁、叠合板、轻质隔墙板等预制构件。
地址	广州市黄埔区西基工业区西基路9号广州钢铁博汇园区内。
	粤港澳大湾区高端装备制造创新中心是广州建筑股份有限公司为响应国家装配式建筑发展需求，投资建设装配式构件生产厂，该厂为现时广州市最大的装配式生产基地。
设计产能	各类型PC构件20万m³。

图24　粤港澳大湾区高端装备制造创新中心

图25　创新中心布模机器人

图26　创新中心自动化生产线安装

图27　南沙建筑工业化产业基地

图28　潮汕建筑工业化产业基地

PC构件一览

1 预制楼板	叠合楼板模型	预制双T板	叠合楼板施工实景
	叠合楼板	预制双T板吊装	
2 预制柱	预制柱模型	预制柱钢筋笼	预制柱施工实景
	预制柱	预制柱、预制梁模型	预制柱吊装
3 预制梁	预制主梁模型	预制次梁模型	预制梁模具

类别	PC构件图示与安装实景		
3 预制梁	 预制梁	 预制次梁实物照片	 预制梁钢筋笼入模
	 整体预制阳台模型	 预制阳台	 整体预制阳台实物照片
4 预制剪力墙	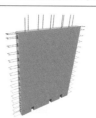 预制剪力墙模型	 梁墙一体模型	 预制剪力墙施工实景
	 预制剪力墙	 预制梁墙一体	
5 预制外墙	 预制凸窗外墙模型	 预制外墙板钢筋笼	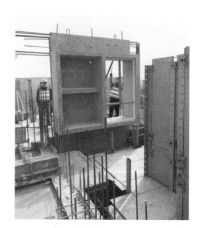 预制凸窗外墙施工实景
	 预制凸窗外墙板	 安装准备	

续表

类别	PC构件图示与安装实景		
5 预制外墙	 预制凸窗外墙板	 外墙吊装	 外墙安装固定
6 预制楼梯	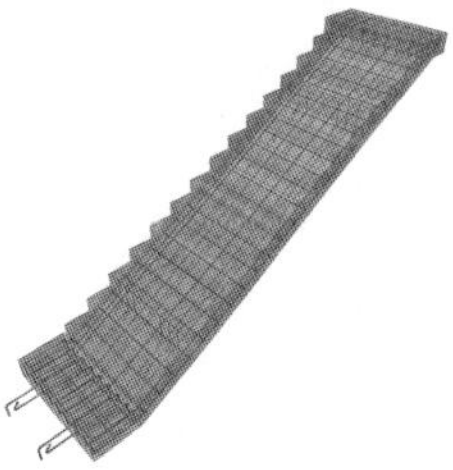 预制楼梯模型	 预制楼梯模具	 预制楼梯
7 预制沉箱	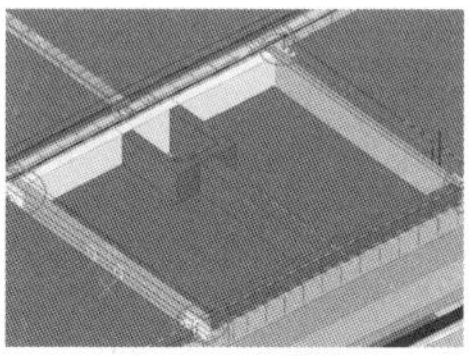 预制沉箱模型 预制沉箱	 预制沉箱安装实景 预制沉箱完成实景	 集成卫生间整体吊装

续表

类别	PC构件图示与安装实景		
8 其他构件	 钢管柱	 钢筋桁架楼承板	 预埋部件
	 高精模板与预制交接实景	 高精模板	 轻质内隔墙
9 节点	 竖向构件灌浆套筒实物	 预制柱钢筋定位器	 牛担板实物
	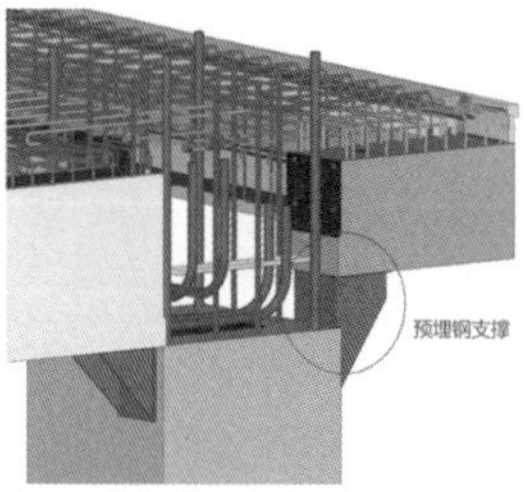 预埋临时钢托铁件模型	 预埋临时钢托铁件	 临时钢托铁件安装实景

图片来源

图号	来源
图1-1	程大锦. 建筑：形式空间和秩序［M］. 3版. 刘丛红，译. 天津：天津大学出版社，2013：309.
图1-2	程大锦. 建筑：形式空间和秩序［M］. 3版. 刘丛红，译. 天津：天津大学出版社，2013：319.
图1-3	中国建筑工业出版社，中国建筑学会. 建筑设计资料集 第1分册 建筑总论［M］. 北京：中国建筑工业出版社，2017：434.
图1-5	中国建筑工业出版社，中国建筑学会. 建筑设计资料集 第1分册 建筑总论［M］. 北京：中国建筑工业出版社，2017：9,11,15.
图1-6～图1-8	中国建筑工业出版社，中国建筑学会. 建筑设计资料集 第1分册 建筑总论［M］. 北京：中国建筑工业出版社，2017：20.
图1-9	中国建筑工业出版社，中国建筑学会. 建筑设计资料集 第1分册 建筑总论［M］. 北京：中国建筑工业出版社，2017：21.
图2-1	车神探. 最新汽车零整比公布：前十几被这三大品牌包揽［EB/OL］.（2019-04-26）［2021-04-13］. https://news.yiche.com/hao/wenzhang/30072930.
图3-1、图3-14	描绘自：朱昌廉. 住宅建筑设计原理［M］. 3版. 北京：中国建筑工业出版社，2011.
图4-5	装配式混凝土结构技术规程：JGJ 1—2014［S］. 北京：中国建筑工业出版社，2014：图7.3.6.
图4-7	建设发展网. 广州建筑致力打造装配式建筑广州模式［EB/OL］.（2018-06-28）［2021-04-13］. http://www.jsfazhan.com/hygc/181/28074/index.html.
图4-9	装配式混凝土结构技术规程：JGJ 1—2014［S］. 北京：中国建筑工业出版社，2014：图7.3.1.
图4-10	装配式混凝土结构技术规程：JGJ 1—2014［S］. 北京：中国建筑工业出版社，2014：图7.3.2.
图5-1	傅华夏. 建筑三维平法结构图集［M］. 北京：北京大学出版社，2016.
图5-2	装配式混凝土建筑技术标准：GB/T 51231—2016［S］. 北京：中国建筑工业出版社，2016.
图5-8～图5-10	韩道坤/摄
图6-11	李兰吉/摄
图6-13	https://ss2.baidu.com/6ON1bjeh1BF3odCf/it/u=2086226411,2768454044&fm=27&gp=0.jpg

续表

图号	来源
图7-2	http://liuan.trustexporter.com/cp/6233432.htm
图7-4	中国幕墙网. 中国、日本、欧洲装配式建筑技术介绍［EB/OL］.（2018-06-12）［2021-04-13］. https://m.sohu.com/a/235386996_222758.
图7-5	https://www.alibaba.com/product-detail/concrete-precast-mould-precast-stair-molds_60574727778.html?spm=a2700.details.deiletai6.5.5801743dTW37qs
图8-3	郭学明，李青山，黄营. 装配式混凝土建筑——结构设计与拆分设计200问［M］. 北京：机械工业出版社，2018.
图9-1	福建省工程建设地方标准设计图集 福建省装配式内隔墙及建筑构造（征求意见稿）［EB/OL］.（2018-03-15）［2021-04-13］. http://zjt.fujian.gov.cn/xxgk/zxwj/zxwj/201903/t20190315_4829202.htm.
图9-3～图9-5	程大锦. 建筑：形式空间和秩序［M］. 3版. 刘丛红，译. 天津：天津大学出版社，2013：163.
图10-6、图10-7	刘盈. 装配式建筑外墙防水构造型式介绍及设计控制要点［J］. 粘接. 2019.
图10-8	屠军钢，柳时允，汪金花，等. 装配式建筑用密封胶现状及存在的问题［J］. 中国建筑防水，2019（7）.
图10-11、图10-12	参考：国家建筑标准设计图集 预制钢筋混凝土阳台板、空调板及女儿墙：15G368-1［S］. 北京：中国计划出版社，2015. 绘制。
图11-1～图11-15	摘自《青岛福润达产品手册》
图11-6	http://www.honlley.com/product/118.html
图11-17～图11-27	中国工程建设标准化协会厨卫专业委员会，北京正能远传节能技术研究院有限公司. 装配式整体厨房建筑设计图集［M］. 北京：中国建筑工业出版社，2020.
图12-5	国家建筑标准设计图集 利用建筑物金属体做防雷及接地装置安装：15D503［S］. 北京：中国计划出版社，2015.
图12-9	国家建筑标准设计图集 居住建筑卫生间同层排水系统安装：19S306［S］. 北京：中国计划出版社，2019.
图12-11	国家建筑标准设计图集 室内消火栓安装：15S202［S］. 北京：中国计划出版社，2015.
图12-16、图12-17	广东省建筑标准设计推荐性通用图集 住宅高性能排气道系统：粤14J/T 906［S］. 2 广东省建筑标准设计办公室，2014.
图13-1	同一款车，外国车企卖给中国的质量更差［Z/OL］.（2016-09-09）［2021-04-13］. https://www.sohu.com/a/114060871_391183.
图13-4	东吴说. 方块组合建筑立面精选［Z/OL］.（2020-02-23）［2021-04-13］. https://kuaibao.qq.com/s/20200223A07H1O00?refer=spider.
图13-5	DALEY H. Looking for a senior level architecture job? Check out these 13 opportunities from Archinect Jobs［EB/OL］.（2018-06-22）［2021-04-13］. https://archinect.com/news/article/150069685/looking-for-a-senior-level-architecture-job-check-out-these-13-opportunities-from-archinect-jobs.

续表

图号	来源
图13-6	扎耶德儿童罕见病研究中心［EB/OL］.（2020-08-04）［2021-04-13］. https://graph.baidu.com/api/proxy?mroute=redirect&sec=1614586586712&seckey=851af0ee17&u=http%3A%2F%2Fwww.gooood.hk%2Fzayed-centre-for-rare-diseases-by-stanton-williams.htm.
图13-7	https://divisare.com/projects/379119-niall-mclaughlin-nick-kane-jesus-college
图13-8	https://huaban.com/pins/2873772834/
图13-9	泰国泰国私家花园联排别墅［Z/OL］.（2017-04-28）［2021-05-17］https://bbs.zhulong.com/101010_group_201802/detail30924395/.
图13-10	2018年全球最精彩的木构建筑盘点［EB/OL］.［2021-05-17］http://xn--udss6pq9g4wvksevvrggv.xn--fiqs8s/Article.asp?id=5858.
图13-11	2018年全球最精彩的木构建筑盘点［EB/OL］.［2021-04-13］.http://www.sxjz.org/Article.asp?id=5858.
图13-12	https://www.archdaily.com/925161/mce-production-facility-heim-balp-architekten
图13-13	国际竹建筑双年展［Z/OL］.（2015-12-18）［2021-05-17］https://weibo.com/bamboocommune?is_all=1#1620725183019.
图13-14	韩玮，房俊辉.日式建筑水彩 日本建筑大师隈研吾建议江城多打造特色水岸建筑［EB/OL］.李扬，摄.（2017-07-02）［2021-04-13］. https://www.rensheng2.com/1830000/1822413.shtml.
图14-1、图14-2	广州市市政集团有限公司技术资料
图14-3	不同形式装配式管廊的技术对比［Z/OL］.（2018-06-18）［2021-04-13］.https://www.sohu.com/a/236357252_806515.
图14-4～图14-13	广州市市政集团有限公司技术资料
图14-14	装配式地下车库叠合板全过程施工工艺，一步一图教会你［Z/OL］.（2018-06-18）［2021-04-13］.https://www.sohu.com/a/301239403_322858.
图15-5～图15-14	云南弛焜新材料科技有限公司的铝合金模板工程专项施工方案资料

注：其他未列表注明的，为作者自绘、自摄或自制。

参考文献

［1］ 梁思成. 从拖泥带水到干净利索［N］. 人民日报, 1962.

［2］ 中华人民共和国住房和城乡建设部. 建筑工业化发展纲要　建建宇第188号文.［Z］. 1995.

［3］ 许慎，说文解字注［M］. 上海：上海古籍出版社, 1988.

［4］ 樊则森. 从设计到建成［M］. 北京：机械工业出版社, 2018.

［5］ 维特鲁威. 建筑十书［M］. 高履泰，译. 北京：知识产权出版社, 2001.

［6］ 李诫. 营造法式［M］. 北京：商务印书馆, 1933.

［7］ 周晓红，林琳，仲继寿，等. 现代模数理论的发展与应用［J］. 建筑学报, 2012（4）: 27–30.

［8］ 王媛媛，郎亮. "模数"亦或"模式化"？——西方古典建筑与中国古代建筑模数制度建造意思之思考［J］. 南方建筑, 2017（6）: 100–105.

［9］ 清华大学建筑学院，同济大学建筑与城市规划学院，重庆大学建筑城规学院，等，建筑设计资料集（第1分册）：建筑总论［M］. 北京：中国建筑工业出版社, 2017.

［10］ 马世长，孙燕飞. 浅谈钢结构在装配式建筑中的应用［J］. 建材与装饰, 2019（9）: 14–15.

［11］ 张泽平，陈雅，刘元珍. 山西省装配式建筑的标准化发展［J］. 混凝土, 2018（349）: 119–122.

［12］ 龙玉峰，唐崇武，周华，等. "多快好省"的保障房产业化模式探索——保障性住房的标准化工业化设计研究［C］. 全国勘察设计行业科技创新大会、中国勘察设计协会, 2014.

［13］ 中建科技有限公司，中建装配式建筑设计研究院有限公司，中国建筑发展有限公司，装配式混凝土建筑设计［M］. 北京：中国建筑工业出版社, 2017.

［14］ 宫海，魏建军. 装配式混凝土建筑施工技术［M］. 北京：中国建筑工业出版社, 2017.

［15］ 装配式混凝土结构表示方法及示例（剪力墙结构）：15G107-1［S］. 北京：中国建筑标准设计研究院, 2015.

［16］ 预制钢筋混凝土阳台板、空调板及女儿墙：15G368-1［S］. 北京：中国建筑标准设计研究院, 2015.

［17］ 张文武. 装配式住宅非承重墙体部品化研究——以成都地区为例［D］. 成都：西南交通大学，2019.

［18］ 李大鹏. 广东民用建筑隔墙板的比较研究［J］. 广东建材，2019（12）：29-37.

［19］ 纪光新，封骅骅. 蒸压加气混凝土墙板应用和常见质量问题防治措施［J］. 中小企业管理与科技，2019（2）：148-149.

［20］ 黄福来. 夏热冬暖地区建筑外墙隔热性能影响因素的探讨［J］. 砖瓦，2017（2）：9-12.

［21］ 赵立华，段骁健，郑林涛，等. 夏热冬暖地区装配式民用建筑混凝土预制外墙板热工性能分析［J］. 南方建筑，2018（184）：48-52.

［22］ 张春，许剑. 装配式建筑缝隙处理施工技术［J］. 建筑施工，2017（39）：807-809.

［23］ 韦喆，预制装配式建筑外墙防水构造及施工要点［J］. 建筑技术开发，2018（45）：21-22.

［24］ 刘盈. 装配式建筑外墙防水构造型式介绍及设计控制要点［J］. 粘接，2019（7）：99-101.

［25］ 金剑青，吴同鸽. MS密封胶在预制装配式建筑外墙防水中的应用探讨［J］. 价值工程，2018（37）：152-155.

［26］ 沈佑竹，黄凯，刘永刚，等. 装配式建筑门窗安装方法概述［J］. 江苏建筑，2017（5）：62-63.

［27］ 张登明. 女儿墙泛水处渗漏原因及防治措施探讨［J］. 中小企业管理与科技，2017（491）：72-73.

［28］ 谢志杰. 外墙装饰材料的选择及施工要点分析［J］. 房地产导刊，2018（23）：175.

［29］ 漆海兵. 空调室外机机位设计研究［J］. 中央空调市场，2013（7）：78-82.

［30］ 李文峰，陈群，陈哲，等. 装配式建筑的绿色价值思考［J］. 福建工程学院学报，2017（15）：27-31.

［31］ 中国工程建设标准化协会厨卫专业委员会，北京正能远传节能技术研究院有限公司、广州鸿力复合材料有限公司. 装配式整体卫生间建筑设计图集［M］. 北京：中国建筑工业出版社，2020.

[32] 装配式整体卫生间应用技术标准：JGJ/T 467—2018［S］. 北京：中国建筑工业出版社，2018.

[33] 中国工程建设标准化协会厨卫专业委员会，北京正能远传节能技术研究院有限公司、广州鸿力复合材料有限公司. 装配式整体厨房建筑设计图集［M］. 北京：中国建筑工业出版社，2020.

[34] 装配式整体厨房应用技术标准：JGJ/T 477—2018［S］. 北京：中国建筑工业出版社，2018.

[35] 王德超，王国富，乔南，等. 预制装配式结构在地下工程中的应用及前景分析［J］. 中国科技论文，2018（13）：115-120.

[36] 张茜. 装配式技术体系在地下车库中的应用［J］. 建筑，2019（18）：81-82.

[37] 郭学明. 装配式混凝土结构建筑的设计制作与施工［M］. 北京：机械工业出版社，2017.

[38] 郭学明，张晓娜. 装配式混凝土建筑——建筑设计与集成设计200问［M］. 北京：机械工业出版社，2018.

[39] 郭学明，李青山，黄营. 装配式混凝土建筑——结构设计与拆分设计200问［M］. 北京：机械工业出版社，2018.

[40] 郭学明，李营，叶汉河. 装配式混凝土建筑——构件工艺设计与制作200问［M］. 北京：机械工业出版社，2018.